大是文化

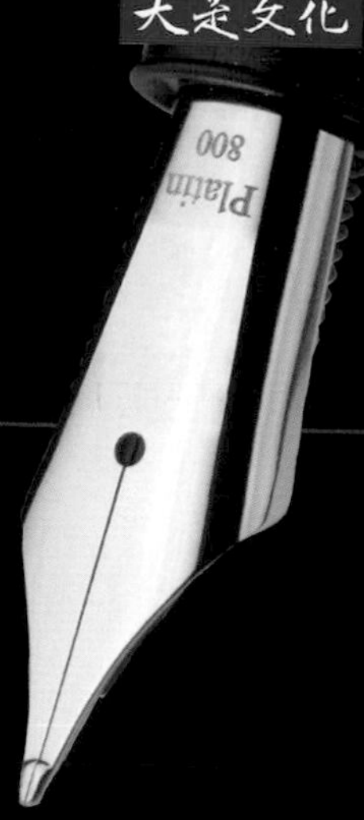

学研の図鑑 新版 美しい元素

看得到的化學——美麗的元素

最美的第一堂化學課，讓你反覆翻閱、讚嘆欣賞的化學元素圖鑑。

日本筑波大學名譽教授、理學博士
大嶋建一・監修
高佩琳・譯
中文版審定
國立臺灣師範大學化學系副教授
李祐慈

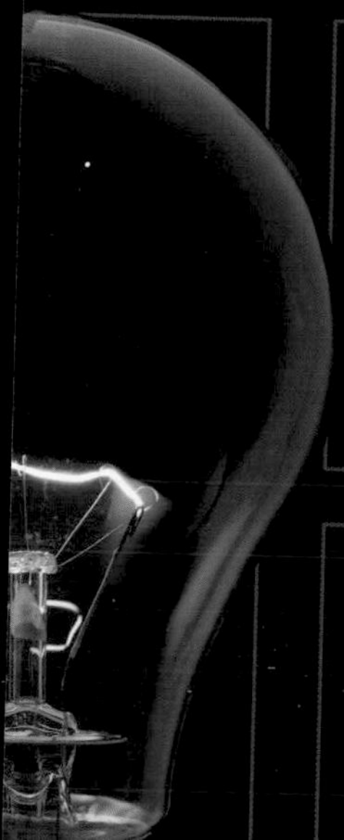

一起踏上探尋絕妙元素的旅程吧！

從我們的身體到地球的大地，甚至綿延至太空深處、廣布宇宙的星辰，一切皆由有限的元素組成。當「氫」與「氦」因宇宙誕生而出現，不久後「氧」或「鐵」等構成人體的基本元素也隨之完備了。

人類，不，應該說世界本身，就是從星辰中誕生。本書就是一本想透過探索星辰，搭配美麗的圖片介紹基本元素的入門書。

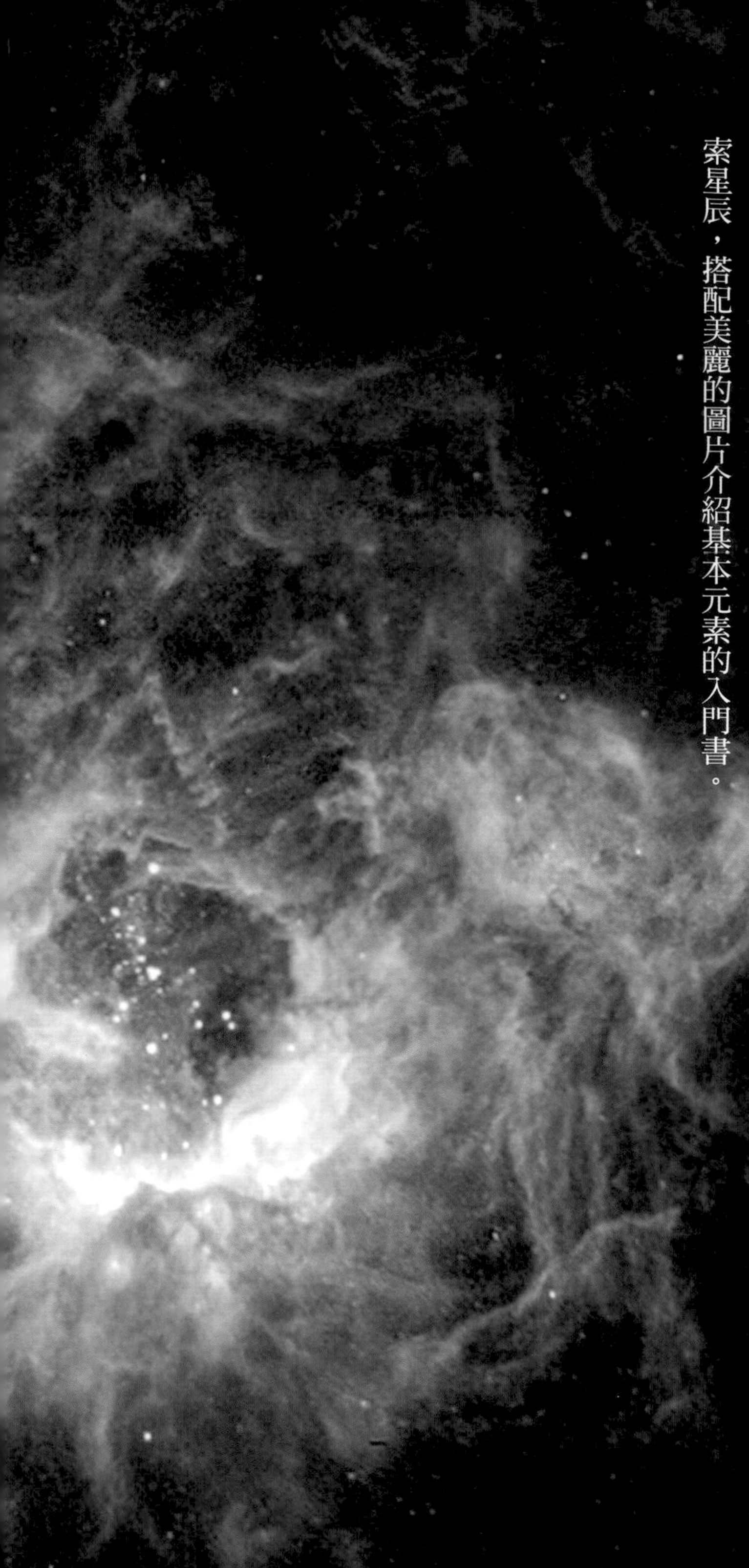

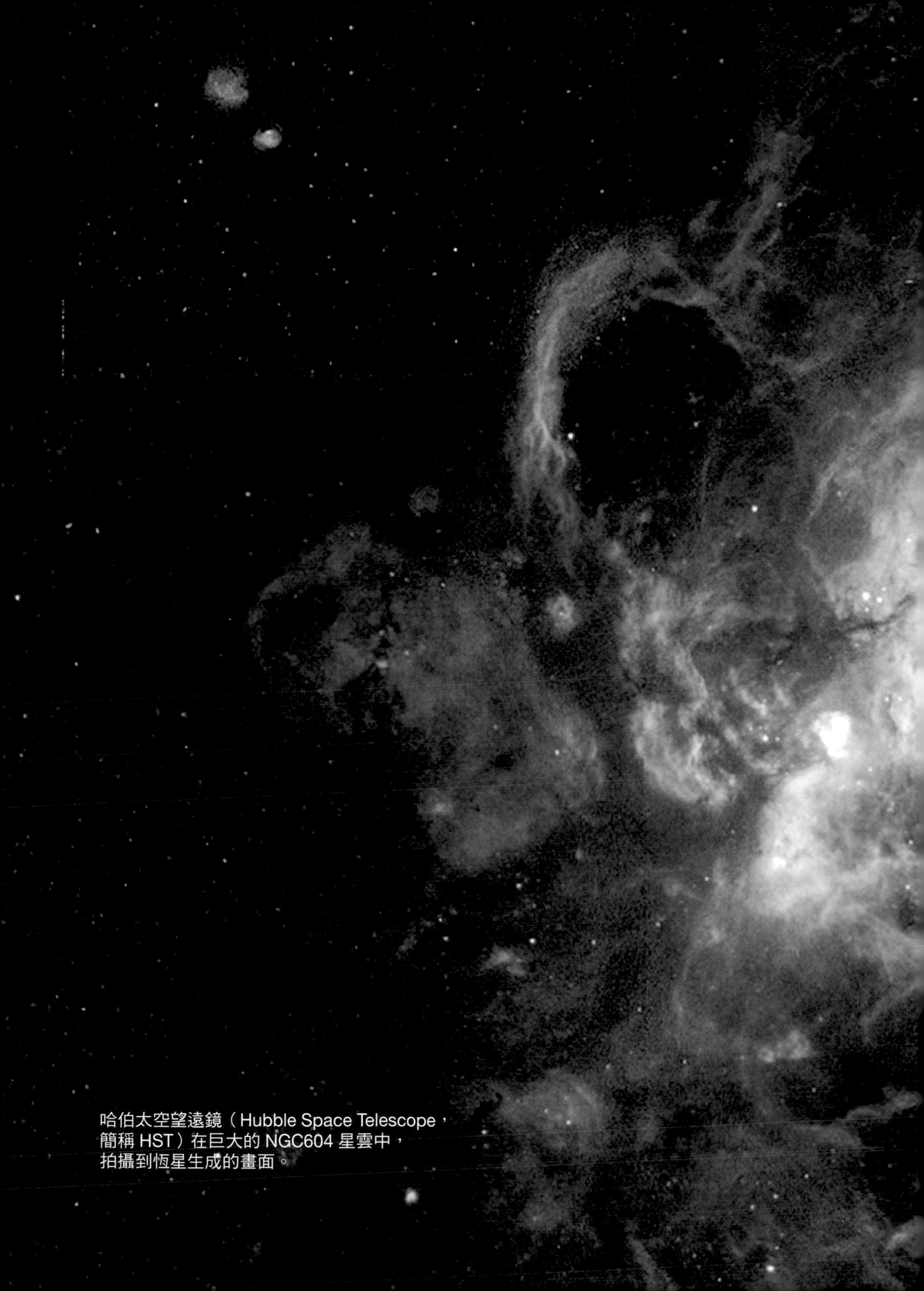

哈伯太空望遠鏡（Hubble Space Telescope，
簡稱 HST）在巨大的 NGC604 星雲中，
拍攝到恆星生成的畫面。

目錄 CONTENTS

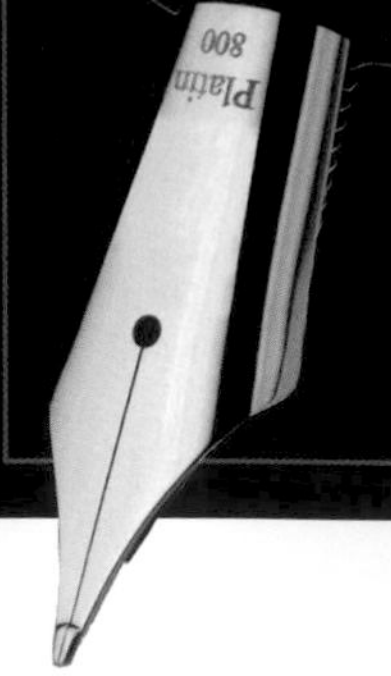

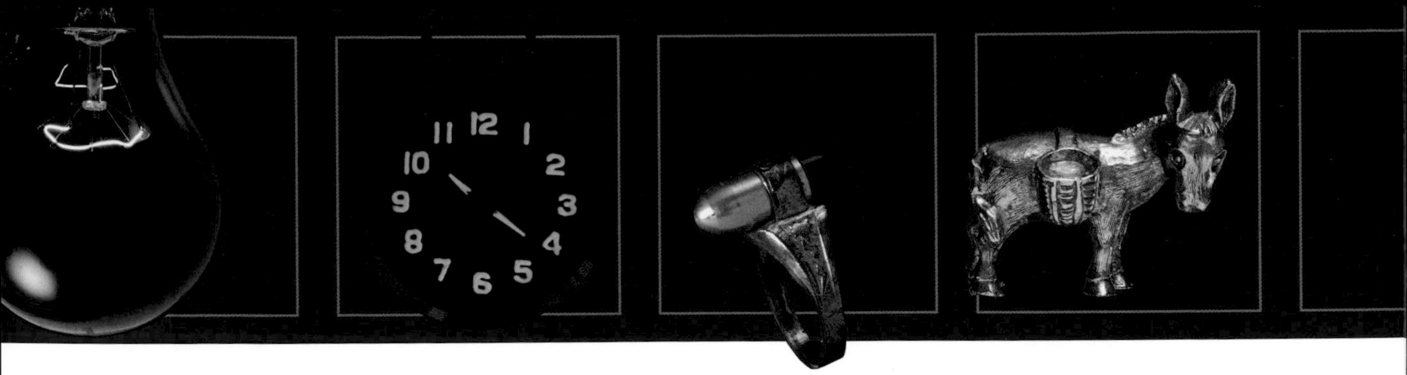

第4週期

第5週期

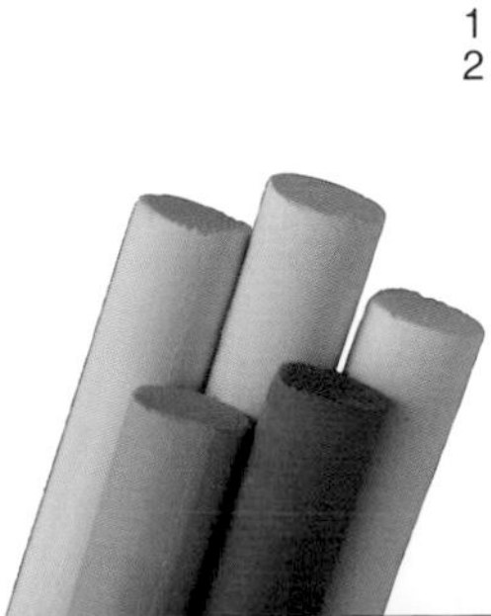

目錄 CONTENTS

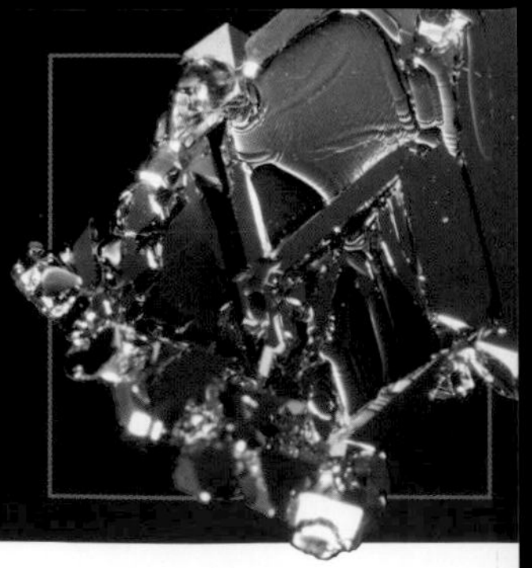

第6週期

第7週期

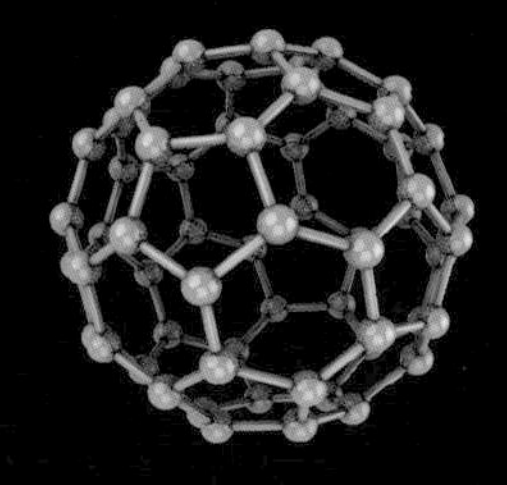

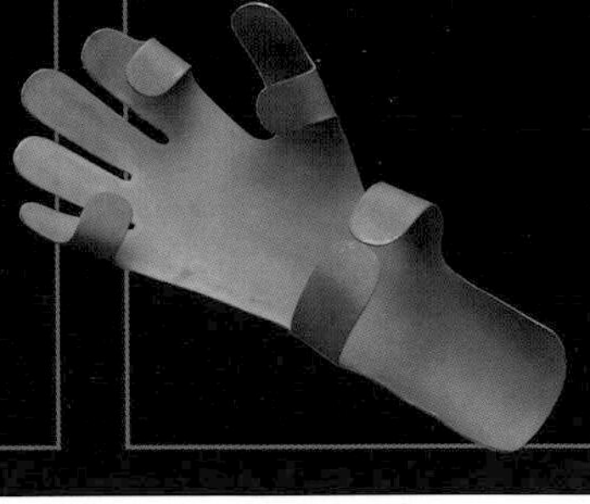

原子序 — 1
化學符號 — H
元素名稱 — 氫

10	11	12	13	14	15	16	17	18
								2 He 氦
			5 B 硼	6 C 碳	7 N 氮	8 O 氧	9 F 氟	10 Ne 氖
			13 Al 鋁	14 Si 矽	15 P 磷	16 S 硫	17 Cl 氯	18 Ar 氬
28 Ni 鎳	29 Cu 銅	30 Zn 鋅	31 Ga 鎵	32 Ge 鍺	33 As 砷	34 Se 硒	35 Br 溴	36 Kr 氪
46 Pd 鈀	47 Ag 銀	48 Cd 鎘	49 In 銦	50 Sn 錫	51 Sb 銻	52 Te 碲	53 I 碘	54 Xe 氙
78 Pt 鉑	79 Au 金	80 Hg 汞	81 Tl 鉈	82 Pb 鉛	83 Bi 鉍	84 Po 釙	85 At 砈	86 Rn 氡
110 Ds 鐽	111 Rg 錀	112 Cn 鎶	113 Nh 鉨	114 Fl 鈇	115 Mc 鏌	116 Lv 鉝	117 Ts 鿬	118 Og 鿫
63 Eu 銪	64 Gd 釓	65 Tb 鋱	66 Dy 鏑	67 Ho 鈥	68 Er 鉺	69 Tm 銩	70 Yb 鐿	71 Lu 鎦
95 Am 鋂	96 Cm 鋦	97 Bk 鉳	98 Cf 鉲	99 Es 鑀	100 Fm 鐨	101 Md 鍆	102 No 鍩	103 Lr 鐒

元素週期表

族 周期	1	2	3	4	5	6	7	8	9
1	1 H 氫								
2	3 Li 鋰	4 Be 鈹							
3	11 Na 鈉	12 Mg 鎂							
4	19 K 鉀	20 Ca 鈣	21 Sc 鈧	22 Ti 鈦	23 V 釩	24 Cr 鉻	25 Mn 錳	26 Fe 鐵	27 Co 鈷
5	37 Rb 銣	38 Sr 鍶	39 Y 釔	40 Zr 鋯	41 Nb 鈮	42 Mo 鉬	43 Tc 鎝	44 Ru 釕	45 Rh 銠
6	55 Cs 銫	56 Ba 鋇	57-71 鑭系元素	72 Hf 鉿	73 Ta 鉭	74 W 鎢	75 Re 錸	76 Os 鋨	77 Ir 銥
7	87 Fr 鍅	88 Ra 鐳	89-103 錒系元素	104 Rf 鑪	105 Db 𨧀	106 Sg 𨭎	107 Bh 𨨏	108 Hs 𨭆	109 Mt 䥑

鑭系元素	57 La 鑭	58 Ce 鈰	59 Pr 鐠	60 Nd 釹	61 Pm 鉕	62 Sm 釤
錒系元素	89 Ac 錒	90 Th 釷	91 Pa 鏷	92 U 鈾	93 Np 錼	94 Pu 鈽

推薦序

元素以及它們的產地

國立清華大學生命科學系助理教授、泛科學專欄作者／黃貞祥

這本《看得到的化學——美麗的元素》讓我回想起中學和大學時，充滿好奇心的在化學實驗室裡上課的美好時光。化學元素反應產生的神奇變化，真是叫人目瞪口呆。

我們放眼所及的萬事萬物，無不由各種最基本的化學元素所構成。化學元素之間鍵結的可能性，如天文數字般的數量，可能比宇宙所有的原子數都還多很多。

俄國科學家門得列夫在十九世紀末，綜合科學家們的苦心研究，從看似雜亂無章的元素性質中，摸索出精妙無比的規律，製作出世界上第一份元素週期表——就是在化學教科書和實驗室中常見的元素週期表。他把化學元素按原子量的大小排序的同時，還把原子價相似的元素上下排成縱列，並據此預見了十二種尚未發現的元素。

化學元素的差異在質子數。科學極富魅力，門得列夫一旦製作出元素週期表，就立刻展現出強大的預測力，讓科學家能按圖索驥的進行更多研究。就像一位原本用古地圖到叢林尋寶的探險家，找到的第一個寶物居然是高精確度的GPS，就像如虎添翼、如有神助。化學知識於是在過去百年有了爆炸性的成長，還深遠的影響近代物理學的發展。

即使沒有化學元素週期表，中西方的老祖宗也早已發現許多元素及化合物的多種用途，讓人類從石器時代演進至銅器乃至鐵器時代。人類之所以可以如此不斷提升物質文明，是因為我們高效的累積知識。然而，現代科學的濫觴，讓我們能更高效的發現元素的各種性質，並且合成各種化合物，使用在五花八門乃至千奇百怪的用途上。

有了元素週期表，科學家已無法滿足自然界已存在的化學元素研究，利用科學理論的計算和推導，科學家使用最頂尖、最先進的科學儀器設備，居然還能透過將兩種元素高速撞擊的方法，增大自然存在的元素原子核的質子數，達到增大原子序數的目的，於是製造出新的人工合成元素。

這種「逆天」的行為，迄今已製造出二十幾種人工合成元素，儘管它們均是半衰期，從幾年到只有數毫秒的不穩定放射性元素。不管存在時間有多短，科學家也都能突破極限，偵測到並研究它們的性質；有些在自然界中存量極其稀少的化學元素，科學家也能透過人工合成的方式產生，並且為它們找到合適的用途。

這本書用圖文並茂的方式，深入淺出的解說化學元素的主要知識，並讓我們同時見識到自然和科學之美。書中列舉的許多化學元素及它們的化合物等用途，雖然僅是所有人類科技知識的冰山一角而已，但足以讓人目眩神迷。真是感恩化學元素、讚嘆化學元素！

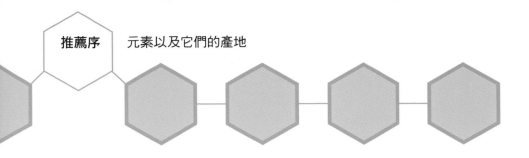

元素的基本

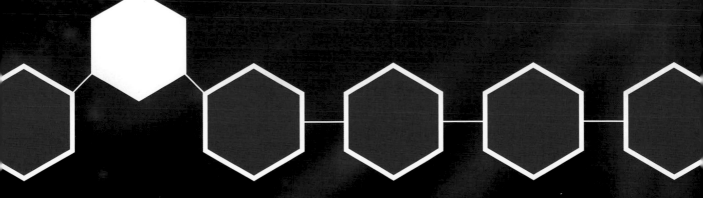

基本 1

何謂元素？

萬物的根源要素

古代到中世紀這段期間，人們相信萬物皆由土、空氣、火、水這四大元素構成。到了十七世紀，勞勃．波以耳（Robert Boyle）否定四大元素說，並主張應重視實驗和測量，他認為「所謂元素，是根本上無法分割的單一物質」，為粒子下定義。

接著在十八世紀，安東萬．拉瓦節（Antoine Lavoisier）清楚定義元素與化合物的不同，確立元素的概念。一旦化學家了解，元素是無法透過化學反應再分離的基本要素後，便紛紛投入探索元素的道路。科學家不斷追尋物質的根源要素，從而提出原子論乃至基本粒子的理論。

至二〇一六年，有一百一十八種元素被命名。當中存在於自然界的元素近乎九十種，其餘則是以粒子加速器等製造出來的人工合成元素。此外，以元素之間的化學反應製造出來的化合物也超過五千萬種，相信今後還會持續增加。

無論是地球、海洋、甚至我們的身體，都是由元素組成才得以成立。所以元素就是指「存在於宇宙間，各種物質的基本構成要素」。

拉瓦節證明「水」並非元素，而是由個別的元素（氧與氫）結合而成。1774 年，亦即波以耳提出主張的 113 年後，拉瓦節發現物質總質量不會因化學反應而改變的「質量守恆定律」。

基本 2

元素與原子的差別

同樣用來表示物質，但使用方法不同

當你聽到「萬物的根源要素」時，或許會誤以為不論元素或原子，都一樣代表物質的最小組成單位，其實兩者的「使用方式」極為不同。原子是指成為物質基礎的具體粒子，以氫原子為例，它是「由一個質子形成的原子核，及其周圍環繞的電子組成」，大小僅有一億分之一公分。

另一方面，元素是指賦予原子的化學性質一個抽象概念，故以質子數分類。此外，原子用一個、兩個來數，元素則用一種、兩種來數。

元素與原子最明顯的不同，在於「同位素」。例如，氫有氘（^{2}H，音同刀）或氚（^{3}H，音同川）等不同的同位素。氚是原子核中再加入一個中子。像這種質子數相同、中子數不同的情況就稱作同位素。

每個同位素的原子結構都不一樣。不過，由於原子的化學性質是由質子和電子的數量決定，所以同位素的化學性質幾乎相同。故不論是氫（^{1}H）或氘（^{2}H），都同樣歸屬在「氫」元素下。

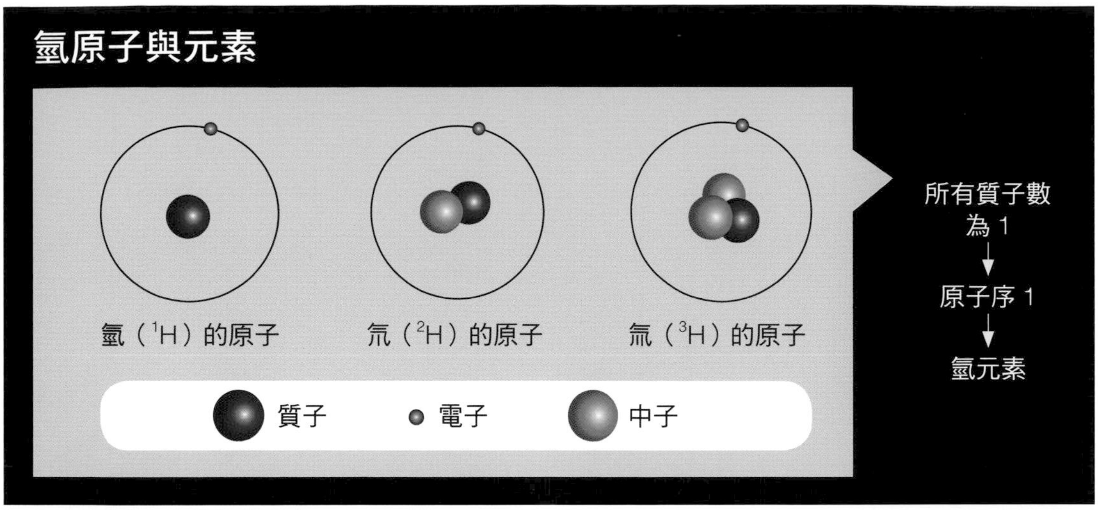

物理性質

物理性質，意指用數值表示原子的質量、沸點、熔點或密度。就算元素相同，同位素的物理性質也有差異。

化學性質

化學性質，意指在化學反應中表現出來的特徵及性質。由於同位素的核外電子數相同，所以化學性質幾乎完全相同。

基本 3

元素的起源

宇宙誕生及恆星內部的核融合反應

宇宙誕生於約莫一百三十八億年前的大爆炸（Big Bang）。大爆炸瞬間，稱作「夸克」（quark）的基本粒子飛散於宇宙間，這時元素尚不存在。不過，從宇宙誕生的〇．〇〇〇一秒後，此時溫度下降，中子和質子隨著夸克結合而出現。

這一個質子成為了最初的元素「氫」的原子核。其後數分鐘之間，質子與中子開始結合，形成較輕的「氦」、「鋰」元素之原子核。

距大爆炸約三億年後，氫聚集起來形成初期恆星。雖然大爆炸後出現的幾乎都是氫和氦，但隨著星球內部進行核融合反應，「碳」也因為氦原子核的核融合反應出現。更甚者，碳也因核融合反應，導致較重的元素出現。這段過程反覆運作下，誕生出以「氧」和「矽」為首，直至「鐵」的元素。

不過，比鐵還重的元素不會因恆星內部的核融合反應而形成。一般認為，雖然這些恆星不久後因為大爆炸而結束一生，但鐵以後的元素生成和這種超新星爆炸有關。

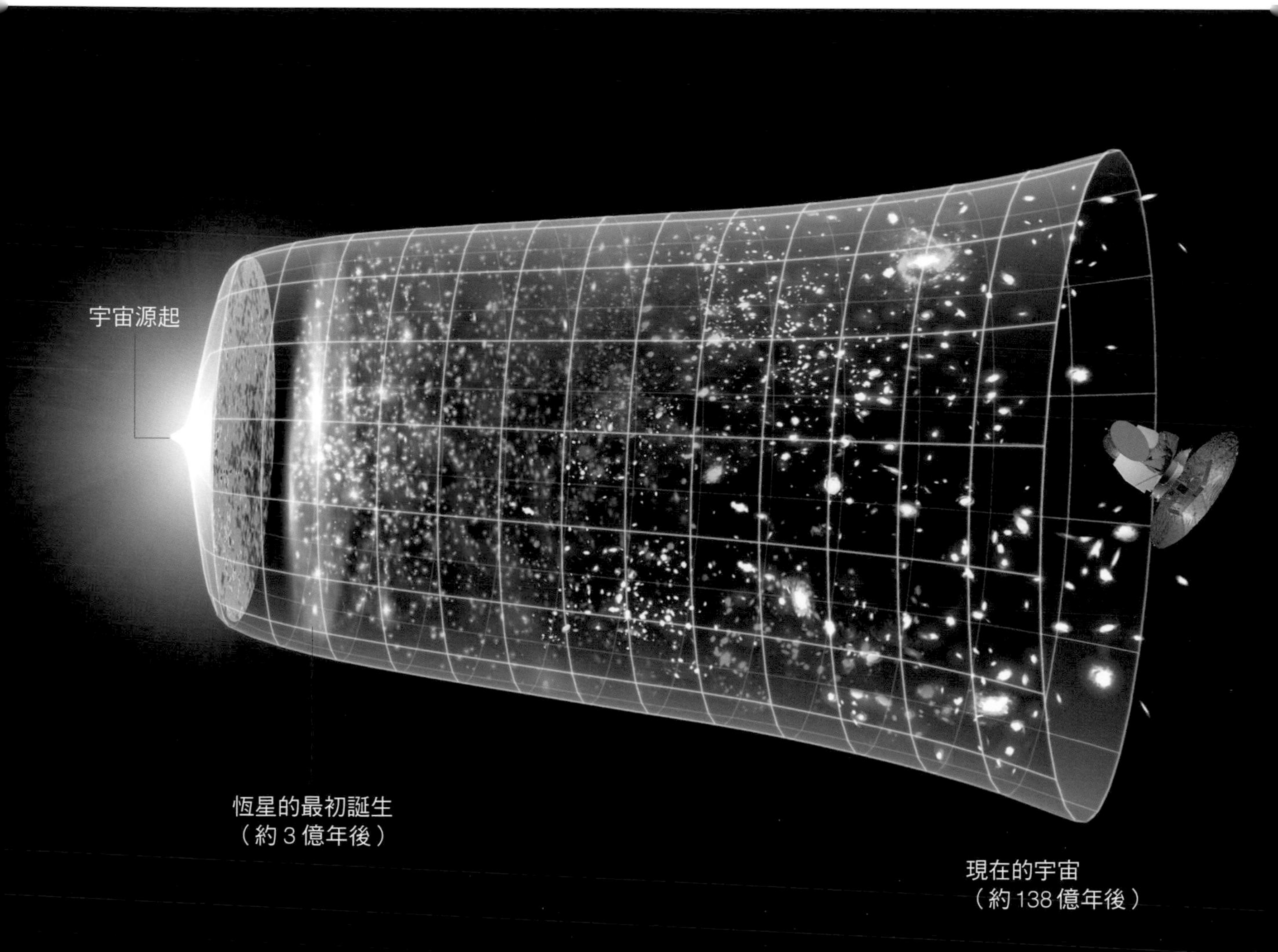

根據宇宙探測器調查而模擬的大爆炸概念圖。

基本 4

發現週期性

混沌中挖掘出的週期性

碳、金、銀、銅、錫、鉛、鐵等，可說是人類最初發現並使用的元素。中世紀時，鋅因為煉金術實驗而發現，銻、砷等元素則是緊接在之後發現。

不過，直到十八世紀，近代化學開始發展，才陸續找出更多元素。之後，英國化學家約翰・道耳頓（John Dalton）提出原子說，主張原子是實際存在的物質，且各有特定質量（原子量）。由於不同元素中常見到許多相似的化學性質，讓人轉而思考元素之間，或許有什麼法則存在。

而成功整合出這個法則的人，就是十九世紀的俄羅斯化學家門得列夫（Dmitri Mendeleev）。門得列夫將截至當時發現的近六十種元素，以卡牌遊戲為依據，將原子量由小到大依序排列。他是從當時的已知元素氫、氮、碳等排序中，留意到元素會週期性出現相似的性質。這份列表於一八六九年發表後，歷經多次改良，成為至今依然使用的週期表。

俄羅斯化學家門得列夫（1834 ～ 1907 年）。

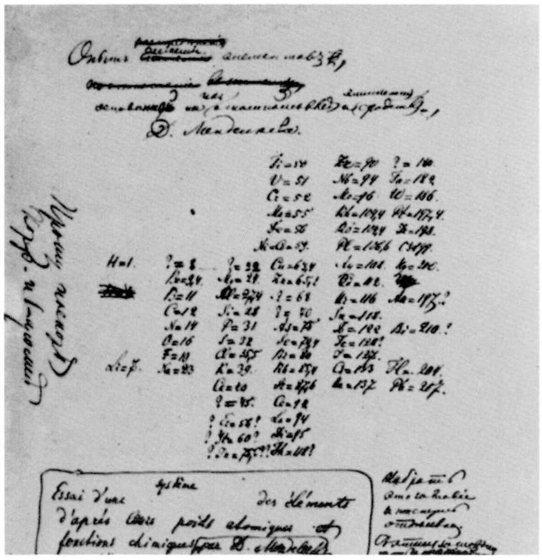

門得列夫製作的週期表。他最偉大的功績在於，預測出尚未發現的元素並預留空白欄位。當後人將新發現的鎵（Ga）、鍺（Ge）填入欄位後，更加證明週期表的正確性。

基本

5 看懂週期表

踏入化學世界的第一步！

①化學符號（Chemical symbol）

週期表相當於化學世界的地圖。你能根據某元素在週期表上的位置，多少明白其化學性質。

查看週期表時，首先會看到H、C等字母成列並排。這些就是世界共通的「化學符號」，用來標示化學式或化學反應式。元素名稱是由國際共同決定，雖然有部分例外，但基本上都由元素的英語或拉丁語名稱的字首定案。

②原子序（Atomic number）

週期表的化學符號是用什麼順序排列？元素從「1」開始依序排列，這個數字就是「原子序」，表示組成原子核的「質子」數量。例如，氫的原子序之所以為1，是因為氫原子的質子只有一個。門得列夫當初製作的週期表，雖然是以元素的重量（原子量）順序排列，如今則按原子序排列。

例如：碳元素

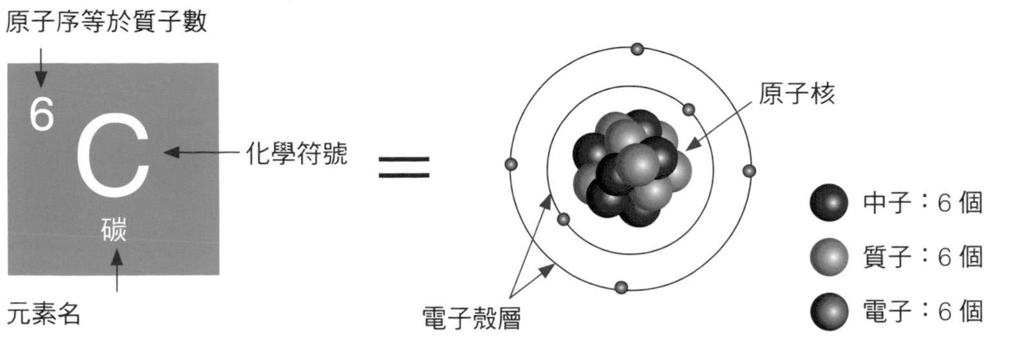

（碳元素的原子結構圖）

③ 週期（Period）

元素週期表有橫排和縱排。橫排稱為週期，目前存在第一至第七週期，一百一十九號以後則歸入第八週期。同週期的元素有數量相同的「電子殼層」。例如，第二週期的碳元素持有兩個電子殼層，而鋰或氖也屬於相同週期，所以也有相同數量的電子殼層（上圖）。

④ 族（Group）

縱排稱為「族」，共有一到十八族。同族元素不只最外殼的電子數量相同，也有相似的化學性質。下面將依序介紹（參考第二十七頁上圖）。

1 鹼金屬（Alkali metal）

指除了氫元素以外的第一族元素。這類元素皆為化學性質活潑的輕金屬，所謂「化學性質活潑」，意指容易起化學反應。

2 鹼土金屬（Alkaline earth metal）

第二族元素的化學性質活潑程度僅次於鹼金屬（除了鈹和鎂的性質稍有不同）。

3 過渡金屬（Transition metal）

第三到第十一族的元素稱作過渡金屬。過渡金屬中，相鄰的元素常有相似的化學性質。它們的硬度和熔點皆高，多具有導電性、導熱性、延展性和磁性。鑭系元素、錒系元素以及第十二族有時也歸為過渡金屬。另外，也包含與鉑（俗稱白金）性質相近的鉑系元素（按：第八、第九、第十族元素中，不是鐵系元素的其他元素〔第七、第八週期除外〕，即釕、銠、鈀、鋨、銥和鉑）。

4 其他金屬等

除了上述金屬外，還有金屬性質相近的其他金屬■、特性介於金屬與非金屬中間的類金屬■，類金屬就是比典型的金屬較不易導電的半導體。其中第十三族也被稱為硼族、第十四族也被稱為碳族、第十五族也被稱為氮族、第十六族也被稱氧族。另一方面，除了金屬元素、鹵素和惰性氣體之外，還有不導電的非金屬■。

5 鹵素（Halogen）

鹵素原子通常具有較大的電負度，命名由來是因為能與鈉或鉀等金屬形成鹽類（按：halogen源自希臘語halos〔鹽〕和gennan〔形成〕）。

6 惰性氣體（Noble gas）

第十八族是無色無味的氣體，很難和其他元素起反應，再加上自然界的含量稀少，故稱作惰性氣體（按：惰性氣體日語為「希ガス」，中文直譯為「稀有氣體」）。

7 鑭系元素（Lanthanoid）

以鑭元素為首的過渡金屬，外層的電子組態和化學性質都很相似，皆為稀土元素（Rare earth element）。

主要分類顏色標示

（按：每個元素表依資料不同，有時分類略有不同。鈹、鎂按照一般定義，通常被歸為鹼土金屬，而本書歸為其他金屬。）

■ 鹼金屬　■ 其他金屬　■ 鹵素　■ 錒系元素
■ 鹼土金屬　■ 類金屬　■ 惰性氣體
■ 過渡金屬　■ 非金屬　■ 鑭系元素

族／周期	1	2	3	4	5	6	7	8	9	10	11	12	13	14	15	16	17	18
1	H																	He
2	Li	Be											B	C	N	O	F	Ne
3	Na	Mg											Al	Si	P	S	Cl	Ar
4	K	Ca	Sc	Ti	V	Cr	Mn	Fe	Co	Ni	Cu	Zn	Ga	Ge	As	Se	Br	Kr
5	Rb	Sr	Y	Zr	Nb	Mo	Tc	Ru	Rh	Pd	Ag	Cd	In	Sn	Sb	Te	I	Xe
6	Cs	Ba	57-71	Hf	Ta	W	Re	Os	Ir	Pt	Au	Hg	Tl	Pb	Bi	Po	At	Rn
7	Fr	Ra	89-103	Rf	Db	Sg	Bh	Hs	Mt	Ds	Rg	Cn	Nh	Fl	Mc	Lv	Ts	Og
			鑭系元素	La	Ce	Pr	Nd	Pm	Sm	Eu	Gd	Tb	Dy	Ho	Er	Tm	Yb	Lu
			錒系元素	Ac	Th	Pa	U	Np	Pu	Am	Cm	Bk	Cf	Es	Fm	Md	No	Lr

8 錒系元素（Actinoid）

以錒元素為首的過渡金屬，外層的電子組態和化學性質都很相似，皆為放射性元素。

範例

◆ 發現：發現者（發現者姓名外文，發現年分）
・「／」指各別發現；「&」指共同發現。
◆ 型態：週期表的族的分類或表現形式等
◆ 原子量：一個原子的平均質量
※ 非自然界存在的元素，會將同位素的質量數標示在［　］中。
◆ 熔點、沸點：常溫常壓下的數值
◆ 主要生產國或主要蘊藏國
◆ 供給風險：★★★代表風險最高
・訊息不明處以「—」標示。
・所有數據的出處請參考本書最後的參考文獻。

※ 原子量（Atomic mass）：指當碳 12（^{12}C）的質量為 12 時的相對質量。

第1週期
（氫～氦）

◆ 發現：亨利・卡文迪西（Henry Cavendish，1766 年）
◆ 型態：非金屬／氣體
◆ 原子量：1.00784 ～ 1.00811
◆ 熔點：-259℃ ◆ 沸點：-253℃
◆ 大氣含有率：約 0.5ppm（※ppm 定義為百萬分之一。）

H 1 Hydrogen

氫（音同輕）

宇宙誕生後最初形成的元素

▲哈伯望遠鏡捕捉到的宇宙最深處。氫元素在宇宙間以原子、分子和氫離子形式存在，並構成星際氣體（interstellar gas）、恆星等的成分。

約莫一百五十億年前，宇宙因大爆炸誕生，而最初生成的元素就是氫。氫不僅是占據全宇宙質量高達七五%的最基本元素，地球上的含量也多得無止境。此外，氫是生命的必要元素，以氫離子或水等形式存在，在人體中也占體重的一〇%。

氫是無色的氣體，在所有元素中重量最輕，由於燃燒速度非常迅速，一旦和氧起激烈的反應，便會引發爆炸。例如，二〇一一年日本福島第一核能發電廠的氫爆，就是因為核子反應爐內的氫氣漏出，導致建築物內的氫和氧反應而引起的事件。

附帶說明，「氫彈」和「氫爆」（按：氫氣與氧氣產生劇烈燃燒反應而爆炸）兩者指涉的現象有別。「氫彈」是指，將氫的穩定同位素重氫（deuterium，氘〔^{2}H〕）、放射性同位素超重氫（tritium，氚

▶將氫的放射性同位素氚氣封入指針中，做成在黑暗中發光的手錶。

▼用於雷達或脈衝產生器的氫閘流管（thyratron）。封入氫的閘流管能應用在高電壓的場合，但目前以半導體取代。

◀發射太空梭時須使用液態氫。是藉由混合、燃燒在橘色燃料箱內的液態氫和液態氧推動。

◀當鋅（Zn）和鹽酸（HCl）反應，會生成氫氣（H_2）。氫本身是無色透明的氣體。

◀活用氫氣比空氣輕的特性而打造的興登堡號飛船。1937 年發生爆炸燃燒事故後，飛船都改用氦氣（He）取代氫氣。

（^{3}H））進行核融合反應，並從中引出巨大的能量。

這樣看來，難免讓人以為氫很恐怖，但氫既能在燃燒後生成水，目前也被拿來研究，開發成為未來取代石化燃料的新能源。另外，由於鎳鎘電池中含有毒的鎘，為了減輕環境負擔，鎳氫電池也逐漸流行於市面。

MEMO 氫元素名稱在希臘語中有「產生水的物質」之意，這是由法國化學家拉瓦節所命名。而英國化學家卡文迪西則發現，酸和金屬反應後產生的氣體是氫。

◆ 發現：諾曼．洛克爾（Norman Lockyer，1868 年）等
◆ 型態：惰性氣體　◆ 原子量：4.002602
◆ 熔點：-272℃　◆ 沸點：-269℃
◆ 大氣含有率：5.24ppm
◆ 供給風險：★★★

He 2
Helium

氦（音同駭）

大量存在於太陽系中，地球上卻很稀有

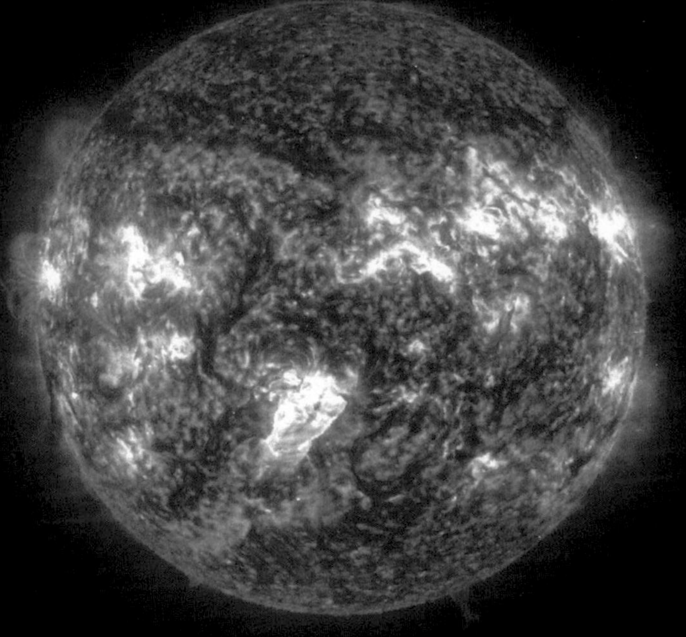

▲因為太陽中心的核融合反應使氫融合成氦。由於宇宙中幾乎沒有氧氣，所以氫氣不會燃燒。太陽釋放出的光能與熱能，就是來自於核融合反應。

氦是無色無味、隸屬第十八族的惰性氣體元素。太陽系中占比約二七％，僅次於氫。但氦在地球上由於重量過輕而飛往宇宙，因此含量極為稀少。再加上惰性氣體反應性低，故不存在天然化合物。

日常中的氦，幾乎都**從天然氣中提取**。而氦因為比空氣輕又不易燃，不像氫那樣容易爆炸，所以除了灌入飛船或氣球外，液態氦也會使用在磁振造影（Magnetic Resonance Imaging，簡稱ＭＲＩ），或磁浮列車的超導磁鐵冷卻劑上。

另外，作為派對道具使用（混入氧氣）的氦氣罐，當人吸入一口後再開口，會發出高亢的聲音。這是因為聲音在氦氣中會傳達得比空氣快，使聲音的震動頻率提高所致。不過，要注意氦氣中是否混入氧氣，若吸入不含氧的氦氣，會導致肺缺氧。

▲ 1878 年，法國製作了獎牌紀念法國的皮埃爾・讓森、英國的洛克爾以光譜分析發現氦。背面描繪的是希臘神話中的太陽神赫利奧斯。

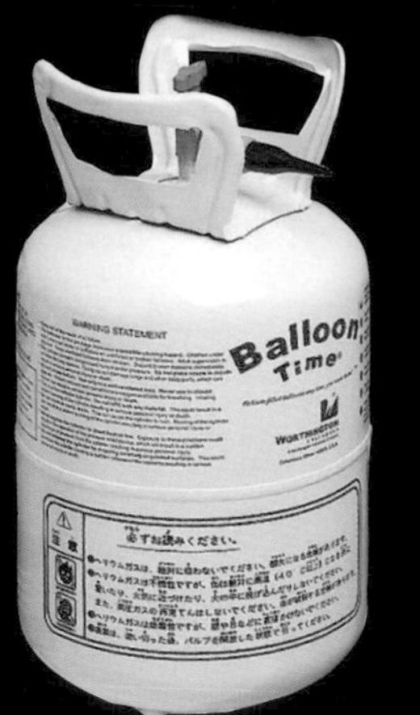

▲氣球用的氦氣罐。因為比空氣輕而讓氣球漂浮。

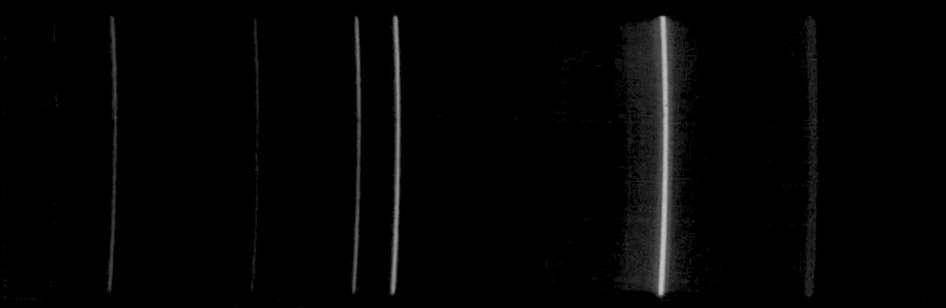

◀用光譜儀看到的氦光譜。光譜分析是針對物質吸收或放出的電磁波波長或強度的測定。由於每個原子都有各自的波長（色），因此可以辨識出物質中包含的各種元素。

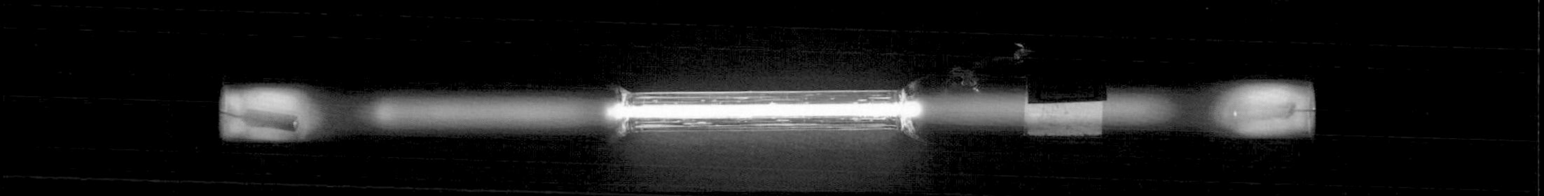

▲氦氣本身無色，但若將氦封入放電管，電流通過時會發出淡粉至黃色的光。

一八六八年，在印度觀察日全蝕的法國天文學家皮埃爾・讓森（Pierre Jules César Janssen），發現太陽光中有未知的光譜。同一時期進行觀測的英國天文學家洛克爾與艾華・弗朗克蘭（Edward Frankland），也透過光譜分析得到相同事實，將這個新元素命名為氦。

MEMO 氦元素因為是從太陽光譜中發現，故以希臘語的「太陽」（helios）命名。有趣的是發現者是天文學家，而非化學家。

MEMO 1895 年，英國化學家拉姆賽等人，用硫酸處理一種瀝青鈾礦時，在出現的氣體中發現氦。因鈾或釷衰變而出現的 α 粒子即為氦的原子核。

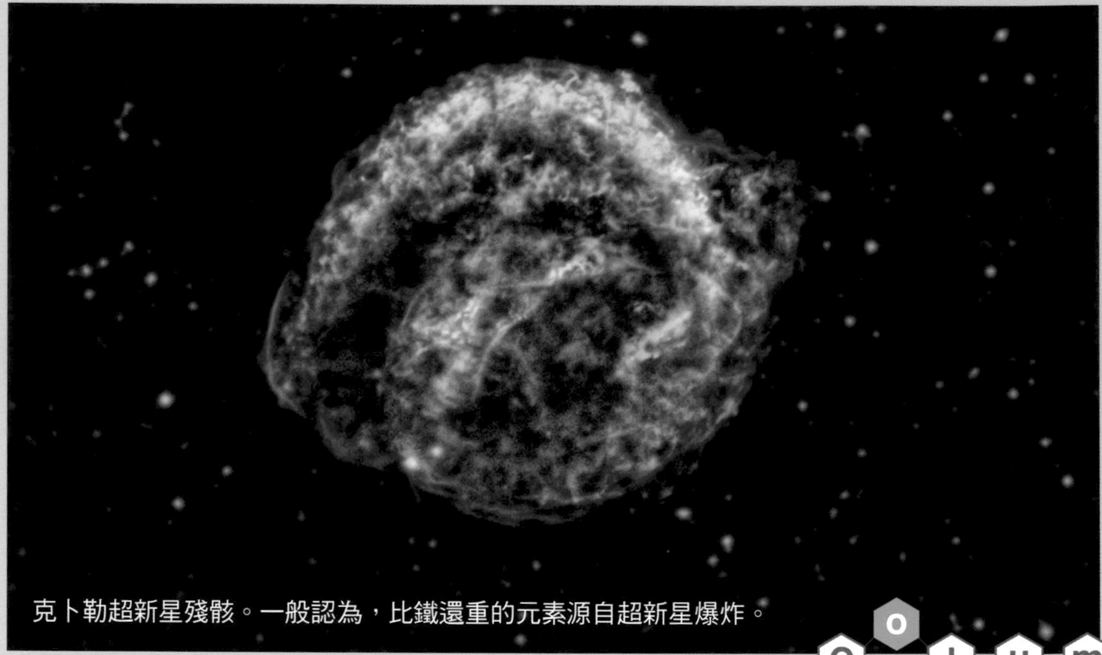
克卜勒超新星殘骸。一般認為，比鐵還重的元素源自超新星爆炸。

Column

比鐵還重的元素從哪裡來？

元素的產生

地球表面因為七成被水覆蓋，而有「水之行星」之稱，實際上水僅占地球的體積不到〇．七％。另一方面，鐵則占有地球三分之一的重量。如果從這個觀點來看，地球其實是「鐵之行星」。

鐵是宇宙中含量第九多的元素，相較之下含量比其他元素多。就如前面所述，因為鐵是從恆星的核融合反應而來，而且是最穩定的「最後元素」。

所謂恆星，即為由元素合成、如同核子反應爐般的東西。在高溫、高密度的環境下，其核融合反應持續進行，直到鐵出現為止。順帶一提，所謂「核融合」意指原子核之間因相互反應，產生比前項更重的元素的現象，而核分裂的狀況就完全相反。以太陽為例，氫發生變成氦的反應，其能量則成為日光。鐵之所以稱為最後的元素，是因為核融合期間質子和中子的結合力恰使其穩定，若有比這更多的質子，則會因電磁排斥力增強而不穩定。

那麼，自然界中那些比鐵還重的元素，例如金和鈾（原子序

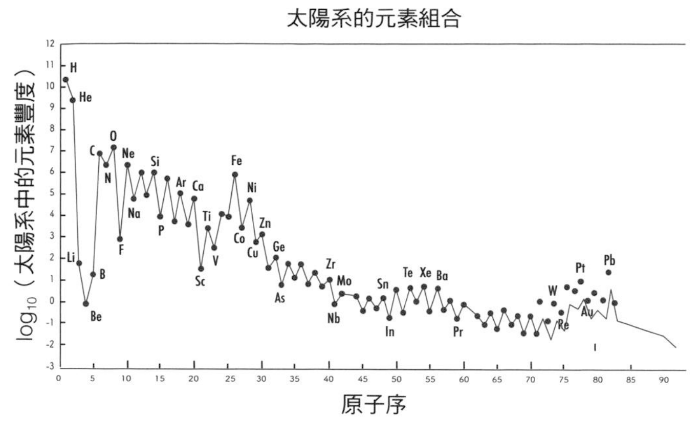

上圖表示太陽系中的元素豐度。由圖可知，原子序為偶數者，其存量多於相鄰的奇數元素。雖說原子序越大，元素豐度會減少，但鐵的存在還是比其他金屬多。此外，一般認為比鐵還重的元素，是從超新星爆炸的高溫、高密度下，因中子捕獲反應而合成的。

地球的地殼元素豐度列表（重量%）（克拉克值〔Clarke value〕，各種元素在地殼中的平均百分含量）

氧（O）	49.5
矽（Si）	25.8
鋁（Al）	7.56
鐵（Fe）	4.70
鈣（Ca）	3.39
鈉（Na）	2.63
鉀（K）	2.40
鎂（Mg）	1.93
氫（H）	0.87
鈦（Ti）	0.46

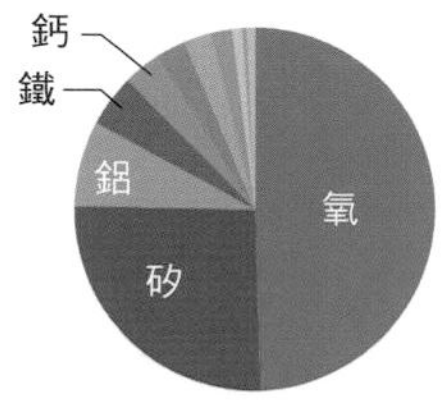

※參考日本文部科學省「一家一張週期表」。

比鐵還後面的元素）是如何產生的？目前多認為是源自「超新星爆炸」。

所謂超新星爆炸，意指質量比太陽大八倍以上的恆星結束生命時，所引發的大爆炸。而大爆炸釋放出的能量，若來自於巨大的恆星，會龐大到相當於在數秒內釋放出數億年分的太陽能。有人認為在巨大壓力與熱能中釋放出的中子，因和鐵激烈碰撞，而產生比鐵還重的元素，截至九二號的鈾為止。

然而，金、鉑和稀土元素又是如何合成出來的？更別說其他未知元素了。有一說認為這些元素，在R過程（r-process，r取自英語「快速」之意的rapid字首）中誕生，即為在爆炸後馬上捕獲中子一口氣合成出來的元素。中子星的合體則視為這種天體現象之一。不過，以上充其量為假說，期待這項假說未來獲得驗證。

雖然到鈾為止的元素是在星辰中產生，但另一方面，比鈾還重的元素（原子序九三號以後的元素）由於放射性衰變的時期極短，幾乎無法在自然環境下確認。因此要利用粒子加速器或核子反應爐，以人工方式撞擊元素，引發核融合製作出來。

總之，因核融合飛散在宇宙間的元素，成為生成其他行星的材料，而地球就是這樣誕生的。

第2週期
（鋰～氖）

- 發現：阿維德森（Johan August Arfwedson，1817 年）
- 型態：鹼金屬 ◆ 原子量：6.938 ～ 6.997
- 熔點：181℃ ◆ 沸點：1342℃
- 主要蘊藏國：玻利維亞、智利、中國
- 供給風險：★★（稀有金屬）

1																	2
3	4											5	6	7	8	9	10
11	12											13	14	15	16	17	18
19	20	21	22	23	24	25	26	27	28	29	30	31	32	33	34	35	36
37	38	39	40	41	42	43	44	45	46	47	48	49	50	51	52	53	54
55	56	*	72	73	74	75	76	77	78	79	80	81	82	83	84	85	86
87	88	**	104	105	106	107	108	109	110	111	112	113	114	115	116	117	118

*	57	58	59	60	61	62	63	64	65	66	67	68	69	70	71
**	89	90	91	92	93	94	95	96	97	98	99	100	101	102	103

Li 3
Lithium

鋰（音同里）

因電池需求使用量增加的輕巧金屬元素

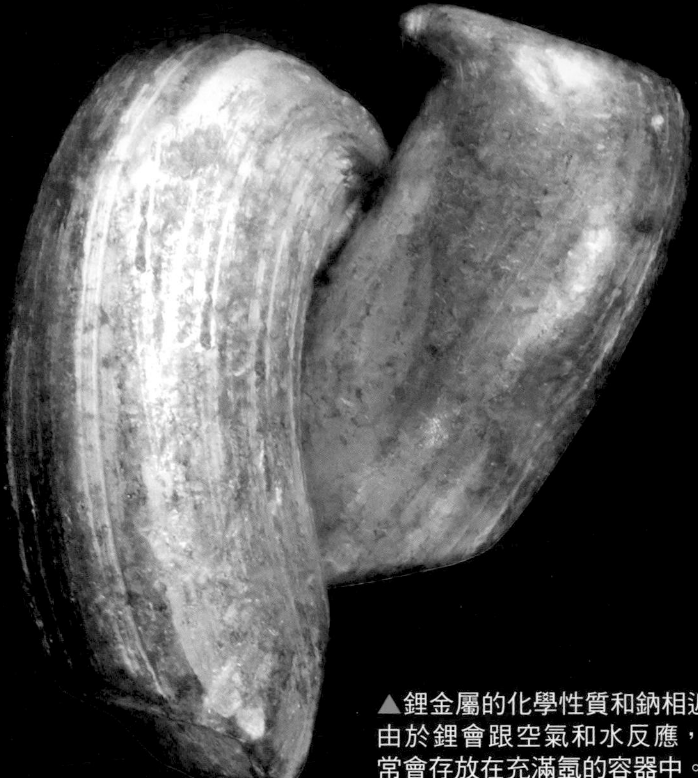

▲鋰金屬的化學性質和鈉相近。由於鋰會跟空氣和水反應，通常會存放在充滿氬的容器中。

鋰為鹼金屬，一旦沾水，很容易引起放出氫的激烈反應，也必須避免身體直接接觸。鋰在金屬中最輕，其密度甚至小到能浮在水面上。鋰礦包含鋰雲母、鋰輝石等，知名產地為智利的阿塔卡馬鹽沼，鋰含量約〇．一五%。此地的鋰蘊藏量占全球三分之一，若包含玻利維亞的烏尤尼鹽沼和阿根廷的林孔鹽沼，南美的鋰產量高達全球八成。

由於鋰燃燒時呈現深紅色的焰色反應，會跟其他也能展現焰色反應的鈉（黃色）、鉀（紫色）等，一起做成發射升天的煙火。另外，鋰也用於製成汽車用潤滑脂。而最貼近日常生活的用途，就屬「鋰離子電池」了。這種鋰離子在正極與負極間移動的充電電池，因為輕量加上充電效率高，能從中取得大量電能，故廣泛用於電腦、行動裝置、數位相機或電動車

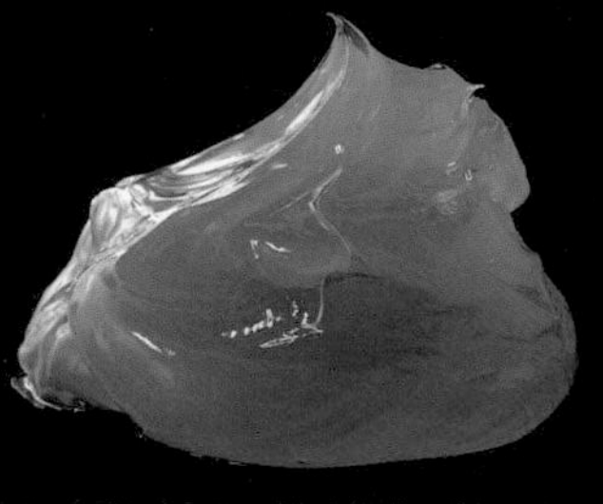

▲以礦物油和鋰基皂（lithium soap）為主要成分的「鋰潤滑脂」（lithium-base grease），具潤滑、耐水功效。

▲玻利維亞的烏尤尼鹽沼，是因安地斯山脈隆起而殘留的遠古海水形成。圖中為製鹽用的乾燥鹽山，但鹽沼最有名的還是鋰資源。

▲拋棄式的鋰乾電池，其在負極使用鋰金屬這點，不同於充電式的鋰離子電池。

▲鋰輝石（$LiAlSi_2O_6$），最主要的鋰礦石之一，有時也視作名為紫鋰輝石（kunzite，孔賽石）的寶石。產自阿富汗的達拉耶比曲（Dara-e-pech）。

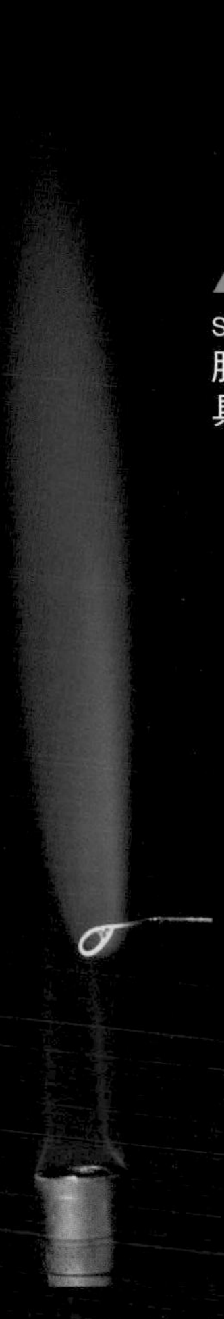

▲顯示出鮮豔深紅色的鋰焰色反應。

◀透鋰長石（$LiAlSi_4O_{10}$），亦稱葉長石。產自巴西的米納斯吉拉斯州。

等。但鋰電池與蓄電池不同，其電解質中因含有機溶劑，一旦誤用或製造上出問題，容易出現異常發熱或起火事故。

雖然鋰對人體的作用不明，但化合物的碳酸鋰，以治療雙極性障礙（躁鬱症）的有效治療藥為人所知。

MEMO 因鋰礦包含各種礦石，故元素名源自希臘語的「石頭」（lithos）。鋰是由曾為貝吉里斯學生的瑞典化學家阿維德森，從透鋰長石（petalite）中發現。

◆ 發現：路易－尼古拉・沃克蘭（Louis Nicolas Vauquelin，1798 年）
◆ 型態：其他金屬 ◆ 原子量：9.0121831
◆ 熔點：1287℃ ◆ 沸點：2469℃
◆ 主要生產國：美國、中國、哈薩克
◆ 供給風險：★★★（稀有金屬）

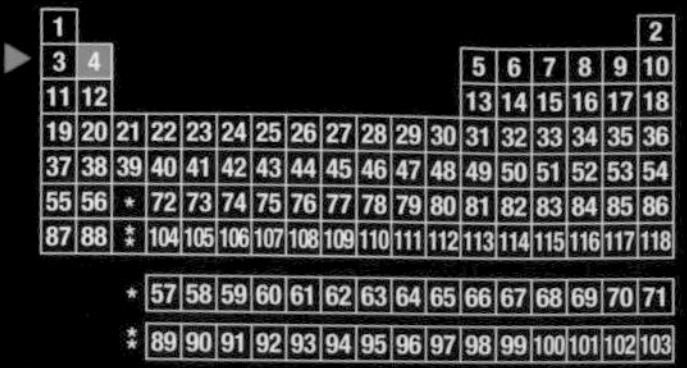

Be 4
Beryllium

鈹（音同皮）

祖母綠的成分之一

▼在銅中混入些微鈹製成的合金，其強度高於銅，用於各種工具或彈簧零件。

▲以鈹為主成分的綠柱石（$Be_3Al_2Si_6O_{18}$）。為具透明度的綠色礦物，被視為寶石祖母綠（emerald），顏色會因雜質有所不同，海藍寶石（aquamarine）也有相同成分。

▲以 99.5%純度製作的鈹金屬塊。耐熱性強、既硬又脆。

◀在中央振膜使用鈹的高音域喇叭。鈹的高音傳導率很優秀。

鈹為銀白色的金屬，不只又硬又輕，強度、熔點也高，具有適合工業機械的性質。鈹製成的彈簧強度就高出鋼製的好幾倍，鎚子和扳手等工具也會使用鈹銅合金。再加上耐腐蝕、水氣及弱酸的特性，常用於核能相關、雷射、航空及宇宙航太領域的機械零件。

鈹的粉塵有強烈毒性，若不小心吸入，會引發鈹中毒（Beryllium poisoning），出現咳嗽、發燒、慢性肺炎或肺癌等症狀。但如果徹底做好安全防護措施，就幾乎不會引發中毒症狀。

MEMO 鈹的命名源自礦物「綠柱石」（beryl），是法國化學家沃克蘭從祖母綠中發現的新元素。1828 年，德國化學家弗里德里希・烏勒（Friedrich Wöhler）和法國化學家比西（Antoine Bussy），同一時期成功分離出鈹。

- 發現：給呂薩克、泰納（Joseph Louis Gay-Lussac、Louis Jacques Thénard，1808 年）／漢弗里・戴維（Humphry Davy，1808 年）
- 型態：類金屬
- 原子量：10.806 ～ 10.821
- 熔點：2075℃　◆沸點：4000℃
- 主要生產國：土耳其、美國、智利
- 供給風險：★（稀有金屬）

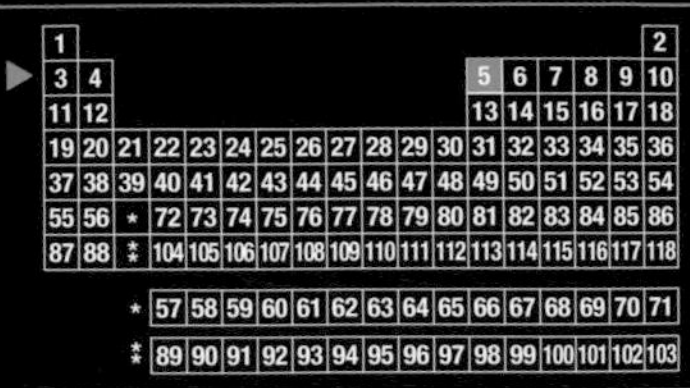

B　5
Boron

硼（音同朋）
耐熱玻璃的原料

▲灰黑色的硼結晶。熔點高，堅硬又脆。

▲因為結晶和光纖性質相同，而有「電視石」此一俗稱的鈉硼解石（ulexite，$NaCaB_5O_6(OH)_6 \cdot 5H_2O$）。

▲耐熱性佳的硼矽酸玻璃計量杯。

◀硼酸球。若寵物不小心誤食會有危險。

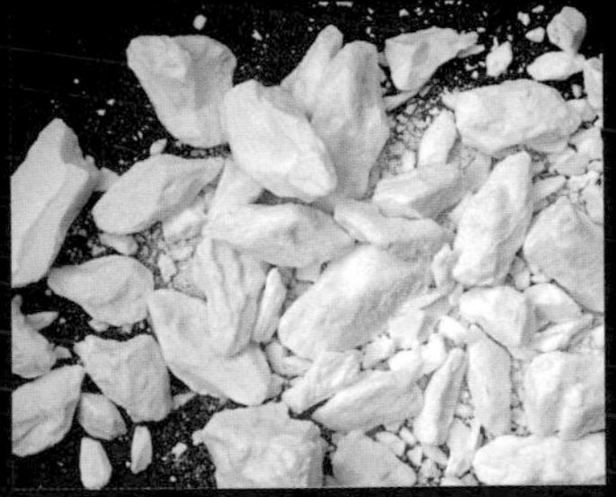

◀硼砂常指四硼酸鈉的十水合物（$Na_2B_4O_7 \cdot 10H_2O$），硼砂同時也是鹽沼在乾燥地出產的重要硼礦。醫療用品方面，將硼砂做成水溶液後，可用來清洗眼睛或消毒。

硼是灰黑色的類金屬元素，在大自然中不以純物質形式存在。硼在工業上，取自自古即知、天然出產的「硼砂」等硼酸鹽礦物。硼酸有殺菌作用，除了用來做成洗眼液、漱口水，也能做成驅除蟑螂的硼酸球。

硼由於能快速傳達聲音，也會用在喇叭振膜的音響材料上。另外，鹼石灰和硼做成的玻璃（硼矽酸玻璃）有良好的耐火性，常用來做成燒瓶或燒杯。氮化硼的金屬性質和石墨相似，硬度僅次於鑽石，因此常應用於切割工具或耐高溫的潤滑劑。

MEMO 元素名來自於性質相似的「碳」（carbon）和阿拉伯語的「硼砂」（buraq）。由法國化學家給呂薩克、泰納，以及英國化學家戴維，同時期各自電解硼酸後發現。

◆ 發現：—
◆ 型態：非金屬
◆ 原子量：12.0096 ～ 12.0116
◆ 昇華點：4440℃（鑽石）
◆ 主要生產國：中國、美國、印度
◆ 供給風險：★★

C 6
Carbon

碳 含有各種同素異形體

▲切割後的鑽石。碳的同素異形體，也是最硬的礦物。

碳在太陽系的存量比排在氫、氦和氧之後。碳化合物的種類為所有元素之首，含碳的有機化合物如蛋白質、脂質、醣類等，為「生物組成材料」。而大自然中，這些有機化合物透過植物的光合作用，由水和二氧化碳合成。除了構成生物體，碳的化石，亦即石油、煤炭及天然氣燃燒後釋放的二氧化碳，也是導致地球暖化的主因。

碳正如其名，是構成炭（石墨）的元素，自古使用至今。雖說**石墨和鑽石都由碳而來，但原子的結構卻不一樣**，所以叫做碳的「同素異形

MEMO 元素名據說來自於拉丁語的「木炭」（carbo）。1796 年，英國化學家特南特，用硝石燃燒石墨和鑽石，發現兩者其實是相同的物質（同素異形體）。

▲植物經地質上的變質作用形成煤炭，也是由碳構成。燃燒後會釋放出二氧化碳。

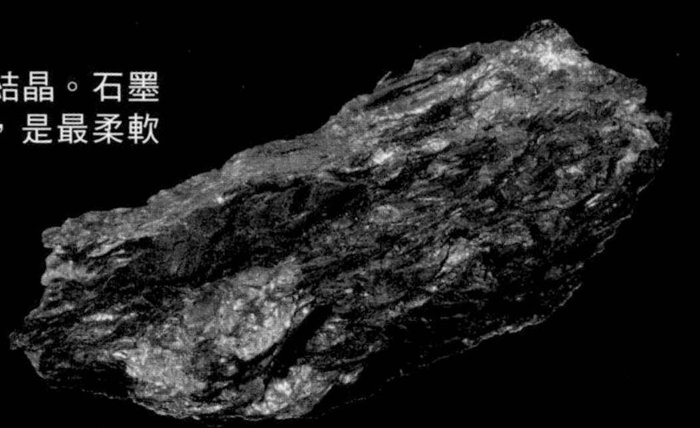

▶石墨的結晶。石墨又稱黑鉛，是最柔軟的礦物。

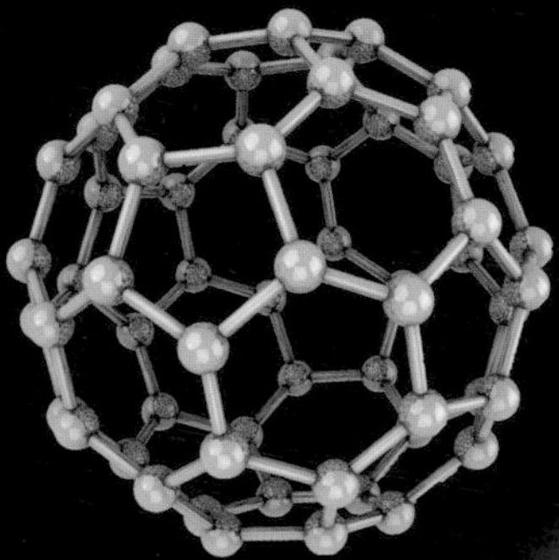

◀碳原子結合而成的富勒烯呈足球狀，是碳的同素異形體，由烴（碳氫化合物）合成。可期待應用於醫藥或潤滑劑。

◀黏著顆粒狀鑽石的鑽頭。鑽石因硬度高，也能當作研磨材使用。

▶乾冰是二氧化碳在高壓下形成的固體。白煙並非二氧化碳，而是空氣中的水分急速凝結而成。

體」。相對於石墨的六角形層堆積的平面晶體結構；鑽石則擁有緻密、原子結合較強的立體晶體結構。不論石墨或鑽石，兩者燃燒後都只會產生二氧化碳。此外，碳的同素異形體也包括無定形碳（amorphous carbon）和富勒烯（fullerene）。

舉一個碳在生活上常見的應用案例，那就是直徑僅頭髮十分之一的碳纖維（carbon fiber）。因為它既輕、強度又高，故廣泛用於飛機、火箭、人造衛星、汽車，甚至釣竿等。而鑽石除了作為寶石，也能當作研磨材使用。

MEMO 英國化學家哈羅德·柯羅托（Sir Harold Kroto）、美國化學家理查·斯莫里（Richard Smalley）和羅伯特·柯爾（Robert Curl），三人用雷射光照射石墨，以質量分析器調查後於 1985 年發現富勒烯，並以此獲得 1996 年的諾貝爾化學獎。

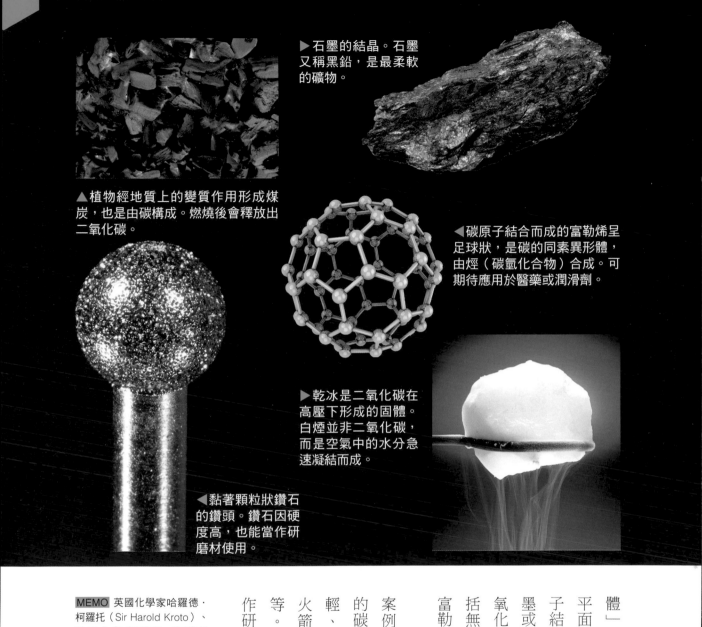

◆ 發現：丹尼爾・盧瑟福
（Daniel Rutherford，1772 年）
◆ 型態：非金屬／氣體
◆ 原子量：14.00643 ～ 14.00728
◆ 熔點：-210℃
◆ 沸點：-196℃
◆ 大氣含有率：約 78%

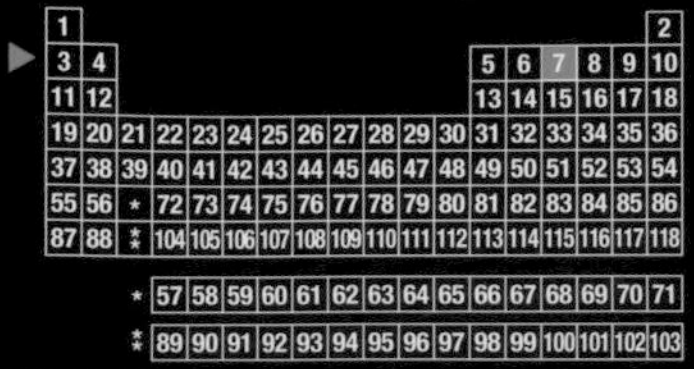

N 7
Nitrogen

氮（音同但）

讓大地循環的營養素

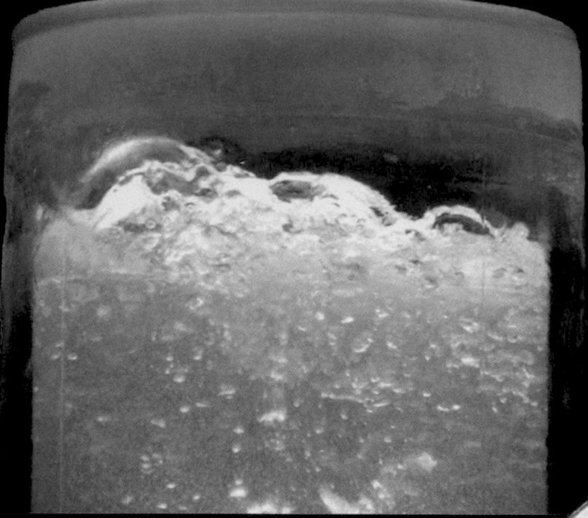

▶容器中激烈沸騰的液態氮。將液體空氣分餾製成，可當作冷卻劑。

▼可做成切割工具的立方氮化硼（CBN），硬度僅次於鑽石。

▼添加氮化硼的遙控模型用潤滑油，可用於潤滑齒輪和軸承。

▲氮化矽製成的陶瓷滾珠軸承，常作為滑板零件。

氮是空氣中含量高達七八%的無色無味透明氣體，也是生命的必要元素。氮和硝酸等無機氮化合物，作為蛋白質和胺基酸等有機物構成成分，廣泛存在於地表上。而唯有與豆科植物共生的根瘤菌，能將大氣中的氮變成氮化合物，使生命體得以利用。

氮因不容易發生化學反應，成為防止食品氧化的充填物，或以約攝氏零下一百九十六度低溫使氮液化成液態氮（liquid nitrogen）後，用來冷凍保存樣本。另外，氮的有機化合物硝化甘油（nitroglycerin）雖以火藥的原料聞名，但因能用於治療冠狀動脈，也能製成狹心症的治療藥。

MEMO 元素名來自於含氮硝石的拉丁語「nitre」。除了英國的丹尼爾・盧瑟福，舍勒、卜利士力以及卡文迪西也在同時期透過各自獨立研究，進而發現氮。

◆ 發現：卡爾・威廉・舍勒（Carl Wilhelm Scheele）／約瑟夫・卜利士力（Joseph Priestley，1772 ～ 1774 年）
◆ 型態：非金屬／氣體
◆ 原子量：15.99903 ～ 15.99977
◆ 熔點：-219℃ ◆ 沸點：-183℃
◆ 大氣含有率：約 21%

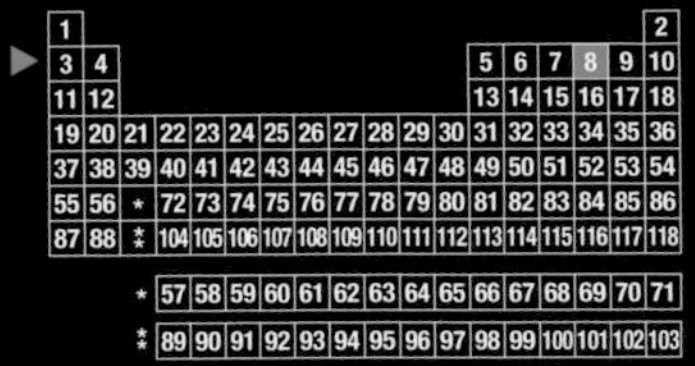

O 8
Oxygen

氧

燃燒物質等於使其氧化

▲澳洲可見的疊層石（stromatolite）是由藍綠藻（cyanobacteria）堆砌形成的岩石。地球原本沒有氧，而是約 30 億年前，藍綠藻利用二氧化碳和水所產生。

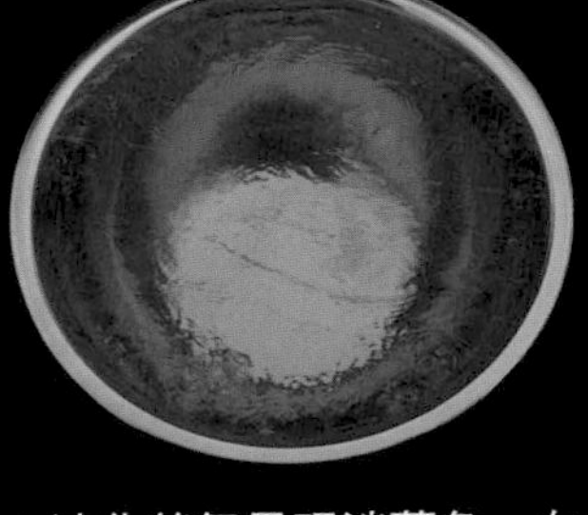

▲液化的氧呈現淡藍色，在太陽系中的含量僅次於氫和氦。

▲淡綠色的魚眼石（apophyllite，$KCa_4Si_8O_{20}F \cdot 8H_2O$），含有許多氧原子的礦物，針狀結晶為鈣沸石（scolecite）。產自印度馬哈拉施特拉邦納西克市。

氧在大氣中占比約兩成，與氫結合組成水分子（H_2O）。能使物質燃燒、在生物體內將攝入的食物轉為能量，對維持生命來說不可或缺。另一方面，有一部分攝入體內的氧，會變成活性氧使細胞氧化，成為引發老化或癌症的主因。

除了火箭的氧化劑、醫用氧氣，氧氣也是製造乙醇的必備成分。而鋼鐵業則從液態空氣中將之分餾作為助燃劑使用。

有一部分氧氣會在平流層中產生同素異形體的「臭氧」（O_3），形成臭氧層。臭氧能吸收對生物有害的紫外線。

MEMO 瑞典化學家舍勒雖於 1772 年發現氧卻遲遲未發表，最後於 1774 年由英國化學家卜利士力獨自發表。元素名稱來自於希臘語的「酸」（oxys）＋「產生」（genes）。

◆ 發現：亨利・莫瓦桑
（Henri Moissan，1886 年）
◆ 型態：鹵素／氣體
◆ 原子量：18.998403163
◆ 熔點：-220℃ ◆ 沸點：-188℃
◆ 主要生產國：中國、墨西哥、蒙古
◆ 供給風險：★

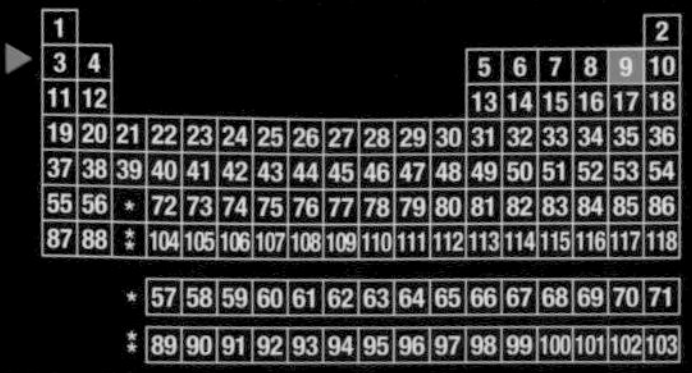

F 9
Fluorine

氟（音同服）

反應性大的鹵素元素

▼▶紫外線照射下發出螢光色的螢石（CaF_2）。螢光來自於雜質，故也有無螢光的螢石。

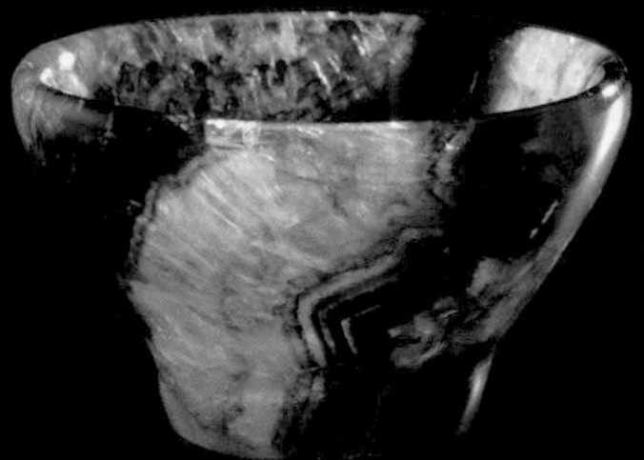

▲產自英國德比郡的碗，以名為「Blue John」的藍螢石製成。

◀氟聚合物加工的平底鍋，可防止平底鍋表面燒焦。

氟的活性大，和氦、氖之外的任何元素都能反應。因為氟的純物質很難分離，在發現過程中犧牲許多性命。例如發現許多元素的英國化學家戴維，就是在實驗中不小心吸入外洩的氟而喪命。

用途上，可以做成氟聚合物加工製品或防蛀牙膏。據說當口腔變酸時，含氟牙膏具有抑制鈣質溶解的效果。另外，氟的有機化合物（三氟溴甲烷）也常用於滅火器。另一方面，氟和碳或氯結合的「氟氯碳化物」（chlorofluorocarbons）會破壞臭氧層，故在日本有強制回收的規定。

MEMO 元素名來自於所發現的礦物「螢石」（fluorite）。法國化學家莫瓦桑，用鉑銥合金的電極，電解氟化氫鉀和氫氟酸的混合溶液，成功將氟分離出來。

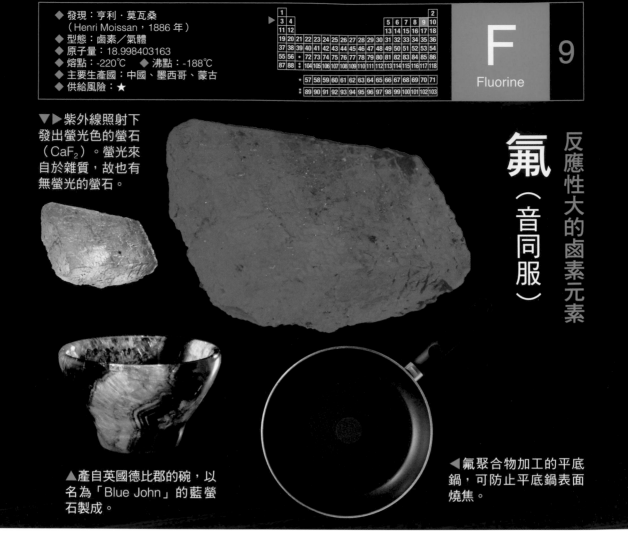

◆ 發現：威廉．拉姆賽＆莫利斯．崔維斯（William Ramsay & Morris Travers，1898 年）
◆ 型態：惰性氣體 ◆原子量：20.1797
◆ 熔點：-249℃ ◆沸點：-246℃
◆ 大氣含有率：18.18ppm

	1																	2
▶	3	4											5	6	7	8	9	10
	11	12											13	14	15	16	17	18
	19	20	21	22	23	24	25	26	27	28	29	30	31	32	33	34	35	36
	37	38	39	40	41	42	43	44	45	46	47	48	49	50	51	52	53	54
	55	56	*	72	73	74	75	76	77	78	79	80	81	82	83	84	85	86
	87	88	‡	104	105	106	107	108	109	110	111	112	113	114	115	116	117	118

*	57	58	59	60	61	62	63	64	65	66	67	68	69	70	71
‡	89	90	91	92	93	94	95	96	97	98	99	100	101	102	103

Ne 10
Neon

氖（音同乃）

使都市多彩繽紛的惰性氣體

▲以鏡子體驗氖的光折射娛樂設施。一般來說只有紅橙色亮光，但在螢光燈塗上螢光漆後，能發出各種顏色的亮光。

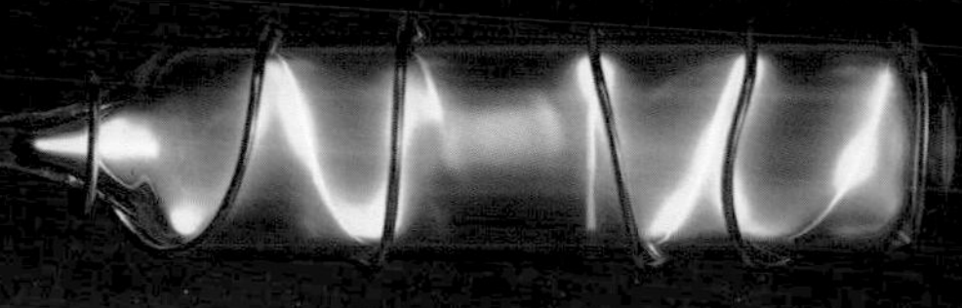

◀在封入氖氣的玻璃管放電後，發出紅色亮光。

▶以 120 伏特發光的小型霓虹信號燈。

氖為無色無味的惰性氣體，在大氣的稀有氣體中，含量次於氬。

霓虹燈就是將氖封入燈管，施加電壓後發出紅色亮光。若想展現其他顏色，就在內部加入氬或汞蒸氣，並在玻璃管內側塗上螢光質。一九一〇年，法國工程師喬治．克勞德（Georges Claude）公開展示霓虹燈。再過兩年，第一座「霓虹燈」廣告招牌在巴黎蒙馬特某家理髮店亮相後，逐漸普及於世。

氖的熔點約攝氏零下兩百四十九度，故常當作液態氮（氮熔點約為攝氏零下兩百一十度）和液態氦（氦熔點約為攝氏零下兩百七十二度）之間的冷卻劑使用。

MEMO 英國化學家拉姆賽和崔維斯，從液態空氣中去除氧、氮和氬後發現氖。其元素名在希臘語中意指「新」（neos）。

剛果民主共和國東部，一群少年在深受武裝勢力控制的礦山採集「鈳鉭鐵礦」（coltan）。鈳鉭鐵礦在剛果國內 1 公斤售價僅約 35 美元，到東南亞就變成 350 美元。住在礦山附近的村民，遭受武裝勢力威脅強制勞動，其迫害持續至今。

Column

引發國際衝突的炙熱焦點

稀有金屬與稀土元素

極受歡迎的家用遊戲機PlayStation 2（以下簡稱PS2）於二〇〇〇年上市，只不過，鮮少有人知道這款遊戲機，曾在非洲中央的剛果民主共和國引發紛爭。究竟日本的遊戲機和非洲的紛爭有何關聯？

事實上，製造PS2電子電路的電容器和積體電路時需要的稀有金屬，必須從剛果民主共和國進口。該國擁有豐富的銅、鈷、鑽石和石油等資源，而鉭鐵礦石是鉭鐵礦（tantalite）和鈮鐵礦（columbite）的總稱，又名鈳鉭鐵礦。鈳鉭鐵礦的需求量在PS2發行後急速上升，由於產量不足導致價格上漲。接著，政府與反政府勢力開始爭奪出產鈳鉭鐵礦的礦山，最後引發衝突。

稀有金屬是手機、電腦、複合動力車零件和太陽能電池等，高科技產業不可或缺的金屬，而其流通量少到正如其名。

另外，稀有金屬的產地若位在政治不安定的國家或地區，常常發生爭奪利益的衝突。由於出售礦產的獲利能作為武裝勢力的活動資金，某些情況下會引發進一步衝突。這種成為爭端原因的

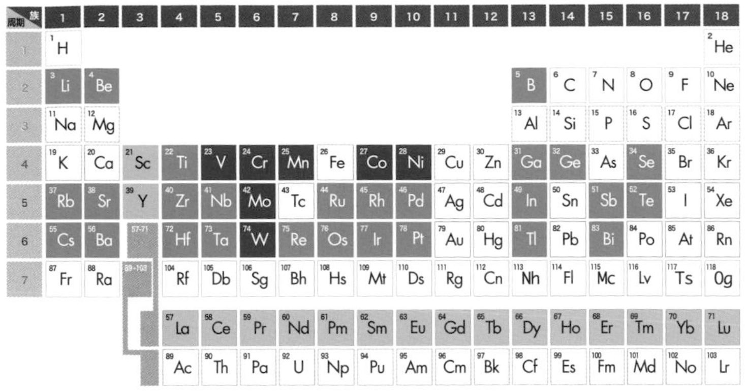

日本的國家儲備目標的稀有金屬（■）／其他稀有金屬（■）／稀土元素（■）

日本的國家儲備目標的稀有金屬是由經濟產業省決定，標準為國際需求高升、世界各國競相爭逐的資源。其中也有根據經濟安全保障觀點，為了防範價格高漲或供給停止，儲備量高達 60 天份的資源。不過「稀少」的定義，會依國家及研究者有所不同，故稀有金屬的數目並非固定不變，因此也會有不含釕、銠、鋨或銥的狀況。稀土元素是指週期表中歸在第 3 族的 17 種元素。

東部礦山採集到的鈳鉭鐵礦。根據推斷，1994 年起盧安達因內戰不斷，致使武裝勢力逃竄至鄰國，進而控制剛果境內數十座礦山。

礦物就稱作「衝突礦產」（Conflict minerals）。舉例來說，除了鉭、鎢、錫、金，還有祕魯里約布蘭科（祕魯北部高山區）的銅和鉬、新喀里多尼亞的鎳、尚比亞的鈷等，都屬於衝突礦產。

衝突礦產和同為紛爭源的鑽石，目前都是全球關注的問題。由於換購手機或電腦等於助長這個世界的紛爭，而且有越來越多人呼籲，應限制購買紛爭國的稀有金屬。為此，獎勵回收不再使用的手機和電腦、從產品中回收稀有金屬再利用，皆被致力推廣。然而，至今還是有採購來源不明的資源被拿來利用。

稀有金屬中，釔和鑭系元素等十七種元素稱作稀土元素，對於電子產品的小型化和性能提升來說不可或缺。至於**蘊藏量並非指字面上的「稀有」**，而是因為化學性質相近，故分類和煉製要花不少工夫。其生產量九五%來自於中國，美國為第一大的進口國、日本第二。

這些資源一旦價格上漲或實行出口限制，就會直接反映到全球產業和經濟上。為了確保供給穩定，需要配合回收技術研究、開拓新供給源或開發取代材料為佳。

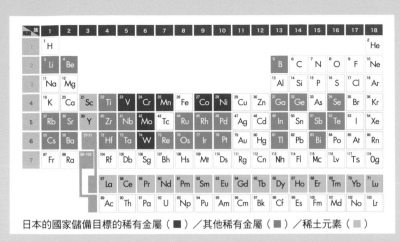

第3週期
（鈉～氬）

◆ 發現：戴維（1807 年）
◆ 型態：鹼金屬　◆ 原子量：22.98976928
◆ 熔點：98℃　◆ 沸點：883℃
◆ 主要生產國：中國、印度、美國
◆ 供給風險：★

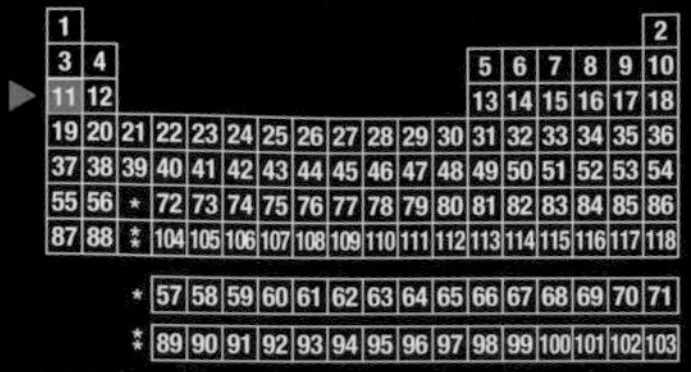

Na 11

Sodium

鈉（音同納）

因「食鹽」廣為人知的元素

▲鈉金屬一旦暴露於空氣中會馬上氧化，再加上容易與水起激烈反應，故以礦物油（石油）等方式保存。柔軟到能用刀切割。

鈉為柔軟的銀色金屬，一投入水中就會引發激烈反應。主要設置在隧道中的鈉燈，則因其橘色的焰色反應而發明。

鈉一旦與氯產生化學反應，就會變成「氯化鈉」（食鹽）。地球上大多數的鈉，都以氯化鈉形式存在於海水和岩石中。由於古羅馬時代會將貴重的鹽當作薪餉發給士兵，因此成為「salary」的語源。鈉也會在鹽湖乾涸處產生「泡鹼」（碳酸鈉等的混合物），而古埃及人會利用其吸水特性作為木乃伊的乾燥劑。

鈉的化合物對日常生活很有幫助。例如：做成調味料的麩胺酸鈉（味精）、洗滌劑、發粉的碳酸氫鈉（小蘇打），以及用於肥料的硝酸鈉等，具有多種用途。另外，有苛性鈉（caustic soda，俗稱燒鹼）之稱的氫氧化鈉，在工業上也很重要，它能用

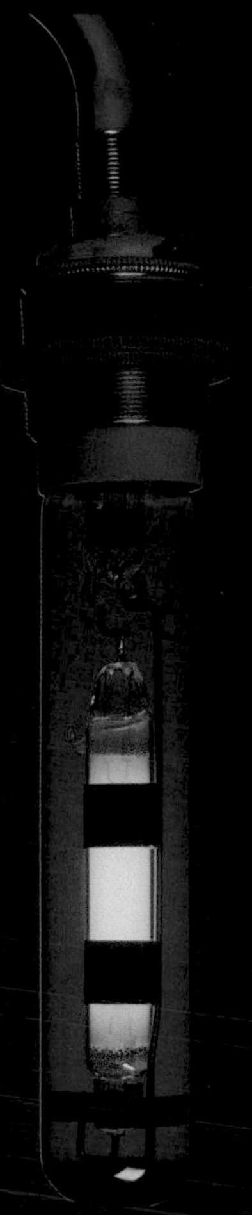

▲主要應用於隧道內的鈉燈（sodium vapor lamp），使用壽命很長。

▲反應性大的鹼金屬鈉，光是放進水中便會燃起橘色火炎。

▲氯化鈉（NaCl）是一種日常生活中可見的鈉來源。天然產出的氯化鈉礦物稱作「石鹽」，產自美國的密西根州。

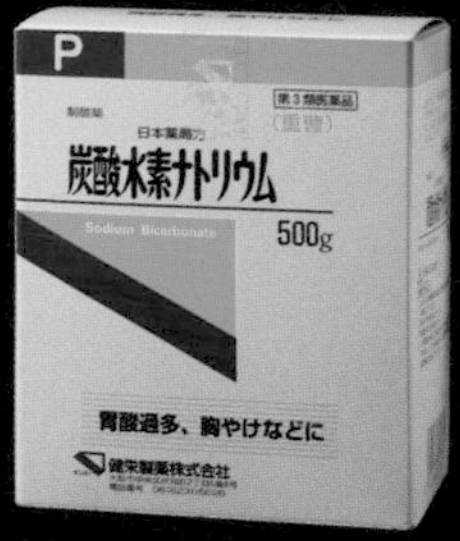

▶▼碳酸氫鈉（俗稱小蘇打、重曹），具有抑制胃酸的效果，而製成市售醫藥品。

▲方鈉石（$Na_4Al_3Si_3O_{12}Cl$）形成於富含鹼的火成岩，是組成寶石青金岩（lapis lazuli）的礦物之一。產自玻利維亞的薩波山（Cerro Sapo）。

於製作固態肥皂和廢水中和劑等。

鈉也是神經細胞傳達信號不可或缺的元素。體液中的鈉離子感測到電信號時，會流入神經細胞的軸突而使電流流動，藉此傳遞信號。

一九九五年，日本福井縣的快中子增殖反應爐（fast breeder reactor）「文殊」，曾因作為核子反應爐冷卻劑使用的液化鈉外洩而引發大火。

MEMO 化學符號來自於拉丁語的「泡鹼」（natron）。日語名稱則取自拉丁語和德語。英語命名據說來自於阿拉伯語的「頭痛」（suda）和植物名。

MEMO 英國化學家戴維透過電解氫氧化鈉，成功分離出鈉。他也透過同樣方法，分離出鉀、鎂和其他和鹼土金屬（鈣、鋇）。

- 發現：約瑟夫・勃拉克（Joseph Black，1755 年）
- 型態：其他金屬
- 原子量：24.304 ～ 24.307
- 熔點：650℃　◆ 沸點：1090℃
- 主要生產國：中國、俄羅斯、土耳其
- 供給風險：★★

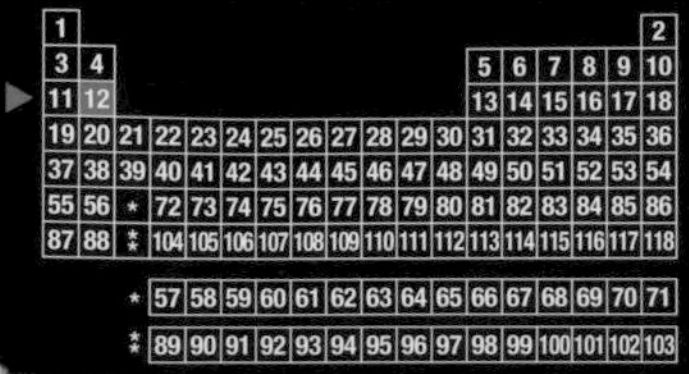

Mg 12
Magnesium

鎂（音同美）
葉綠素的主要成分

◀銀白色的鎂金屬。其反應性低，在空氣中會逐漸失去光澤。

鎂在高溫下是可燃的銀白色金屬，以往相機的閃光燈會用帶狀或線狀的鎂，當作發光材料。鎂具延展性，反應性不高。地殼中的含量僅次於鋁和鐵，除了工業用途的菱鎂礦、白雲石和橄欖岩（olivine）等礦石外，鎂也能以離子形式從海水中提取。

鎂的應用主要為合金，因為**不吸熱**且堅硬輕巧，所以會用於手機、遊戲機、電腦機殼等。鎂鋁鋅的合金既輕量、強度又高，常用來製成釣魚用的捲線器。

日常生活中，製作豆腐用的凝固劑之一「鹽滷」，其主成分就是氯化鎂。而粉狀碳酸鎂除了作為重量訓練和體操用的止滑粉外，也能做成瀉劑。此外，飲用水的「硬水」，意指水中的鈣、鎂離子含量很高。

大自然中，葉綠素之中也含有

▲植物的綠色來自於葉綠素，而鎂即為葉綠素的基本成分。

◀觸感滑溜的滑石（$Mg_3Si_4O_{10}(OH)_2$）。產自美國的佛蒙特州。

▶菱鎂礦（$MgCO_3$）。耐高溫材料碳酸鎂的原料，產自巴西的巴伊亞州。

◀鎂製捲線器。雖然輕巧又強韌，但很容易因沾染海水而生鏽，必須好好保養。

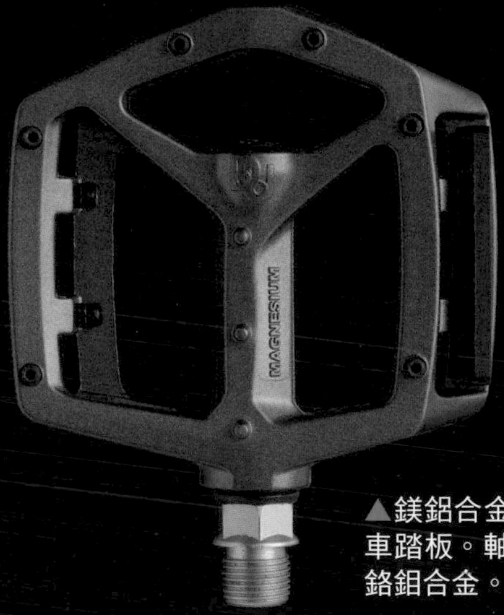

▲鎂鋁合金製的腳踏車踏板。軸部製材為鉻鉬合金。

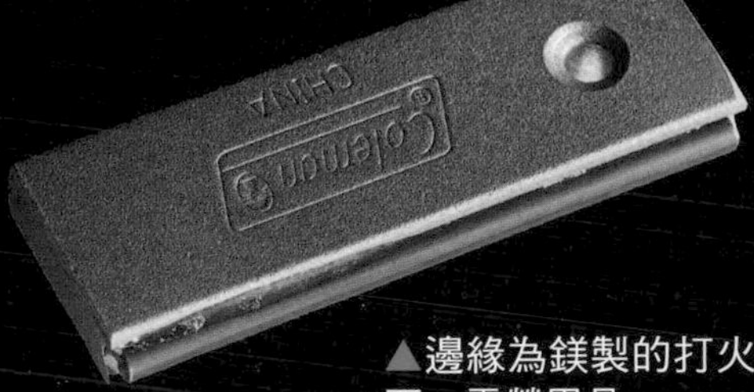

▲邊緣為鎂製的打火石。露營用品。

鎂。**植物行光合作用時**，會把二氧化碳和水製造成碳水化合物，而鎂是此過程中不可或缺的元素。一旦欠缺鎂，葉子無法維持葉綠素，就會轉黃。對人體來說鎂也是必要元素，故廣泛應用於食品、藥品、飼料和肥料等。

MEMO 元素名來自於出產滑石、方鎂石等氧化鎂礦物的古希臘語「馬格尼西亞地區」（Magnesia）。據說磁鐵（magnet）的語源，也跟此處出產磁鐵礦（magnetite）有關。

MEMO 蘇格蘭化學家勃拉克，是發現鎂化合物跟石灰完全不同的大功臣。英國化學家戴維則於 1808 年，以電解方法成功分離出鎂。

◆ 發現：漢斯・厄斯特（Hans Ørsted，1825 年）
◆ 型態：其他金屬 ◆ 原子量：26.9815385
◆ 熔點：660℃ ◆ 沸點：2519℃
◆ 主要生產國：澳洲、中國、巴西
◆ 供給風險：★

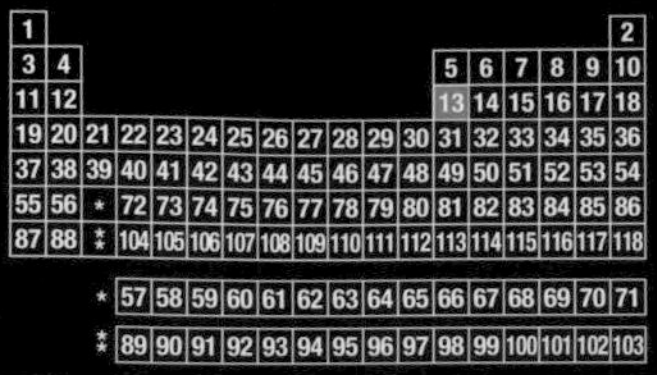

Al 13
Aluminium

鋁 隨氧化增加耐腐蝕性

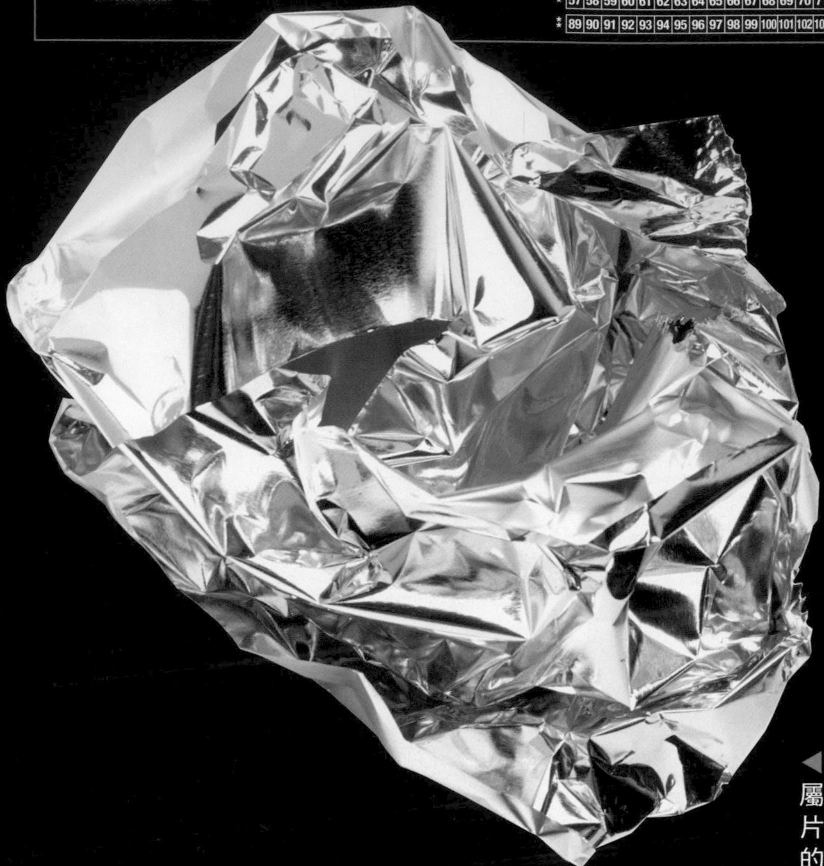

◀鋁箔為純度 99% 的鋁。金屬柔軟具展性（能伸展成薄片的性質）與延性（能拉伸的性質）。

鋁為銀白色金屬，有良好的導熱性與導電性，輕巧容易加工，也是地殼含量最多的金屬，因此用途極為廣泛。其應用範圍之廣，從一日圓硬幣、鋁罐，甚至是在鋁中加入銅、鎂和錳的「杜拉鋁」（duralumin）製造的飛機等，隨處可見。

雖說鋁還有耐腐蝕的特徵，但事實上純鋁因為活性高，反而容易生鏽，所以即便它是地殼中含量最多的金屬元素，在自然中仍極少以純物質型態產出。一般來說，會以氧化鋁（礬土）等化合物形式產出。那麼，為何大多數的鋁看不出生鏽的模樣？

MEMO 元素名來自於約 2,000 年前起，用於染色或止血，意指明礬的「alumen」。由丹麥科學家厄斯特成功分離，而 1827 年德國化學家烏勒改良實驗方法，得到較純的金屬鋁。

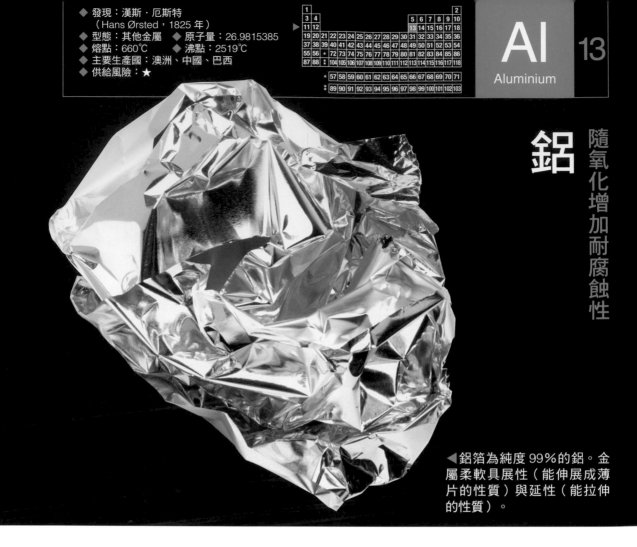

▲主生產地為澳洲和中國的鋁土礦。是有混入三水鋁石（gibbsite）和水鋁石（diaspore）等的礦物，但兩者的組成均為氧化鋁。

▲冰晶石（cryolite，Na_3AlF_6）。只在格陵蘭出產，在電解鋁工業作為助熔劑，受到積極開採（按：此礦於 1987 年開採完畢，現多以螢石人工合成六氟鋁酸鈉供工業使用）。

▼有很多寶石質礦物來自於鋁，此為巴西產的金綠寶石（$BeAl_2O_4$）。

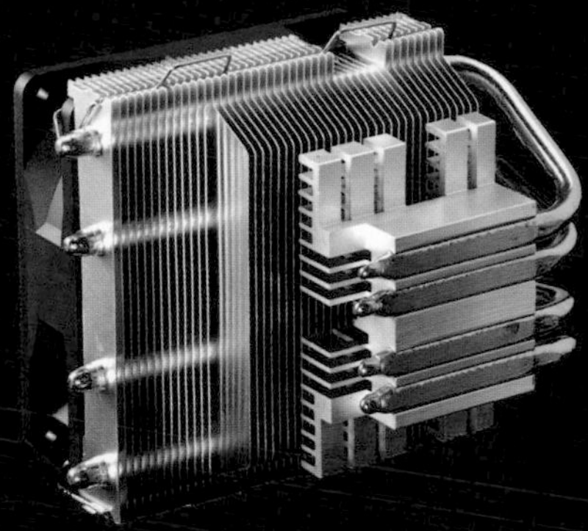

▲電腦 CPU 散熱器。鋁製的散熱片熱導率很高，能馬上釋放熱量。

▶由法國巴黎教會製作的鋁製聖母顯靈聖牌。

▲珍貴的鋁箔製郵票。1995 年製造於匈牙利。

▶英國伯明罕的連鎖百貨「塞爾福里奇」（Selfridges），覆蓋了 15,000 片鋁圓板。

那是因為鋁金屬表面上形成氧化薄膜（oxide film），保護內部不因氧化而輕易腐蝕。工業上，會利用這項特質在鋁金屬表面，進行以電化學方法使其氧化的「鋁陽極氧化處理」（不過難敵強酸和強鹼）。

目前，鋁的提煉是從鋁土礦（bauxite）中精煉出純淨氧化鋁，再將其電解取得鋁，但耗電量很大。另一方面，若藉著回收鋁罐取得，**能量消耗僅須三．七％**。以日本施行省能、省資源的效果來看，**回收鋁罐再利用**這一點極為重要。

MEMO 19 世紀中葉，鋁因烏勒的改良得以開始量產，並於 1885 年的巴黎萬國博覽會中展示。當時由於精煉成本尚高，價格一度比金還貴。

- 發現：永斯・貝吉里斯（Jöns Jacob Berzelius，1824 年）
- 型態：類金屬
- 原子量：28.084～28.086
- 熔點：1414℃ ◆沸點：3265℃
- 主要生產國：中國（67%）、俄羅斯等
- 供給風險：—

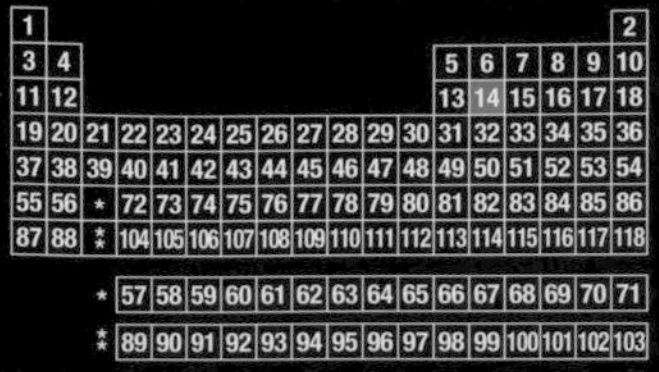

Si 14 Silicon

矽（音同夕）

以半導體素材之姿，引領電子文明

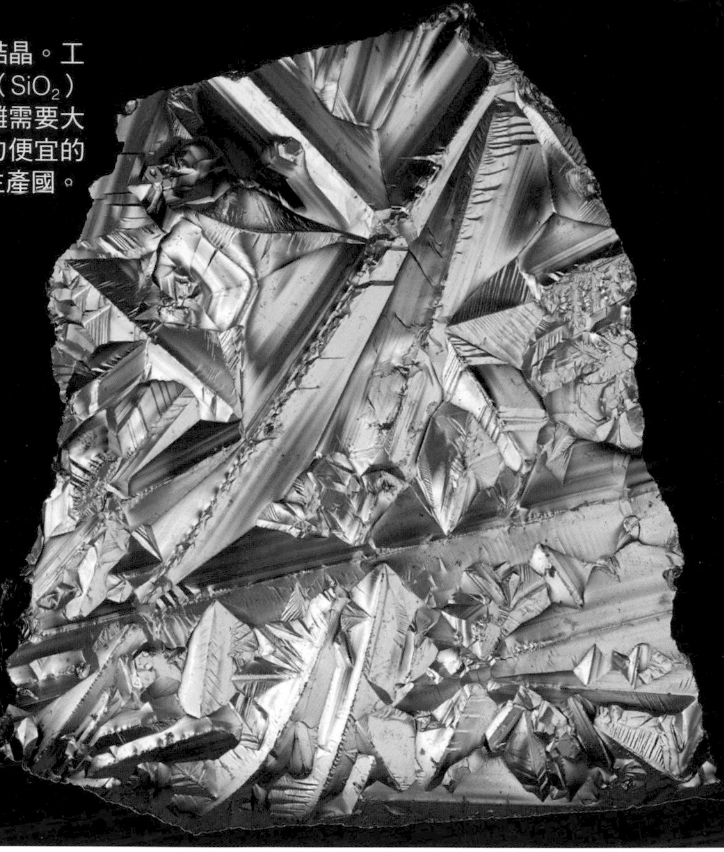

▶類金屬的矽結晶。工業上，從石英（SiO_2）中將其與氧分離需要大量電力，故電力便宜的中國成為最大生產國。

矽是僅次於氧大量存於地殼的元素。**含矽的代表礦物為石英**（二氧化矽）。無色透明的石英晶體稱作「水晶」，而活用人工水晶壓電效應（Piezoelectricity）的石英晶體振盪器（quartz crystal unit），多用在石英鐘或電腦。

矽是會因為光、溫度、雜質量等條件，而影響電流量的「半導體」。利用這項性質開發的「大型積體電路」（LSI），會用在電腦等電子電路上。美國北加州的「矽谷」，名稱由來在於此地匯集許多半導體製造商。比一般半導體純度更高的矽晶，也用於太陽能電池板上。

MEMO 元素名源自拉丁語的「燧石」（silex），由瑞典化學家貝吉里斯命名。日語原本以荷蘭語「keiaard」音譯的「珪土」為元素名，其後定名為珪素（矽）。

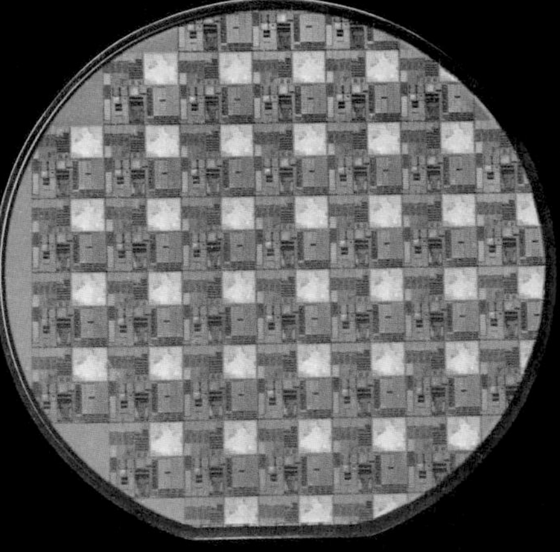

◀電子文明中必備的矽晶圓。一個芯片上並列分割出無數迴路。

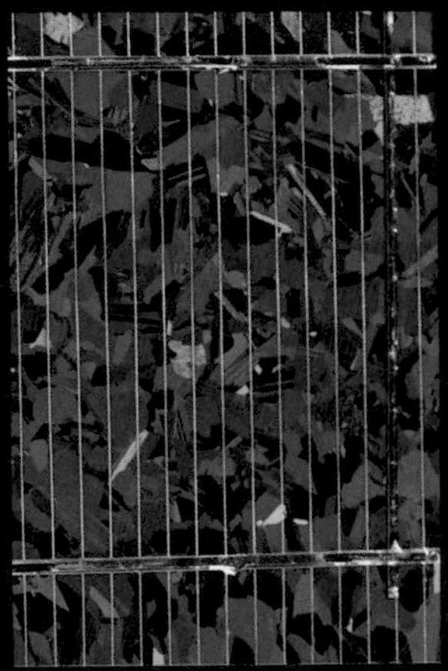

▲多晶矽（Polycrystalline silicon）型的太陽能電池板，可將光能轉換成電。

◀興盛於新生代第三紀的腹足綱貝殼瑪瑙化的化石。外觀為貝殼，成分和石英完全相同。

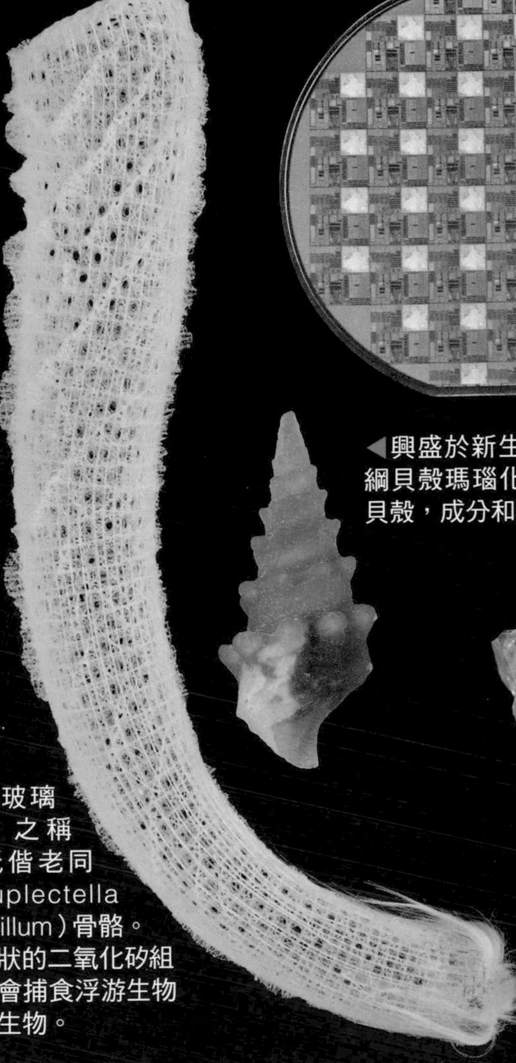

▶有「玻璃海綿」之稱的阿氏偕老同穴（euplectella aspergillum）骨骼。由纖維狀的二氧化矽組成，是會捕食浮游生物的海底生物。

▲因雜質而帶些微粉紅色的紅水晶（SiO_2），產自巴西的米納斯吉拉斯州。

▲當作乾燥劑使用的矽膠。

除了半導體用的矽，矽酸化合物加工製成的乾燥劑「矽膠」原料也都來自於矽。另外，**「矽氧樹脂」**（silicone，俗稱矽利康）聚合物其實**和「矽」（silicon）是不同的東西**，樹脂狀的可做成乳房填充物或軟式隱形眼鏡；橡膠狀的則用來製成耐高溫調理器具。

二氧化矽是維持人體骨骼成長不可或缺的元素之一。水溶性的二氧化矽存在於骨骼、皮膚、頭髮、指甲及血管中。

MEMO 石英（水晶）和矽酸鹽（silicate）自古以來被廣泛使用，約 5,000 年前起用來製造玻璃。現代的高純度熔融石英（fused quartz），因耐高溫、耐腐蝕而用於製作燒杯和燒瓶等器物。

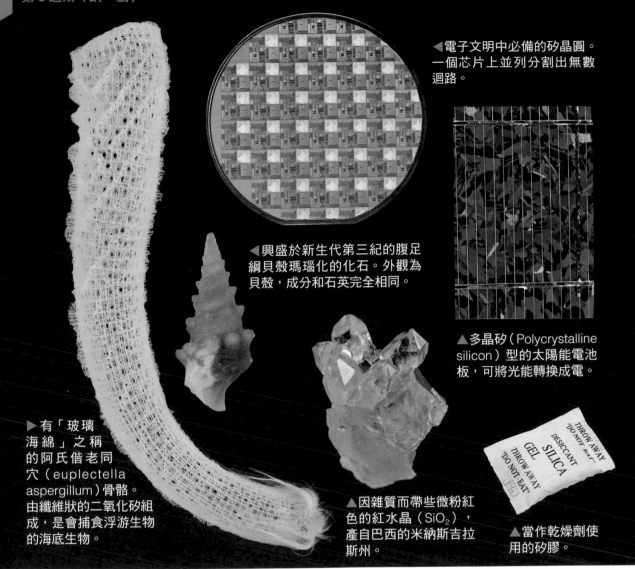

◆ 發現：亨尼格・布蘭德（Hennig Brandt，1669 年）
◆ 型態：非金屬
◆ 原子量：30.973761998
◆ 熔點：44℃（白磷） ◆ 沸點：281℃（白磷）
◆ 主要生產國：中國、墨西哥、摩洛哥
◆ 供給風險：★★

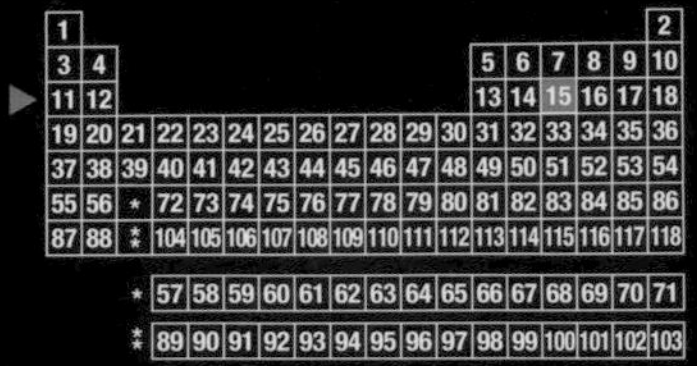

P 15
Phosphorus

磷（音同鄰）

有各種色彩的同素異形體

▶粉末狀的紅磷。毒性弱，燃點約為 260℃。白磷以超過 300℃加熱後會變成紅磷。

▲此為含有磷的氟磷灰石（$Ca_5(PO_4)_3F$）。透明美麗的氟磷灰石可作為寶石。

▶含磷的水磷鎂銨石（Struvite，$NH_4MgPO_4 \cdot 6H_2O$）。其化學組成和人體內的尿路結石一樣。產自德國的聖尼古拉教堂。

▶火柴盒側面塗有紅磷或硫化銻用以點火，而火柴棒前端則含有氯酸鉀等物質。

磷為生物的必要元素，是**人體中含量僅次於鈣的礦物質**，牙齒和骨骼中即含磷酸鈣。磷既是細胞膜和血液的成分、DNA（即去氧核醣核酸）的組成元素，也和神經的訊息傳達有關。此外，也和氮、鉀並列為植物肥料的三大成分之一。

磷在日常生活常作為火柴的引火介質。磷的同素異形體有不穩定的白磷，以及穩定的紅磷、黑磷等，而塗在火柴盒側面的就是紅磷。同素異形體意指，同一元素因為結構型態不同，而產生顏色或性質上的差異。由於白磷有毒性，因此在使用時要特別小心。

MEMO 德國鍊金術師布蘭德，在尿液蒸發後的殘留物中發現磷。因為蠟狀的白磷不只容易燃燒，還會發光，故磷以希臘語的「運光之物」命名。

◆ 發現：—
◆ 型態：非金屬
◆ 原子量：32.059 ～ 32.076
◆ 熔點：120℃　◆ 沸點：445℃
◆ 主要生產國：中國、美國、加拿大
◆ 供給風險：★

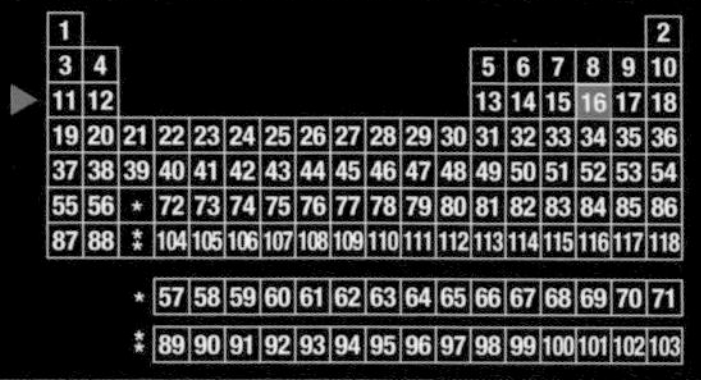

S 16 Sulfur

硫

硫酸的原料

▲產自母岩空隙的元素礦物——天然硫（S）結晶。產自義大利西西里島。

▲切洋蔥時會流淚，是因為洋蔥內的二烯丙硫醚這種硫化合物揮發後，刺激眼睛黏膜造成的。

▶人工製的硫酸銅（$CuSO_4$）結晶。其組成與礦物「膽礬」相同。

◀99.9％高純度硫製成的鳥獸驅趕藥，可保護農作物不受損害。

想必有人一聽到硫，就會先想到溫泉的臭味，但其實純的硫沒有臭味，那種獨特的臭味是來自於硫化氫化合物。雖然火山噴氣口附著了許多黃色硫晶體，但在工業上也會以提煉石油的次要產物（二氧化硫）獲得。

硫的代表性化合物有毒性很強的「硫化氫」和「二氧化硫」（亞硫酸氣體）。另一方面，硫能大幅提升天然橡膠的品質。在天然橡膠中添加碳會增加強度；添加硫則能增加彈性。目前硫元素最主要的用途，就是製造硫酸。對生命體來說，構成蛋白質的胺基酸中也含有硫。

MEMO 由於硫在自然中能以純物質形式存在，故史前時代便為人所知。此外，生物中的臭鼬科動物會噴出護身用的硫化合物，深海中也有以硫化鐵為鱗的卷貝類鱗足螺。

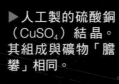

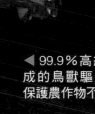

◆ 發現：舍勒（1774 年）
◆ 型態：鹵素／氣體
◆ 原子量：35.446 ～ 35.457
◆ 熔點：-102℃ ◆ 沸點：-34℃
◆ 主要生產國：中國、印度、美國
◆ 供給風險：★

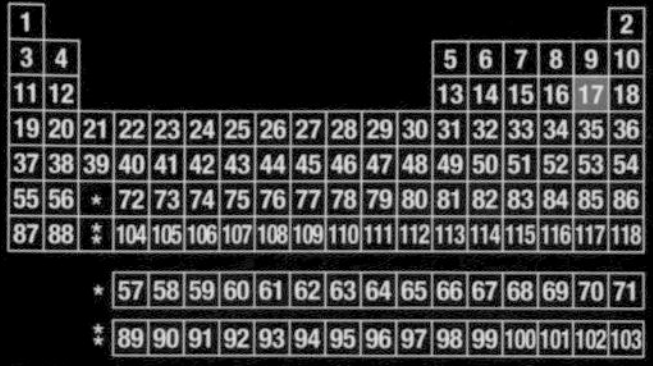

Cl 17
Chlorine

氯 食鹽和鹽酸的源頭

◀黃色液氯。氯氣加壓冷卻後生成。

▲作為除溼劑和融雪劑等的氯化鈣（$CaCl_2$）。利用氯化鈣能降低凝固點（冰凍溫度）的特質，做成撒在冰雪上的融雪劑。

▲磷氯鉛礦（$Pb_5(PO_4)_3Cl$）。含氯的美麗礦物，產自中國。

◀氯系漂白劑。萬一混入酸性物質會產生有毒的氯氣，絕對不能誤加。

氯的反應性大，自然中以氯化鈉等化合物形式存在，而純氯則是有刺激性臭味的有毒氣體。第一次世界大戰時，德軍首度用來作為毒氣化學武器，造成數千名法國士兵死亡。日常中，**氯系漂白劑萬一和酸性物質摻合**，會產生危險的氯氣；塑膠材料的聚氯乙烯燃燒後，會產生有毒的氯化合物「戴奧辛」。

氯有強烈的殺菌力和氧化作用，常作為漂白劑和游泳池消毒劑，自來水中也含有微量的消毒用氯。此外，對人體的細胞、胃酸等體液來說，也是必要元素。

MEMO 瑞典化學家舍勒，將鹽酸倒在軟錳礦（pyrolusite）上後，在得到的氯氣中發現氯。名稱來自於其氣體色的希臘語「黃綠色」（chloros）。由於食鹽成分中有氯，故日語名為「鹽素」（塩素）。

◆ 發現：約翰・斯綽特（John Strutt）&
拉姆賽（1894 年）
◆ 型態：惰性氣體　◆ 原子量：39.948
◆ 熔點：-189℃　◆ 沸點：-186℃
◆ 大氣含有率：0.938%（9380ppm）

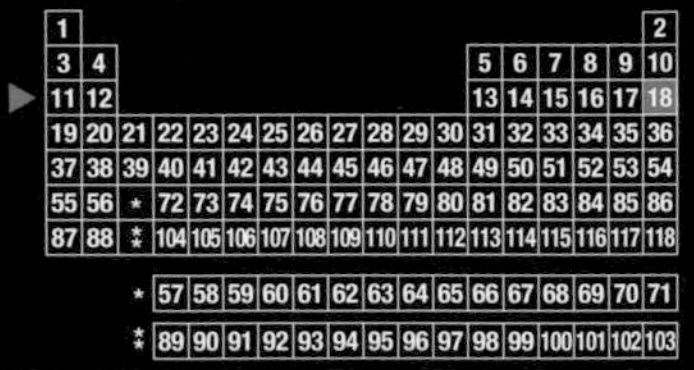

Ar 18
Argon

氬（音同訝）

日光燈中的低活性氣體

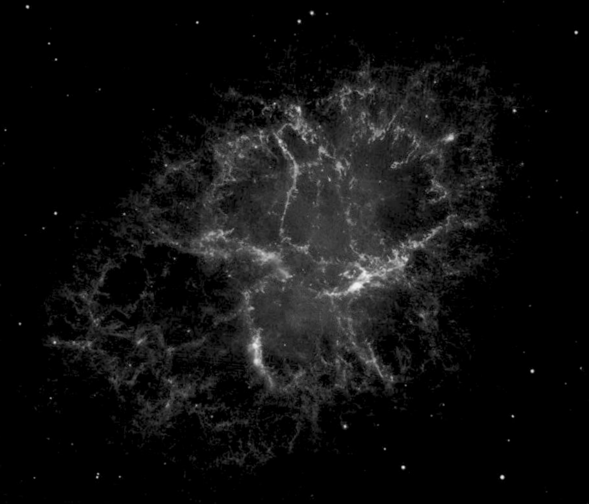

▲2013 年，透過宇宙望遠鏡確認「蟹狀星雲」中有氬的行跡。在此之前僅為假說，這個發現證明惰性氣體是因超新星爆炸而生成。

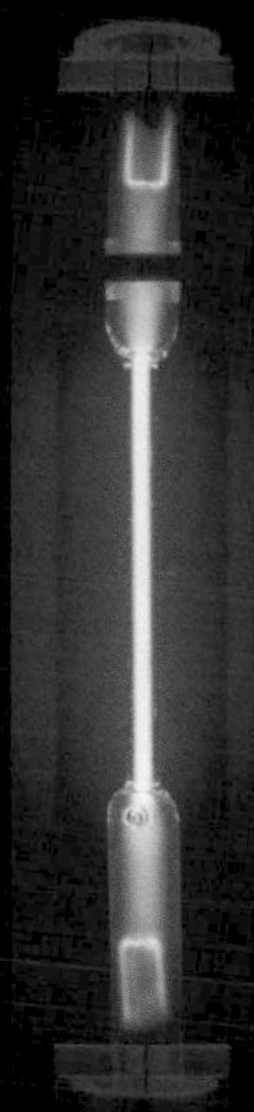

▲灌入氬的放電管，發出青紫色光芒。

◀防止葡萄酒氧化的氬氣瓶。

氬是大氣中含量最多的惰性氣體，在地球的大氣中占有〇．九三%，是從液化後的空氣中分離出來，無色無味的透明氣體。由於氬電子不容易與其他原子的電子結合，這項不活潑的特質，被當作金屬熔接時的防氧化氣體。

氬最貼近日常的用途有燈泡和日光燈。日光燈中充滿氬或汞蒸氣，而在電極通上電流後，釋放的電子和汞原子碰撞並產生紫外線（這個紫外線可激發燈管內側塗布的螢光物質，使其發出可見光）。這時，多虧內部灌入活性低的氬，可以保持一定的放電過程。

MEMO 約翰・斯綽特和拉姆賽，以光譜儀從大氣中的氮化合物發現氬，並首次確認週期表第 18 族（惰性氣體）的存在。由於化學性質不活潑，故以希臘語的「懶人」（argos）命名。

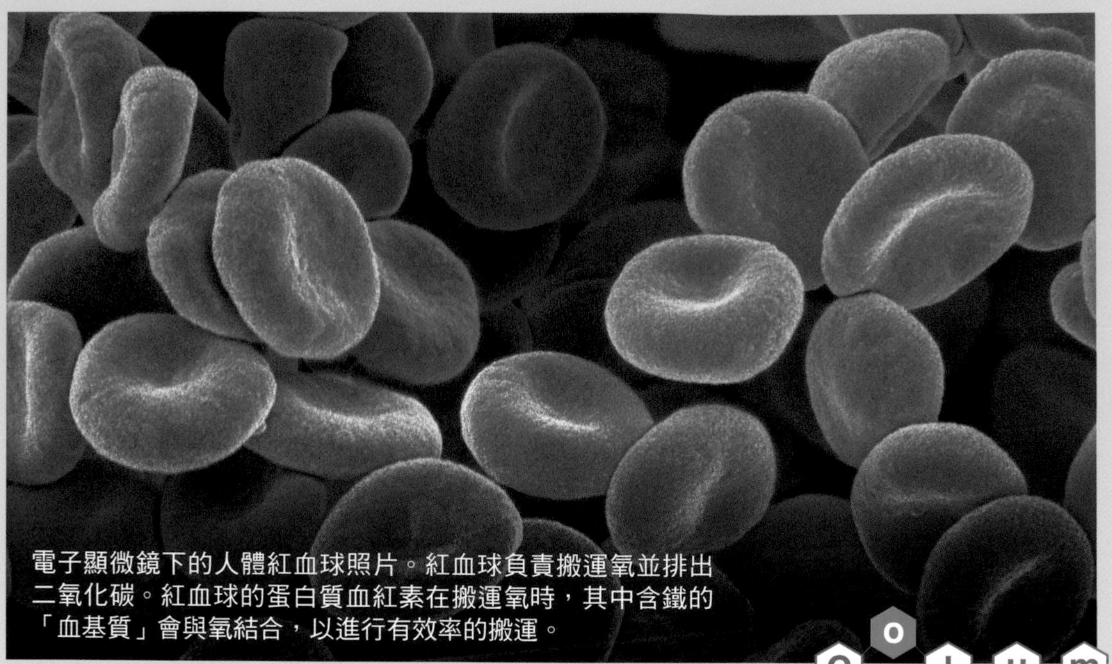

電子顯微鏡下的人體紅血球照片。紅血球負責搬運氧並排出二氧化碳。紅血球的蛋白質血紅素在搬運氧時，其中含鐵的「血基質」會與氧結合，以進行有效率的搬運。

Column

生物的必要元素

礦物質能救人也能害人？

古代哲學有一派認為人體是宇宙的縮圖。相對於宇宙的宏觀，人體則是微觀，亦即小宇宙。地球上存在的主要元素，人體內幾乎都有。

最有意思的是人體、地殼與海水，各自的構成元素都很相似。雖然生命體不可或缺的碳、氮和磷在海水中的含量不算多，但氫、氧、鈣、硫、鈉、鉀、氯和鎂，則為人體與海水的共通元素。這也是支持「生命是從海水演化而來」的有力論據，人體本身便乘載了地球的歷史軌跡。

前面列舉的十一種元素，在人體組成中約占九九・八％，故稱為必需定量元素。不過，光是這些元素，無法維持人體的生命與健康。剩下〇・二％的微量元素與超微量元素，也是維持生命機能極為重要的角色。

微量元素有鐵、氟、矽、鋅、銣、鍶、鉛、錳和銅。超微量元素則有鋁、鎘、錫、鋇、汞、硒、碘、鉬、鎳、硼、鉻、砷、鈷、釩等。

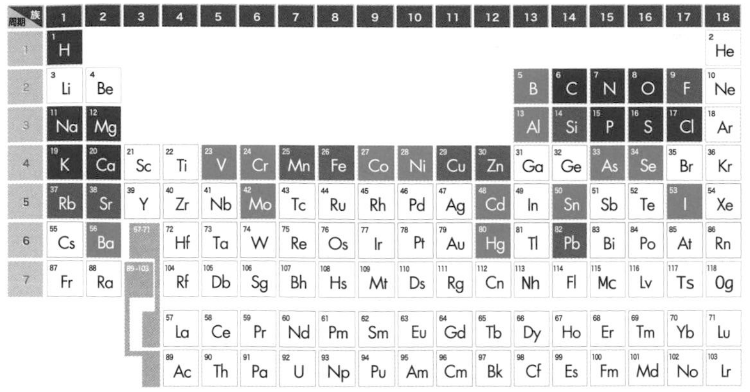

必需定量元素（■）／微量元素（■）／超微量元素（■）

生物的主要必需元素。數值根據研究機關而有不同認定，但若以成人（體重 70 公斤）的必需定量元素量為例，由多至少，列舉如下：氧（43 公斤）、碳（16 公斤）、氫（7 公斤）、氮（1.8 公斤）、鈣（1 公斤）、磷（780 公克）、硫（140 公克）、鉀（140 公克）、鈉（100 公克）、氯（95 公克）、鎂（19 公克），光是氧、碳和氫就高達九成以上。除了表列的項目，像溴這種超微量元素近來也逐漸受到關注。

必需定量元素的人體存在比（%）

氧（O）	61.0
碳（C）	23.0
氫（H）	10.0
氮（N）	2.6
鈣（Ca）	1.4
磷（P）	1.1
硫（S）	0.2
鉀（K）	0.2
鈉（Na）	0.14
氯（Cl）	0.12
鎂（Mg）	0.027

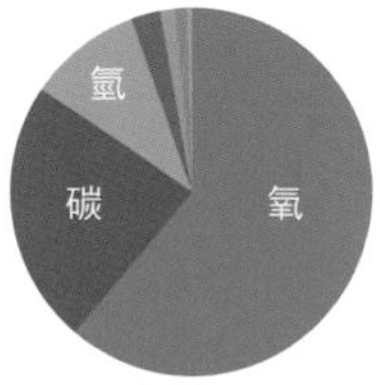

※ 參照《元素大百科事典》（2007 年）。

微量與超微量元素中有九種必需元素（鐵、鋅、錳、銅、碘、硒、鉻、鉬、鈷），對於維持生命、生命體發育、正常生理機能來說不可或缺。

微量元素能維持和調解生物體內的平衡，使代謝機能和生理機能正常運作。可是，一旦特定元素過剩或欠缺，就會引起某種機能障礙。例如，缺鐵會導致貧血。

必需定量元素與必需微量元素中，扣除氫、碳、氮和氧之外的元素，在營養學中稱作「礦物質」，人們可利用這些礦物質各自的元素特性，作為醫療用品或營養補充品的原料。據說日本人之所以好發高血壓，就是因為調味料中的鹽分偏多，導致鈉攝取量過高所致。另一方面，慢性的鈣攝取不足，也成為骨質疏鬆症的原因。

有意思的是，必需元素中也包含汞、鉛、硒等有毒元素。當體內有超過一定的量，生物體會試圖將之當成多餘元素排出，但若攝取量超過生物體所能排出的速度，就會顯現出元素的毒性。礦物質也一樣，不論對身體而言有多重要，都應均衡且適量的攝取為佳。

第4週期
（鉀～氪）

◆ 發現：戴維（1807 年）
◆ 型態：鹼金屬
◆ 原子量：39.0983
◆ 熔點：64℃
◆ 沸點：759℃
◆ 主要生產國：加拿大、俄羅斯、白俄羅斯
◆ 供給風險：★

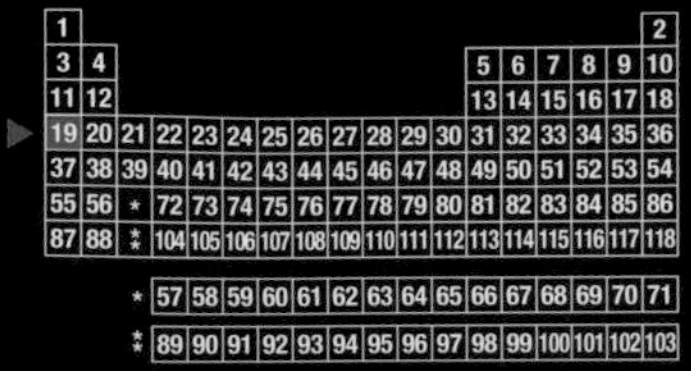

K 19
Potassium

鉀（讀音ㄐㄧㄚˇ）

肥料類植物的必要元素

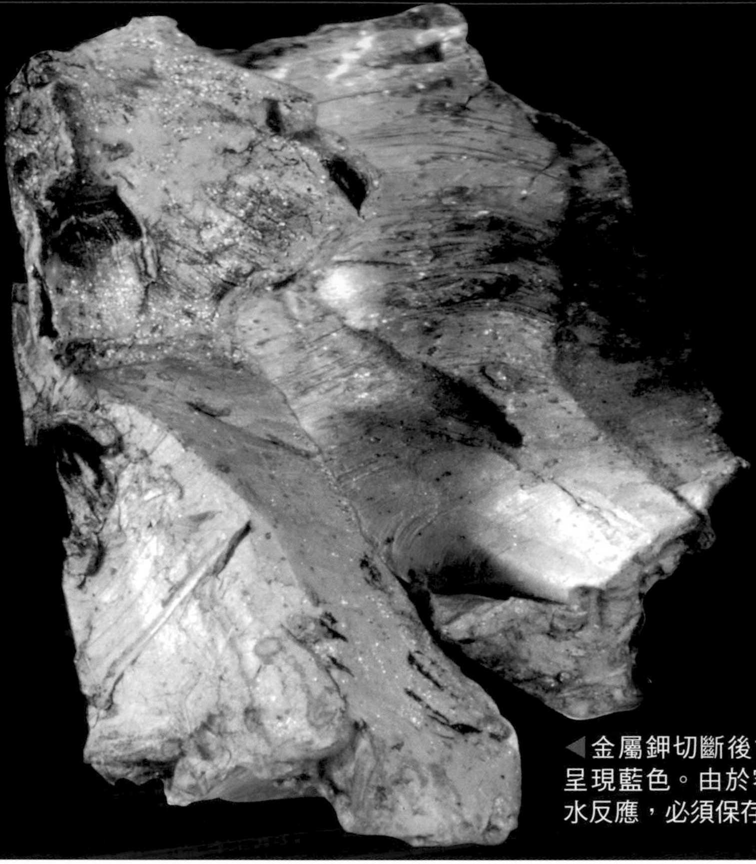

◀金屬鉀切斷後會馬上氧化、呈現藍色。由於容易與空氣和水反應，必須保存在石油裡。

鉀是能直接用刀切斷的銀白色柔軟金屬，化學性質活潑，一接觸水就會燃起火焰。

大自然中通常以化合物形式存在，有氯化鉀、硝酸鉀、氫氧化鉀等。其中氯化鉀和硝酸鉀，大都用於製作肥料。氫氧化鉀則作為解決水管堵塞的清潔劑、液態肥皂的原料，甚至鎳鎘電池也用得上。另外，碳酸鉀則用在製作光學玻璃或日光燈上。

從鉀大都用於肥料這點可知，鉀、氮和磷都是植物不可或缺的營養素，對人體來說也同樣必要。人的體重當中約有〇・二%的鉀以離子形式存在，鉀離子和鈉離子除了都是傳遞神經訊息的重要角色，也負責維持細胞內的滲透壓。鉀攝取不足會導致「低血鉀症」，使身體出現肌肉無力、腸阻塞、心電圖異常、神經肌肉反射減弱等症狀。

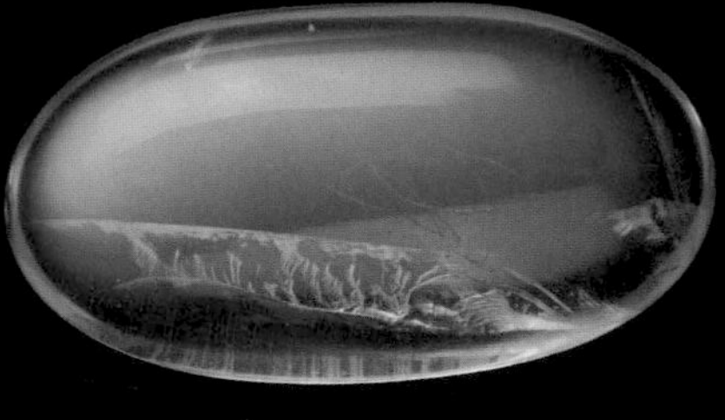

▲有「月光石」（moonstone）之稱的寶石。含鉀的長石類中，藍色美麗的透長石（$(K,Na)AlSi_3O_8$）會加工成寶石飾品。

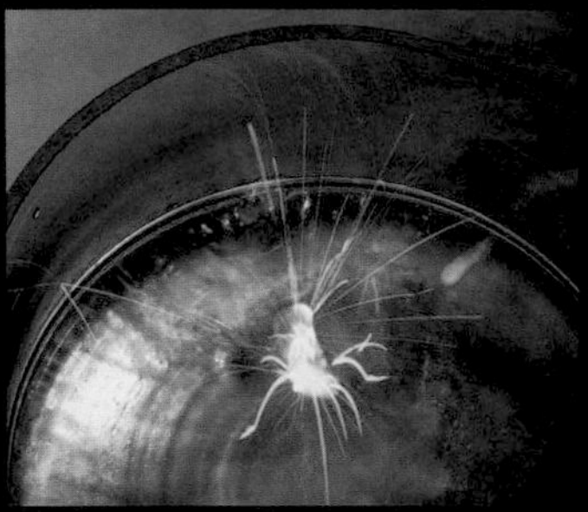

◀鉀和水起激烈反應，出現紫紅色火焰。通常以化合物的型態來利用。

▶除了香蕉，酪梨、香瓜等水果中均富含鉀。

▶長石類中富含鉀的鉀長石（$KAlSi_3O_8$），是花崗岩的主要成分。產自奧地利的瓦爾德威爾特爾（Waldviertel）。

◀與鉀長石成分相同的微斜長石。其中，天河石（amazonite）因次要成分含微量的鉛而呈現青綠色，經研磨後可加工製成飾品。產自美國的科羅拉多州。

◀植物肥料的三大要素：磷（P）、氮（N）、鉀（K）。除了氯化鉀等化合物外，硫酸鉀也可作為肥料使用。

大自然中的鉀，幾乎都是鉀39和鉀41，但其中也包含以萬分之一比例存在的放射性同位素「鉀40」。其半衰期約為十二億五千萬年，多存於岩石中。人類會透過食物攝取到鉀40，不過根據細胞自行的修復能力，不會在人體內過量累積。

MEMO 據說化學符號 K（kalium）和「alkali」（鹼）的語源，都來自於阿拉伯語的「植物之灰」。而鉀的英語 potassium，則由戴維取自意為「草木之灰」的鉀鹽（potash）。

MEMO 鉀的主要礦石「鉀石鹽」（氯化鉀〔KCl〕的天然礦物），以擁有世界最大礦床的加拿大為主要產地，而氯化鉀可直接當成肥料使用。

- 發現：戴維（1808 年）
- 型態：鹼土金屬
- 原子量：40.078
- 熔點：842℃
- 沸點：1484℃
- 主要生產國：中國、美國、印度
- 供給風險：★★

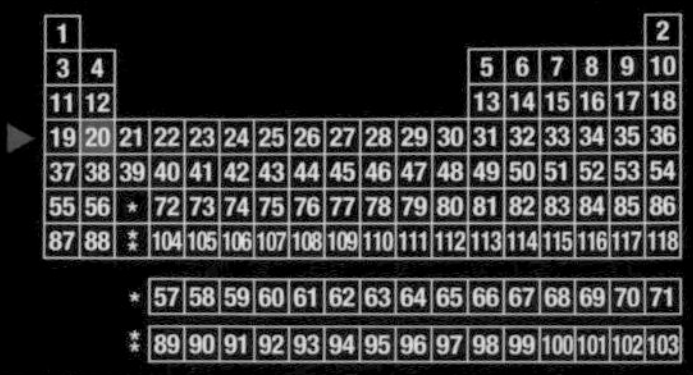

Ca 20
Calcium

鈣

構成人體骨骼的必要元素

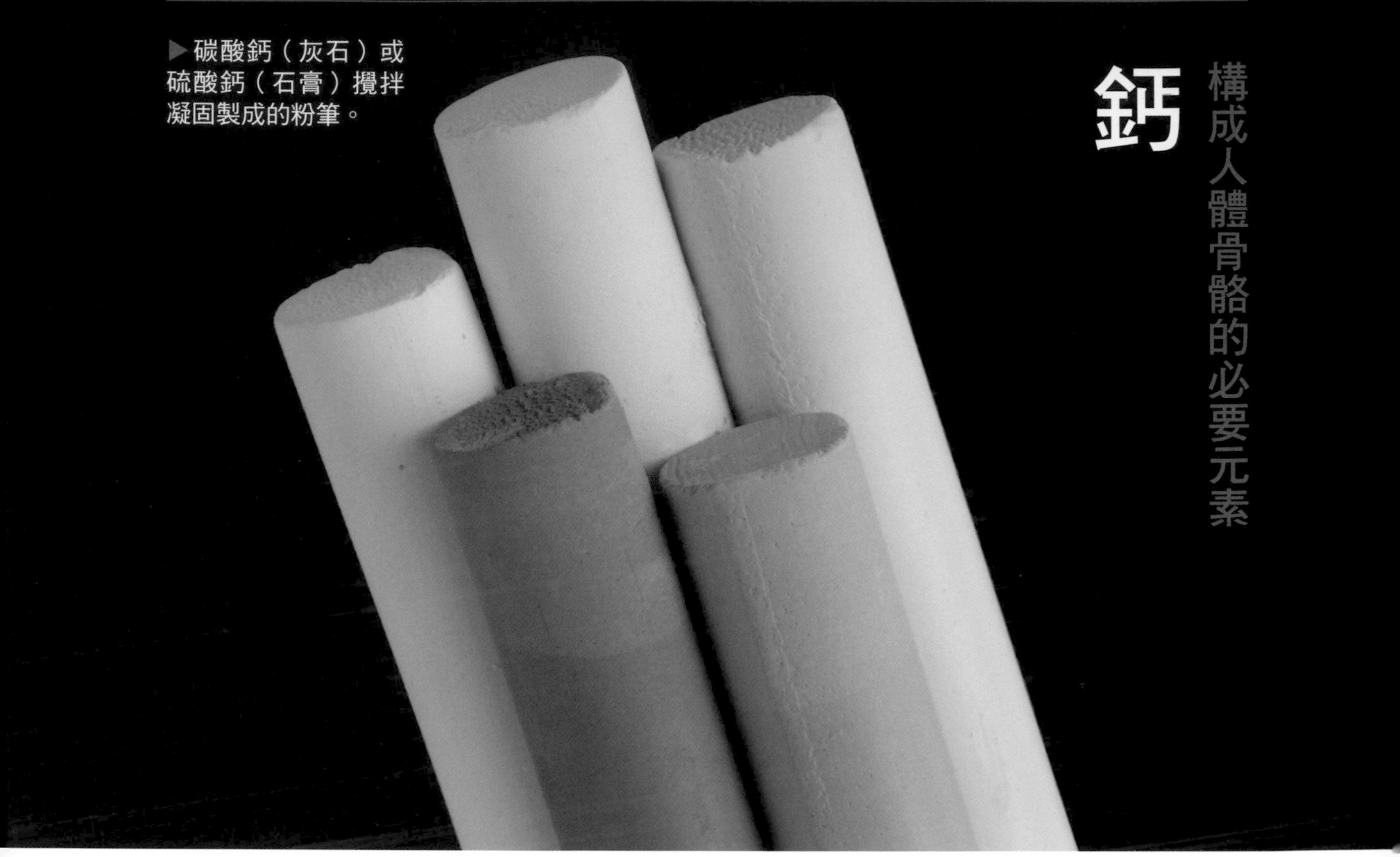

▶碳酸鈣（灰石）或硫酸鈣（石膏）攪拌凝固製成的粉筆。

鈣是生物的必要元素，也是人體含量最多的金屬元素。成人男性的體重中，約有一公斤是鈣。其中，九九％的磷酸鈣和碳酸鈣等化合物構成骨骼和牙齒；剩下的一％則在血液和細胞中。看似很少，卻是擔負協助細胞分裂、賀爾蒙分泌、肌肉收縮、神經訊號傳達，以及血液凝固作用的重要角色。

富含鈣的食品有牛奶或起司等乳製品、海鮮類、黃綠色蔬菜等。只不過，**成人的鈣質吸收率低，僅三〇％**。一旦鈣質吸收不足會造成骨質疏鬆症，因此要多攝取能提高鈣質吸收率的維他命D等營養素，並保持均衡飲食。另外，為了防止骨骼中的鈣質流失，也要適度運動。

鈣在地殼中的含量排名第五。地球上的鈣，多以石灰岩和大理石等岩石，以及石膏和方解石等礦物的化合

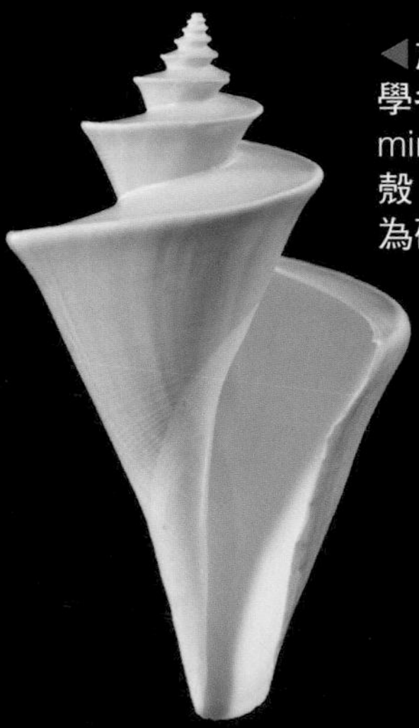

◀旋梯卷管螺（其學名為「Thatcheria mirabilis」）的貝殼。貝殼的主成分為碳酸鈣。

▲銀灰色的鈣金屬。反應性高，和水反應後會產生氫。在空氣中會因氧化而變白。

▲硫酸鈣的礦物「沙漠玫瑰」（石膏結殼）。產自摩洛哥。

▶由碳酸鈣形成的礦物方解石（$CaCO_3$），與鐘乳岩洞中可見的石筍組成物相同。產自俄羅斯的達利涅戈爾斯克（Dalnegorsk）。

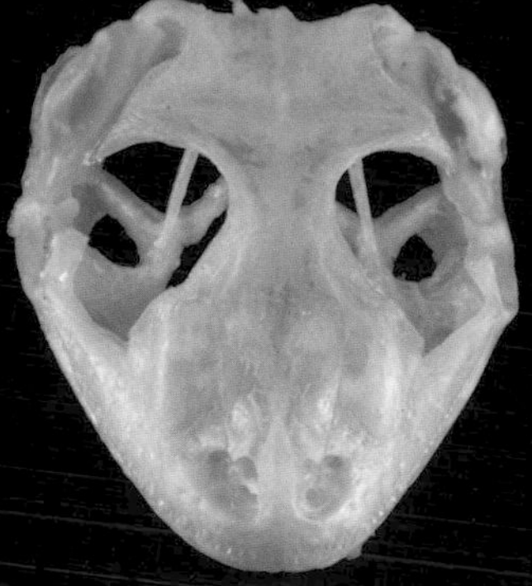

▶大壁虎（Tokay gecko）的頭骨。生物的骨骼由磷酸鈣形成。

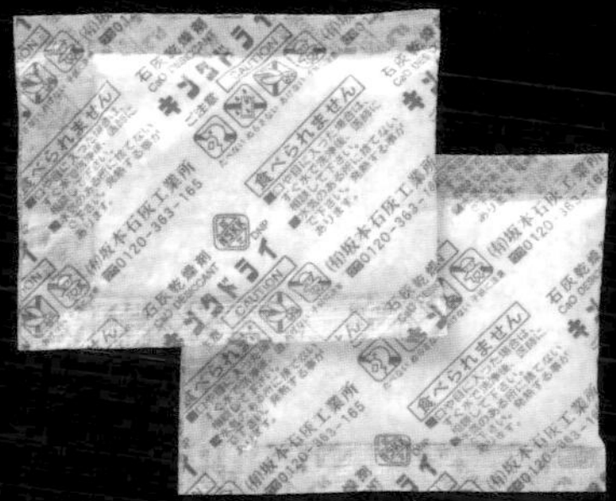

◀相機器材等的防霉、防溼乾燥劑中，即含有氧化鈣。

物形式存在。其中碳酸鈣多存在於石灰岩、珊瑚或貝殼中。石灰岩本為海洋生物的骸骨堆積而成。

目前，從石灰岩分離出來的碳酸鈣，能廣泛應用於水泥、土壤改良劑、玻璃原料、研磨材等處；氧化鈣則能用於乾燥劑等，用途廣泛。

MEMO 鈣以石灰岩和方解石的形式自古即被人們利用。元素名來自於古羅馬人對石灰的稱呼「calx」。戴維用熔融電解法成功分離出鈣。

MEMO 氧化鈣（CaO）俗稱生石灰或石灰，英語則是「lime」。直到電燈被發明的 19 世紀前，石灰常被製成「石灰光燈」（limelight，作用類似聚光燈）的光燈罩（gas mantle），用於劇場的舞臺照明。

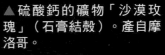

◆ 發現：拉爾斯・弗雷德里克・尼爾松（Lars Fredrik Nilson，1879 年）
◆ 型態：過渡金屬
◆ 原子量：44.955908
◆ 熔點：1541℃ ◆ 沸點：2836℃
◆ 主要生產國：—
◆ 供給風險：—（稀土元素）

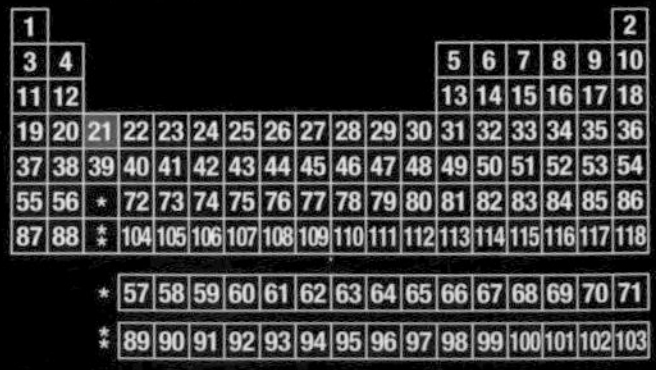

Sc 21
Scandium

鈧（音同康）

稀土元素之首

▼填入碘化鈧的金屬鹵化物燈（一種水銀燈），燈光接近日光。

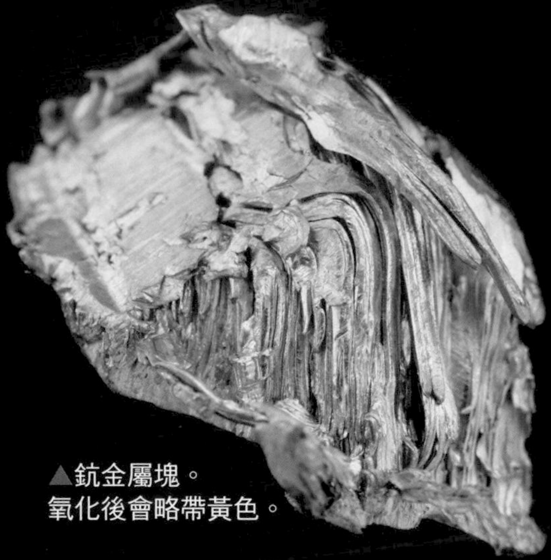

▲鈧金屬塊。氧化後會略帶黃色。

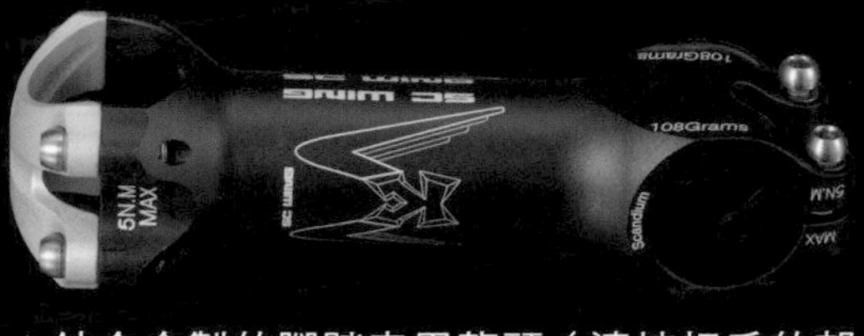

▲鈧合金製的腳踏車用龍頭（連接把手的部分）。輕量、強度高，被視為高級品。

週期表從左邊數來第三排的鈧、釔和所有的鑭系元素，合計十七個元素的化學性質，簡直如同種元素般相像。這些元素難以分離，且蘊藏量少，稱為稀土元素。少量的鈧來自於鈾礦副產物之精煉。

鈧和鋁製成的合金，不論熔點或強度都比鋁還高，所以會用於製作腳踏車車身、棒球的金屬球棒、長曲棍球（lacrosse）的長棍等。而填入碘化鈧的金屬鹵化物燈，因使用壽命長、高亮度、高效能，會用於運動競技場等設施的夜間照明。

MEMO 瑞典化學家尼爾松，偶然從矽鈹釔礦（gadolinite）和黑稀金礦（euxenite）的次要成分中發現鈧。元素名源自拉丁語的「斯堪地那維亞」（Scandia）。

◆ 發現：威廉．格雷戈爾（William Gregor，1791 年）
◆ 型態：過渡金屬
◆ 原子量：47.867
◆ 熔點：1668℃ ◆ 沸點：3287℃
◆ 主要生產國：中國、澳洲
◆ 供給風險：★（稀有金屬）

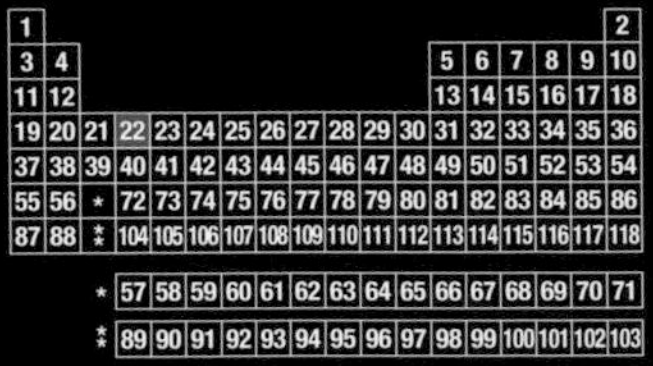

Ti 22
Titanium

鈦（音同太）

強度高、耐腐蝕性、耐熱性

▲還原二氧化鈦製成的鈦金屬塊。

▼鈦的重要礦石金紅石（TiO_2）。澳洲金紅石的蘊藏量和生產量約占全球半數。

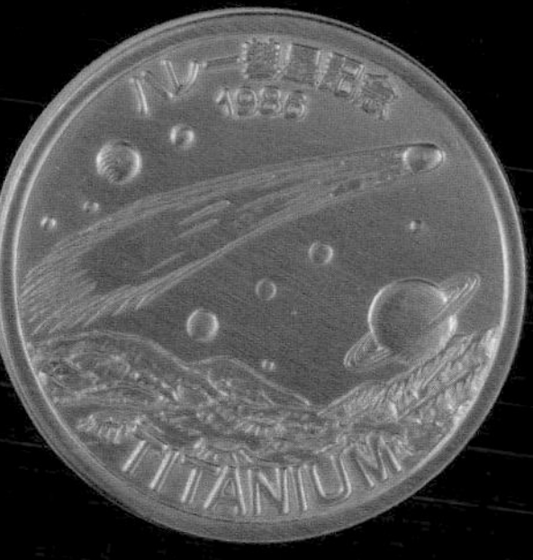

▲日本為了紀念哈雷彗星出現而製作的鈦製紀念牌。

▶修復牙齒用的鈦製植體（implant）。照片中為固定人工牙根、牙冠的支臺（abutment）部分。

鈦在地殼中的含量排名第十。存於金紅石和鈦鐵礦等礦物中，大部分開採到的都是氧化鈦。**產量雖多但很難精煉**，因此價格高昂。以承重度來說強度最高，加上耐高溫、耐腐蝕性，是飛機、建材不可或缺的材料。

鈦常應用在高爾夫球桿、電腦機殼、白色顏料等。一般認為鈦不容易被人體排斥，故用於製作人工關節，加上有隔離紫外線的作用，所以也會用於防晒乳或化妝品。有一項日本研發的技術「光觸媒」效應（本多－藤嶋效應），能使二氧化鈦透過水吸收光（紫外線），來分解汙染物質（按：因環保實用而受注目）。

MEMO 元素名源自希臘神話的巨人泰坦（Titan）。英國礦物學家格雷戈爾，雖從鈦鐵礦中發現鈦卻不被承認，結果由同時期另一位德國化學家克拉普羅特從金紅石中「再度發現」鈦氧化物後而命名。

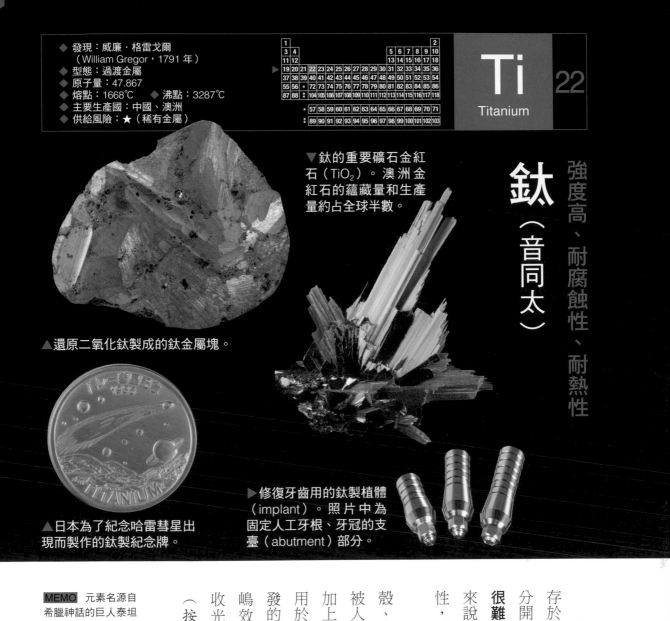

釩（音同凡）

可增加鋼強度的稀有金屬

V 23 Vanadium

- 發現：安德烈・曼紐爾・德・里奧（Andrés Manuel del Río，1801 年）
- 型態：過渡金屬
- 原子量：50.9415
- 熔點：1910℃
- 沸點：3407℃
- 主要蘊藏國：中國、南非、俄羅斯
- 供給風險：★★（稀有金屬）

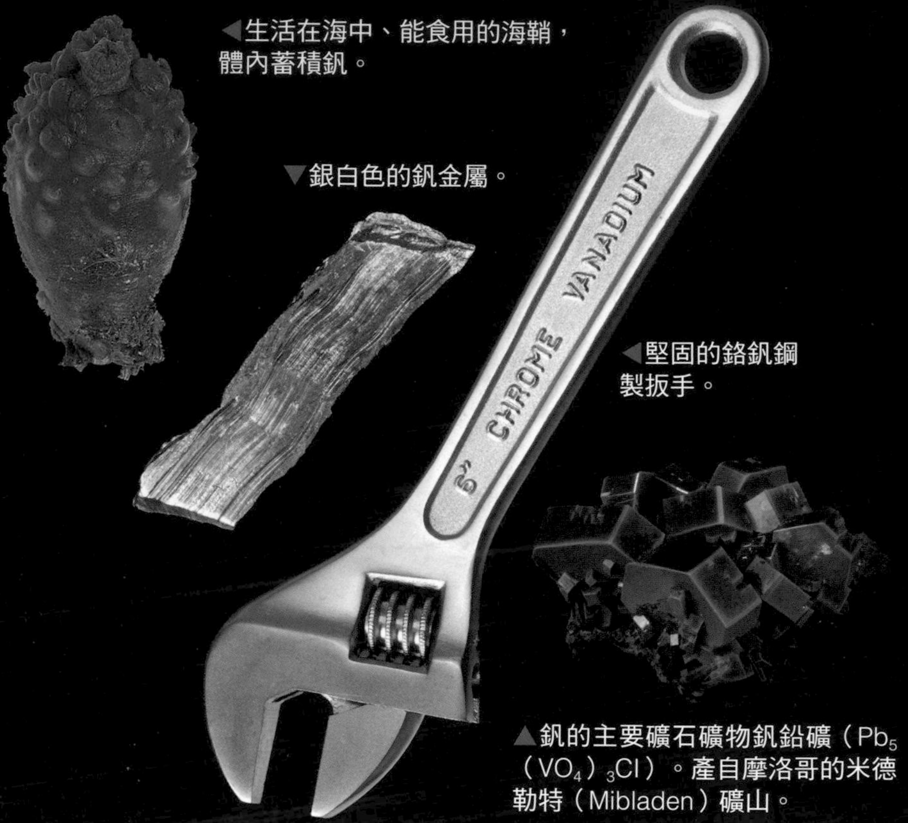

◀生活在海中、能食用的海鞘，體內蓄積釩。

▼銀白色的釩金屬。

◀堅固的鉻釩鋼製扳手。

▲釩的主要礦石礦物釩鉛礦（$Pb_5(VO_4)_3Cl$）。產自摩洛哥的米德勒特（Mibladen）礦山。

釩為柔軟的銀白色金屬，具優秀的耐腐蝕性及耐磨耗性。主要用途為**煉鋼添加劑**，例如：軸承、彈簧等都會添加釩來提升鋼的強度。此外，鉻釩鋼也常用於電鑽的鑽頭、螺絲起子、扳手等工具上。

雖然釩被視為人類的必要元素，但以成年男性來說，僅需要○．一一毫克，且其功效還有很多不明之處。據說釩具有「預防糖尿病」、「降低血壓」的效果，但這些說法迄今沒有明確的科學根據。

MEMO 西班牙化學家德・里奧，從釩鉛礦中發現釩卻不被承認，直到 1830 年瑞典化學家塞弗斯特瑞姆（Nils Gabriel Sefström）再度發現，才以北歐神話中的女神「Vanadis」（英語為「Freyja」，弗蕾亞）命名。

◆ 發現：沃克蘭（1797 年）
◆ 型態：過渡金屬
◆ 原子量：51.9961
◆ 熔點：1907℃
◆ 沸點：2671℃
◆ 主要蘊藏國：哈薩克、南非、印度
◆ 供給風險：★★（稀有金屬）

Cr
Chromium
24

鉻（音同各）

同時具有美麗光澤與超強耐腐蝕性

▼純度 99.1% 的鉻金屬，散發銀白色強烈光澤。

◀三氧化二鉻（Cr_2O_3）的粉末。用於綠色顏料、研磨材、黑板等處。

▲鍍上鉻的遙控模型用輪子。事實上也常應用於汽車上。

▲有紅色結晶的美麗鉻鉛礦（$PbCrO_4$）。產自澳洲的塔斯馬尼亞島。觀賞用，不做工業用途。

鉻為非常堅硬且耐腐蝕性優異的金屬。除了廣泛用於增添光澤的鍍膜外，**鉻釩合金也常製成工具**。不鏽鋼中含有的鉻，一旦和空氣中的氧和水反應便會生鏽，因此在表面鍍上「鈍化保護膜」的薄膜之後，就不會受到腐蝕。

另外，用於塗料和特殊鍍金藥品的六價鉻化合物具有強烈毒性，會汙染化學工廠周圍的土壤和地下水，成為社會問題，因此有諸多限制。而豆類中含有許多無害的三價鉻，有助於體內的糖代謝，若攝取不足，容易引發糖尿病。

MEMO 法國化學家沃克蘭，在西伯利亞產的鉻鉛礦中發現鉻。元素名取自希臘語的「顏色」，因其氧化物能呈現多樣的色彩。工業上主要從鉻鐵礦（$FeCr_2O_4$）中取得。

◆ 發現：舍勒／約翰・戈特利布・甘恩（Johan Gottlieb Gahn）（1774 年）
◆ 型態：過渡金屬 ◆ 原子量：54.938044
◆ 熔點：1246℃ ◆ 沸點：2061℃
◆ 主要生產國：中國、南非、澳洲
◆ 供給風險：★★（稀有金屬）

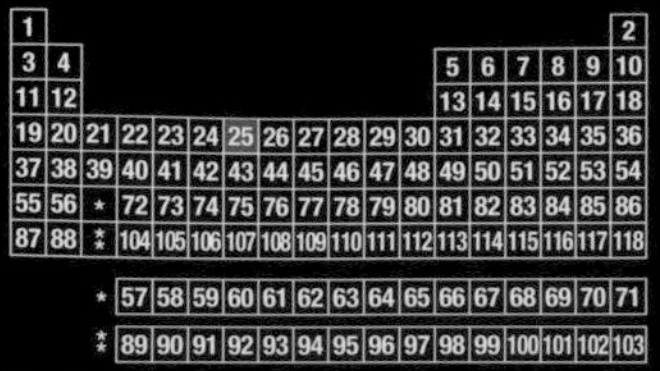

Mn 25
Manganese

錳（音同猛）
應用於煉鐵和電池上

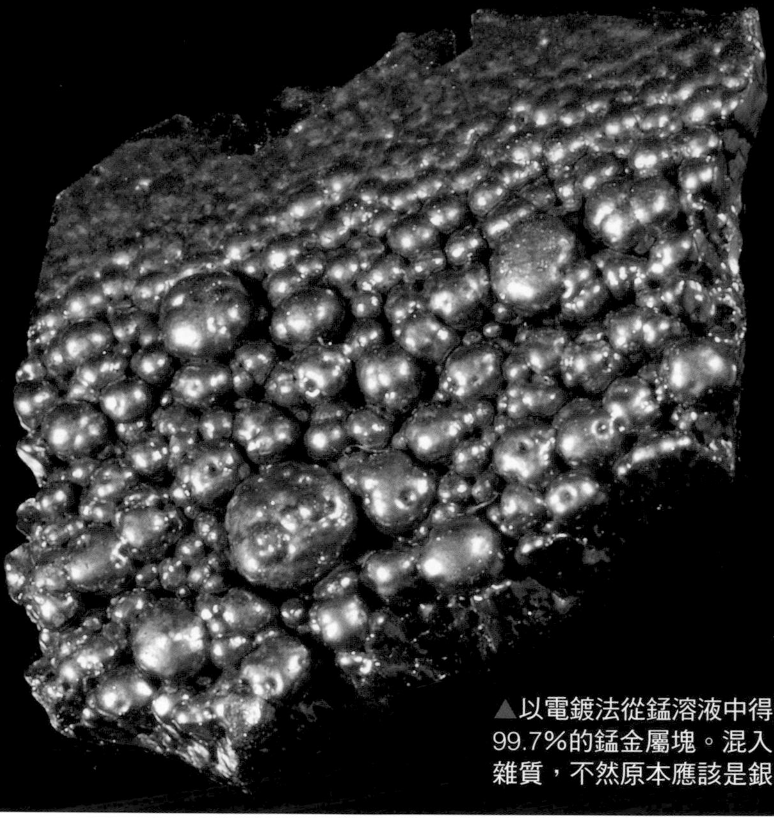
▲以電鍍法從錳溶液中得到純度99.7%的錳金屬塊。混入了些微雜質，不然原本應該是銀白色。

錳最廣為人知的用途就是乾電池，而容量大的鹼性電池等，則利用二氧化錳在正極受電。錳本身為銀白色金屬，雖然比鐵硬，但質地較脆。

地殼的過渡金屬中，錳含量排名第三。深海海底有由錳、鐵、鎳混合而成的錳結核（manganese nodule）。此外，也能從錳礦中取得，日本二戰前為了製作乾電池而在各地礦山開採錳，這些礦場一直運作到一九八〇年代為止。

MEMO 當初發現錳的軟錳礦稱作「黑氧化鎂」（magnesia），故一開始命名為鎂（Magnesium），但後來為了與鎂（12）區別，而改成錳（Manganese）。

◀在石英質的玉髓中，因滲入二氧化錳而生成樹枝狀圖樣的瑪瑙，在日本稱為「忍石」。產自印度的德干高原的肯河（Ken River）。

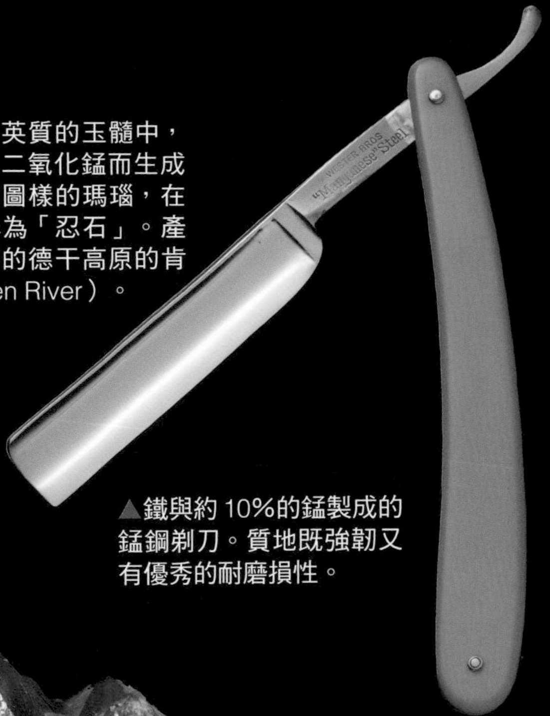

▲鐵與約 10%的錳製成的錳鋼剃刀。質地既強韌又有優秀的耐磨損性。

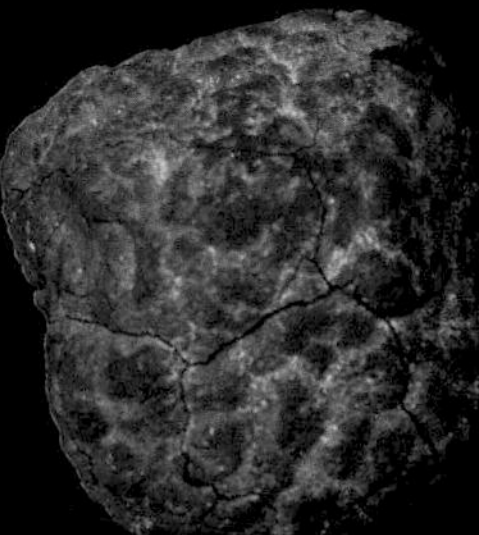

▶掌握海底錳礦床開發關鍵的錳結核。以小岩石等為核心，歷經長時間加入錳、鎳、鈷等凝固成塊的結果。

◀菱錳礦（$MnCO_3$）的礦物結晶很美，因錳離子而顯現紅色。產自祕魯的烏丘查夸（Uchucchacua）。

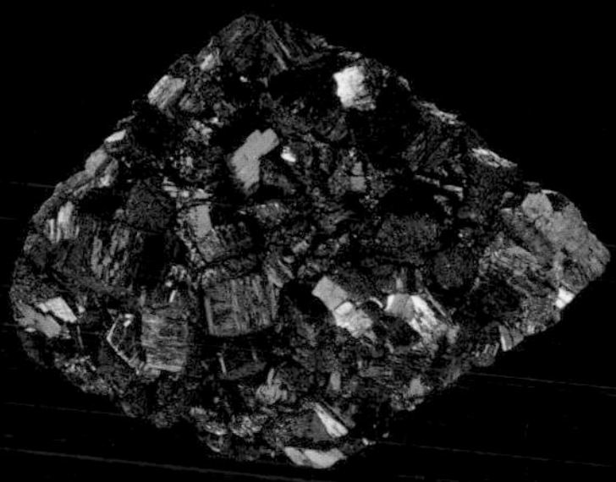

▲錳礦石的主要來源直錳礦（MnO_2）。產自美國的亞利桑那州的密斯特克礦山（Mistake Mine）。

▶有「印加玫瑰」之稱的菱錳礦。有美麗層次的礦石被當作珍貴的裝飾石。

錳合金因為具延展性且耐衝擊力強，故應用於鐵軌和電線上。然而，錳最大的用途是利用錳和鐵的合金「錳鐵」，作為煉鐵時的去氧劑以及去硫劑。

作為人體的必要元素，錳具有促進骨骼生長、幫助血液凝固、促進消化等功能。富含錳的食品有蛋、堅果、橄欖油等，一旦攝取不足會造成成長異常、糖尿病、生殖能力下降等狀況。只不過，據說若過度曝露於精煉錳礦的環境中，很容易引起頭痛、關節痛、精神錯亂、平衡感障礙、抑鬱狀態等症狀。

MEMO 瑞典化學家舍勒 1774 年研究軟錳礦時，確信當中有新元素。同年，讀過這份論文的友人甘恩成功分離出錳。

- 發現：—
- 型態：過渡金屬
- 原子量：55.845
- 熔點：1538℃
- 沸點：2861℃
- 主要生產國：中國、澳洲等
- 供給風險：★

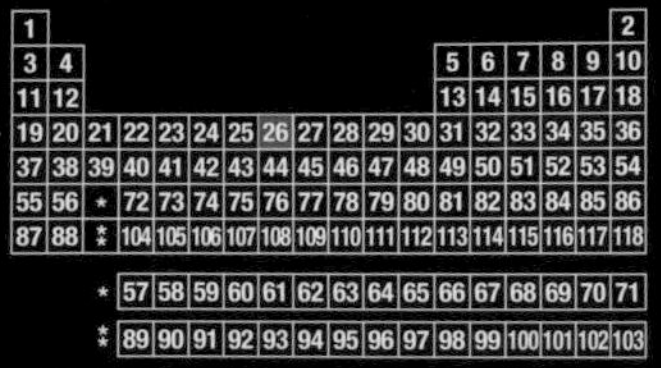

Fe 26
Iron

鐵
人體及文明發展的必要金屬元素

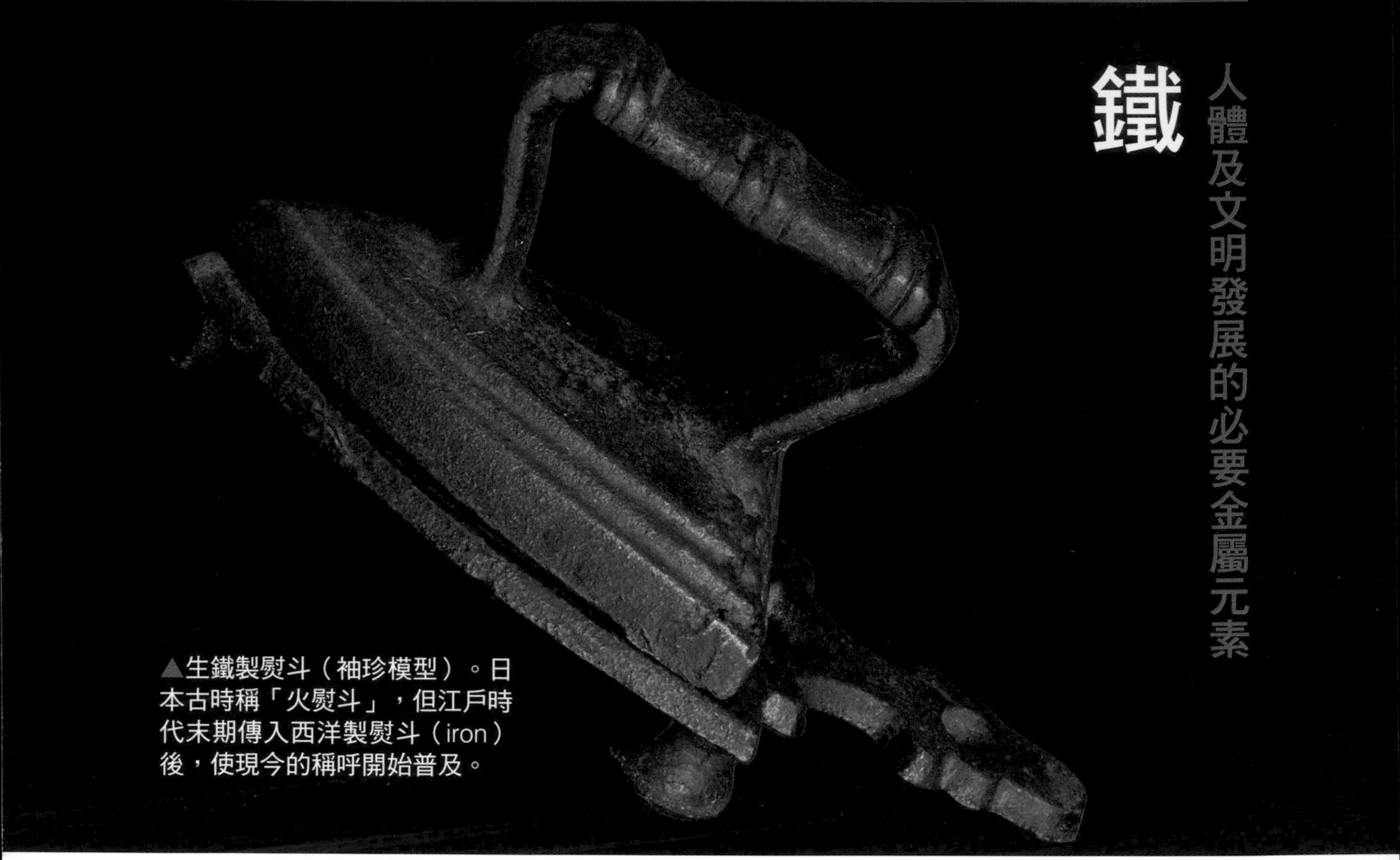

▲生鐵製熨斗（袖珍模型）。日本古時稱「火熨斗」，但江戶時代末期傳入西洋製熨斗（iron）後，使現今的稱呼開始普及。

鐵是地球上含量最多的元素，一般認為地球核心幾乎都是熔鐵。鐵是恆星進行核融合最後產生的元素，被認為是全宇宙排名第九多的元素。此外，地球上也有從天而降的鐵隕石（一種隕石，隕石內的金屬被稱為「隕鐵」）。

據說人類首度運用蘊藏量豐富的鐵進行製鐵，是始於約四千年前的西臺帝國（現今土耳其境內）。他們靠混入碳得到強韌的鋼，並以此打造武器、戰車等各種鐵器。

目前鐵在金屬中的生產量占全球九五％。鐵如此受到大量利用的原因，就在於鐵與其他金屬相比，不僅強度高，也容易加工，且作為原料的鐵礦蘊藏量豐富、價格又低廉。鐵幾乎都以赤鐵礦和磁鐵礦的形式存在，從中去除雜質後便能得到鐵。根據製鐵方法的不同，有含碳量超過二％的

◀鐵幣。鐵容易生鏽，江戶時代流通的寬永通寶（按：日本歷史上鑄量最大的錢幣），會使用銅、黃銅等各種材質製作。

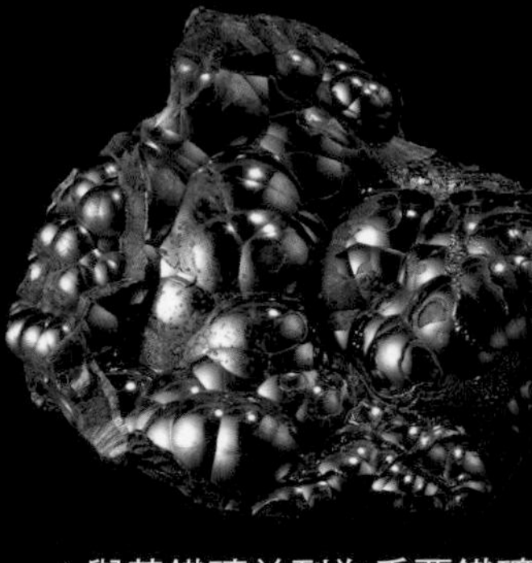

▲與黃鐵礦並列為重要鐵礦的赤鐵礦（Fe_2O_3）。產自摩洛哥的亞特拉斯山。

▼墨水中混入鐵粉的義大利郵票。2010 年為了紀念製鐵業 100 週年而發行。

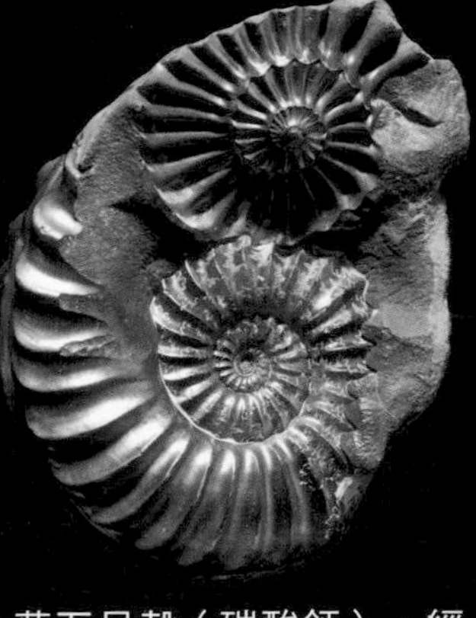

▲菊石貝殼（碳酸鈣），經長年累月被黃鐵礦（FeS_2）取代後的樣貌。產自德國的布滕海姆（Buttenheim）。

▶混入鐵微粒子的「磁流變液」（magnetorheological fluid）。是帶有磁性的流體，一旦接近磁鐵就會變成尖釘狀。1960 年代由 NASA 開發。

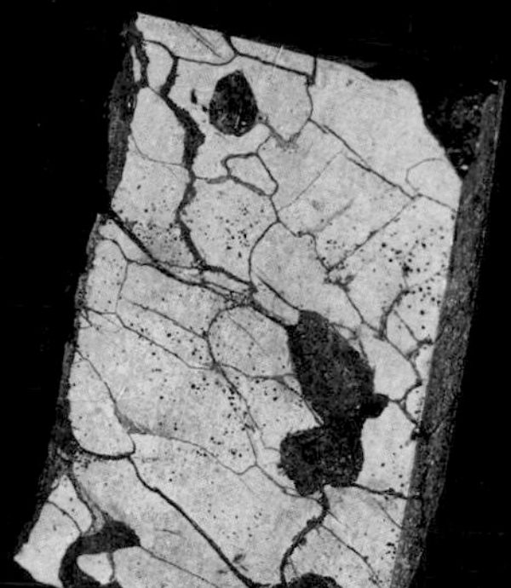

▲ 1993 年澳洲昆士蘭州的邁爾斯（Miles）牧場發現的鐵隕石（邁爾斯隕石）切片。由鐵與鎳的合金組成。

生鐵（鑄件等用途）；以及含碳量約○・○四％至一・七％的鋼等種類。

鐵也是人體的必要元素，存在於血液的血紅素中。與鐵結合的血基質在血中負責搬運和儲藏氧，並將之交給細胞等重要任務。換句話說，會導致缺氧的貧血，是因血中的鐵質不足所造成。

MEMO 元素名源自希臘語的「強大」（ieros），而化學符號則是源自拉丁語的「鐵」（ferrum）。約莫 4,500 年前建造古夫金字塔（埃及法老古夫的金字塔）時曾用過鐵鎚。

MEMO 純物質形式的鐵為銀灰色，容易氧化，因此以合金的型態製成各種鋼鐵。例如，不鏽鋼就是在鐵中加入 10.5％以上的鉻，這樣的合金擁有防鏽的特點。

◆ 發現：喬治・勃蘭特
（Georg Brandt，1735 年）
◆ 型態：過渡金屬 ◆ 原子量：58.933194
◆ 熔點：1495℃ ◆ 沸點：2927℃
◆ 主要蘊藏國：剛果民主共和國、澳洲
◆ 供給風險：★★（稀有金屬）

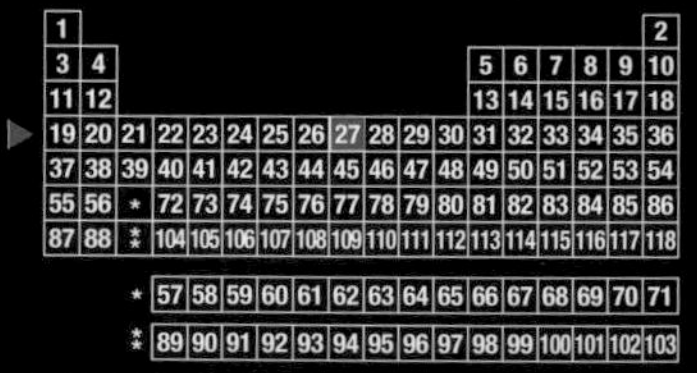

Co 27
Cobalt

鈷（音同姑）

可製成美麗的藍色著色顏料

▲著色劑中使用氧化鈷的鈷玻璃藥瓶。

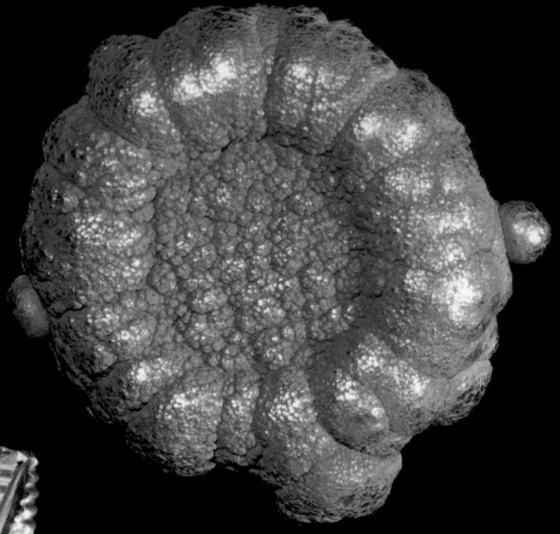

▲鈷金屬塊。由於日本不出產，幾乎全都仰賴進口。

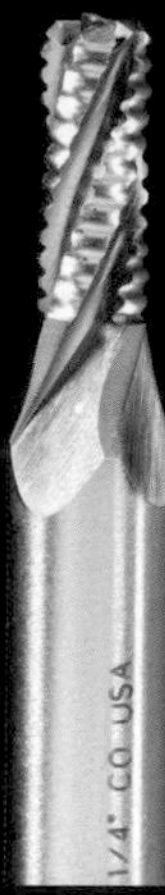

◀鈷鋼的切削鑽頭。

◀鈷的主要礦石鎳黃鐵礦（$(Co,Fe,Ni)_9S_8$）。

鈷雖然是銀白色的穩定金屬，但**幾乎不以純物質形式存在**，大都在精煉銅、鎳時獲得。比起元素本身被發現，含鈷的礦石反而早在遙遠的四千年前，便被製成玻璃或陶瓷器的藍色（鈷藍色）著色釉藥。

由於鈷具有磁性，故也是磁鐵的原料。而鈷與鎳、鉻、鉬等製成的合金，因為高溫下依然保有高強度，所以會應用於高爐、石化工業、航空器等方面。

生物體內的鈷，構成腸內細菌合成的維他命 B_{12}，對於紅血球的生成不可或缺。

MEMO 因在精煉鈷礦時如同受到妖精施加魔法般難以進行（按：因為鈷礦有毒），所以元素名來自於德語中意指妖精的「可伯特」（Kobold，英語為 Cobalt）。勃蘭特在使玻璃呈現藍色的鈷礦石（斜方砷鈷礦）中發現鈷元素。

◆ 發現：阿克塞爾·弗雷德里克·克龍斯泰特（Axel Fredrik Cronstedt，1751 年）
◆ 型態：過渡金屬 ◆ 原子量：58.6934
◆ 熔點：1455℃ ◆ 沸點：2913℃
◆ 主要生產國：俄羅斯、印尼、澳洲
◆ 供給風險：★（稀有金屬）

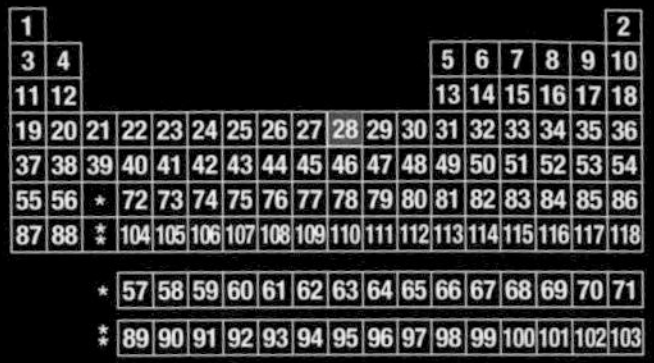

Ni 28
Nickel

鎳（音同聶）

也用於電池中的合金素材

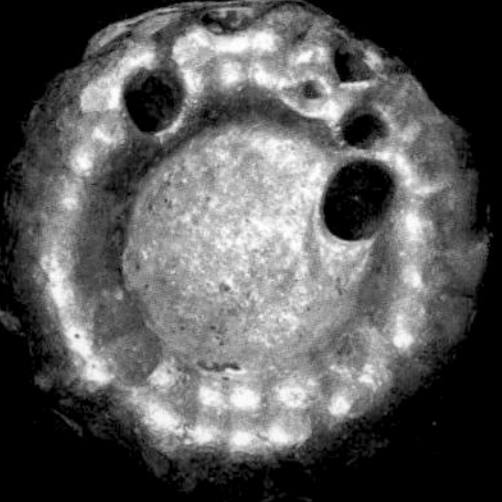

◀純度 99.99% 的鎳金屬塊。

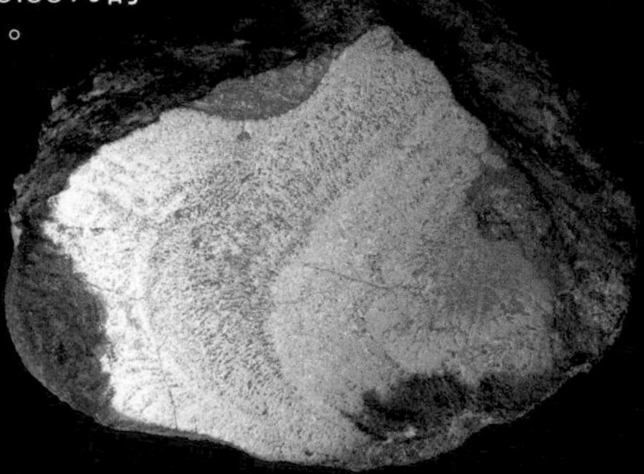

▲紅砷鎳礦（NiAs）。和銅礦石很像卻不含銅，是被冠上「惡魔之銅」的礦物之一。產自日本的兵庫縣夏梅礦山。

◀白雲石的晶洞內形成針狀結晶的針硫鎳礦（NiS）。產自美國的密蘇里州。

▶美國 5 美分硬幣由鎳與銅的合金（白銅）鑄造，通稱「鎳幣」（Nickel）。日本的 50 日圓和 100 日圓硬幣也是白銅製。

鎳是在常溫下性質穩定的銀白色堅硬金屬，有延展性、容易加工，且具有良好的耐蝕性，可從鎳黃鐵礦等鎳礦石中取得。市場對於**鐵、鎳、鉻的合金「不鏽鋼」**，以及銅與鎳的合金「白銅」（cupronickel）需求量很高。醫療領域上，鐵與鎳的合金會用於磁振造影；而能反覆充電的「鎳氫電池」則使用鎳的化合物。

另一方面，**鎳被視為金屬過敏的主因**，原因可能跟皮膚分泌汗液時，不耐酸的鎳會因汗水中的氯化物離子溶解出來有關。

MEMO 瑞典化學家克龍斯泰特在尋找銅礦時，在有「惡魔之銅」（Kupfernickel）之稱的礦石中發現鎳，而「nickel」源自德國傳說中纏在銅上的妖精「尼可拉斯」（Nikolaus）。

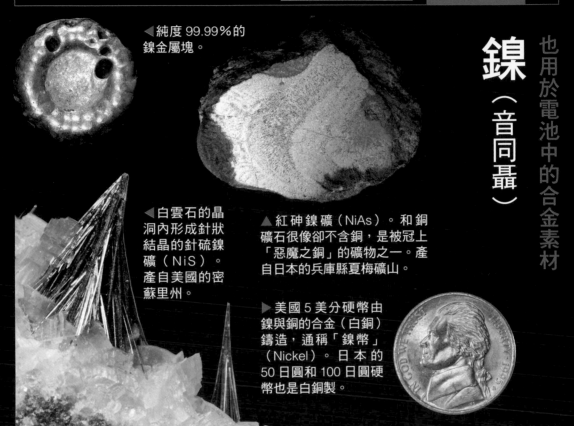

- 發現：—
- 型態：過渡金屬
- 原子量：63.546
- 熔點：1085℃
- 沸點：2562℃
- 主要生產國：智利、祕魯、美國
- 供給風險：★

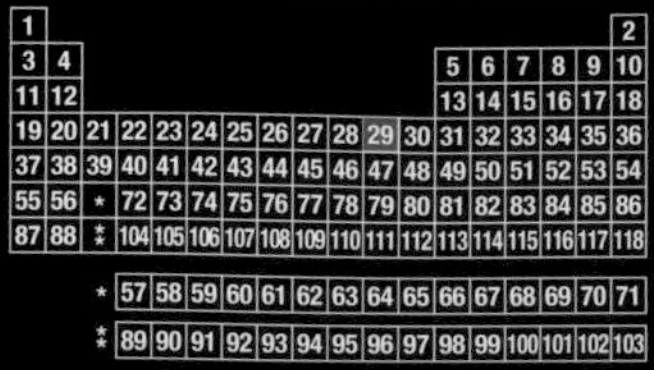

Cu 29
Copper

銅

自古伴隨文明史沿用至今

▶展示用銅製燒水壺袖珍模型（美國製）。銅製燒水壺能有效利用銅的高導熱性。

銅是所有金屬中與人類關係最久遠的，約莫一萬年前便有銅製的裝飾品出現。更甚者，大約五千多年前，人們發現在銅中加入錫的「青銅」製法。青銅強度高又容易加工，因而用來製成刀子、鏡子等多樣化物品。青銅器時代一直持續到鐵器登場。

從週期表上看，銅與貴金屬的金、銀同列於縱排，共通點是皆以自然金屬產出。不過，銅比金、銀更能形成豐富種類的化合物，且有各式各樣的銅礦石產出。除了黃銅礦、赤銅礦，還有能製成藍色顏料的藍銅礦、孔雀石等礦物。

銅很便宜，因此消費量僅次於鐵、鋁，排名世界第三。因為具延展性、導熱性僅次於銀、導電性良好，故能用於製造電線等用途。具代表性的合金有加入銅與鋅的「黃銅」，以及加入銅與鋁的「鋁青銅」。

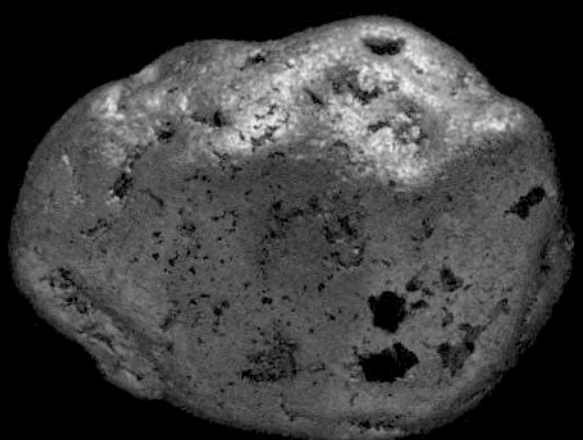

▲塊狀的自然銅（Cu）。綠色部分為氧化產生的銅鏽。產自美國的密西根州。

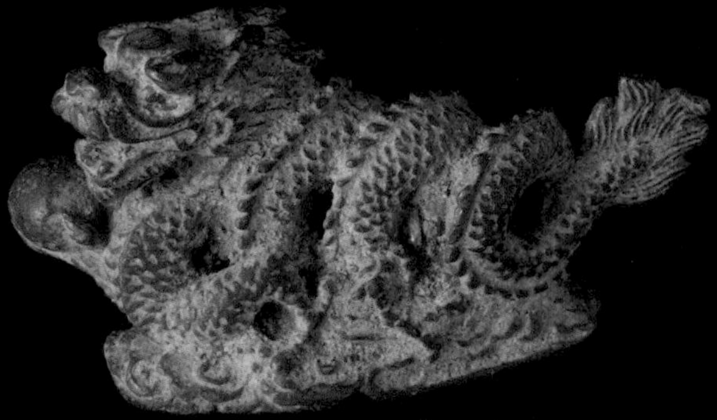

▲在中國製造的青銅製擺設。變舊的青銅因氧化而覆上一層銅鏽。

◀黃銅製口笛。黃銅價廉、容易加工且音色又好。

▶清朝雍正時期鑄造的銅錢（1722～1735 年）。

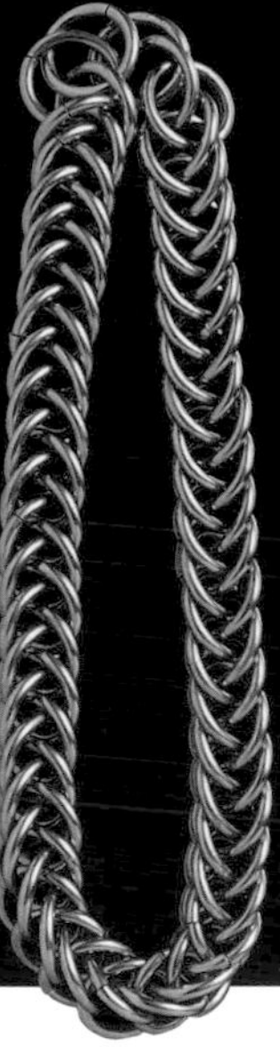

▶採用「Half Persian」編製法的純銅製手鐲。

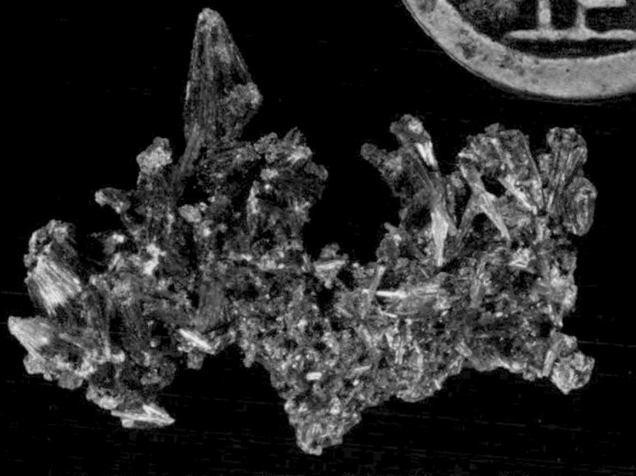

▲孔雀石大都磨製成裝飾品（$Cu_2CO_3(OH)_2$），（粉末）自古即作為顏料使用至今。產自剛果民主共和國。

日本十日圓硬幣等青銅製品，會隨著歲月轉綠，這種因表面氧化而生，也是銅特有的青綠色「銅鏽」，能防止銅的內部腐蝕。這層氧化膜又稱「鈍化膜」，其成分幾乎和孔雀石相同。

銅也是生命的必要元素，能促使體內的氧化還原反應，是搬運氧的酵素的成分之一。

MEMO 元素名源自賽普勒斯島（Cyprus）。據傳約兩千多年前，羅馬人在賽普勒斯島採掘銅礦石而得名。化學符號來自於拉丁語的「賽普勒斯」（Cuprum）。

MEMO 人類的血液因血紅素含鐵離子，故呈紅色狀。另一方面，烏賊和章魚的血液因含銅離子的血藍素，正常情況下雖是無色透明狀，一旦與氧結合，則會呈現藍色。

◆ 發現：—
◆ 型態：其他金屬
◆ 原子量：65.38
◆ 熔點：420℃
◆ 沸點：907℃
◆ 主要生產國：中國、祕魯、澳洲
◆ 供給風險：★

1																	2
3	4											5	6	7	8	9	10
11	12											13	14	15	16	17	18
19	20	21	22	23	24	25	26	27	28	29	30	31	32	33	34	35	36
37	38	39	40	41	42	43	44	45	46	47	48	49	50	51	52	53	54
55	56	*	72	73	74	75	76	77	78	79	80	81	82	83	84	85	86
87	88	**	104	105	106	107	108	109	110	111	112	113	114	115	116	117	118

*	57	58	59	60	61	62	63	64	65	66	67	68	69	70	71
**	89	90	91	92	93	94	95	96	97	98	99	100	101	102	103

Zn 30
Zinc

鋅（音同辛）

比鐵更容易生鏽

◀ 1943 年的 1 美分硬幣，因第二次世界大戰時銅量不足，而在鋼材上鍍鋅製成。美國目前使用的 1 美分硬幣是在 97.5％的鋅上鍍銅。

鋅是帶點藍色的銀白色金屬。不論遇上酸或鹼都會溶解，在潮溼的空氣中也容易生鏽。主要得自以閃鋅礦（sphalerite）為首的鋅礦石。鋅的歷史很久遠，早在人們知道鋅元素、於至少三千多年以前，就有利用鋅礦石與銅做成的合金「黃銅」。十一世紀前後，印度和中國開始製作純物質形式的鋅，製作方法其後傳入中世紀的歐洲。

日常生活中，可見到在鐵板上鍍鋅的「鐵皮」，用於屋頂或屋簷雨水槽等地方。或許**有人誤以為鋅比鐵更不容易生鏽，事實上完全相反**。特別是在如海水的電解質溶液中，會藉由犧牲更容易生鏽（易離子化）的鋅，來保護周圍的金屬不受腐蝕。

除了防腐蝕外，還可用於電池的電極和黃銅等方面。日語名為「真鍮」的黃銅，會用在銅管樂器、五日

▲防止船艇、船外機等傳動軸金屬生鏽的「防蝕鋅板」，這是利用鋅的低電位且容易腐蝕性質，近年還會用鋁和銦合金。

▶在薄鐵板上鍍鋅的白鐵（鍍鋅鐵）水桶。

▲助聽器中的鋅空氣電池，負極使用了鋅。

◀鋅的主要礦石閃鋅礦（ZnS）。產自日本的秋田縣尾去澤礦山。

▲能看見鋅礦床氧化帶的異極礦（hemimorphite，$Zn_4(Si_2O_7)(OH)_2 \cdot H_2O$））。「異極」之名來自於結晶兩端的形狀相異。產自墨西哥的歐哈埃拉礦山（Ojuela）。

▼菱鋅礦，主要成分是碳酸鋅（$ZnCO_3$），可看見鋅礦床的氧化帶。產自墨西哥的錫那羅亞州。

圓硬幣、裝飾品等地方。黃銅的英語為「brass」，以黃銅製銅管樂器為主的樂團則被稱作「brass band」（銅管樂團）。

鋅也是人體的必要元素。鋅攝取不足會導致生殖機能低下、味覺障礙、免疫系統和甲狀腺機能低下等症狀。富含鋅的食品有牡蠣、肝臟、牛肉等，不過要注意萬一攝取過量，會妨礙鐵和銅的吸收。

MEMO 關於鋅（zinc）的名稱，16 世紀時首度出現在德國鍊金術師帕拉塞爾瑟斯（Paracelsus）的文書中。命名有諸多說法，聽說是依鋅結晶在精煉時的模樣，而以德語的「鋸齒狀物」命名。

MEMO 鋅在日語中為「亞鉛」，雖有「鉛」這個文字，卻與鉛毫無關係。據傳是因為鋅氧化後的模樣與鉛相似，而有此漢字名。

◆ 發現：保羅．埃米爾．勒科克．德布瓦博德蘭（Paul Émile Lecoq de Boisbaudran，1875 年）
◆ 型態：其他金屬　◆ 原子量：69.723
◆ 熔點：30℃　◆ 沸點：2204℃
◆ 主要生產國：中國、德國、哈薩克
◆ 供給風險：★★（稀有金屬）

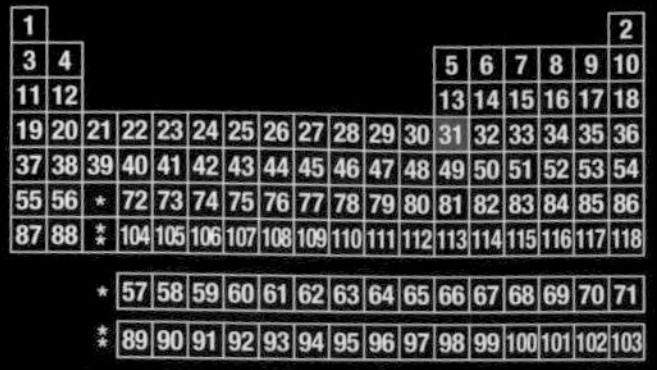

Ga 31
Gallium

鎵（音同加）
成為半導體素材的稀有金屬

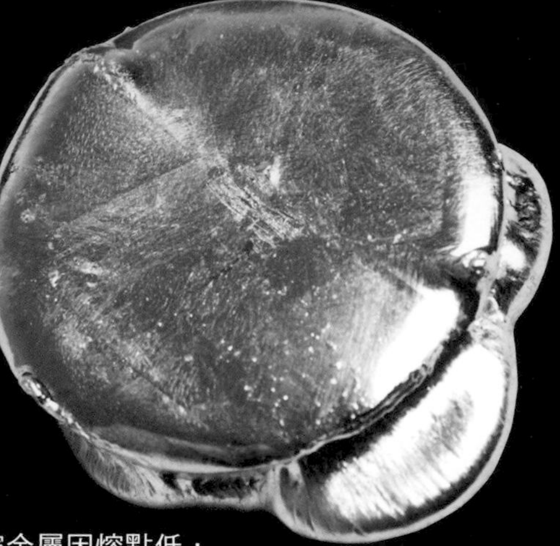

▲鎵金屬因熔點低，即便在室溫下也會呈現液體狀。

◀商品名為「Galinstan」的高溫用溫度計（德國製）。這種溫度計不使用水銀，而是放入鎵、銦、錫合金的液體。

◀藍光 LED。日本赤崎勇博士與天野浩博士成功開發出藍光 LED，而中村修二博士則研發出氮化鎵結晶的製造法和高亮度 LED，最後獲得諾貝爾物理學獎。

鎵是帶點藍色的銀白色金屬，為精煉鋁或鋅時得到的次要產物。主要作為半導體素材使用。另外，除了廣泛應用於電腦、照明等，氮化鎵也是藍色發光二極體（LED）的材料。

另一方面，鎵的熔點雖低，沸點卻很高，以液態存在的溫度範圍很廣，所以用於製作高溫用溫度計。此外，**與砷的化合物「砷化鎵」**（gallium arsenide）**具有將電轉變為光的性質，故運用於電子告示牌的紅色二極體**、讀取和寫入CD及DVD用的雷射、高速電晶體等用途。

MEMO 法國化學家德布瓦博德蘭用光譜分析法研究閃鋅礦時，發現以次要成分存在的鎵。元素名來自於法國的古拉丁語名「高盧」（Gallia）。

◆ 發現：克萊門斯・溫克勒（Clemens Alexander Winkler，1886 年）
◆ 型態：類金屬 ◆ 原子量：72.630
◆ 熔點：938℃ ◆ 沸點：2833℃
◆ 主要生產國：中國、俄羅斯、美國
◆ 供給風險：★★★（稀有金屬）

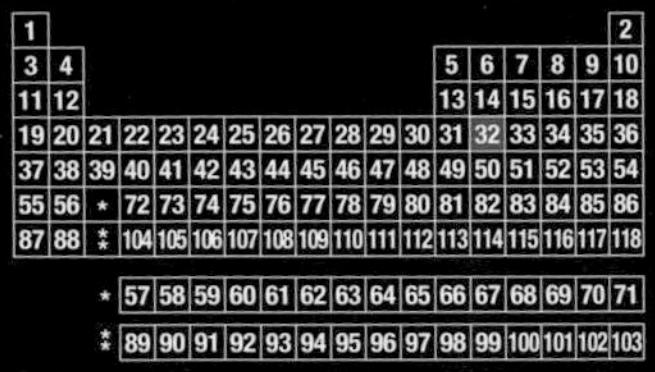

Ge 32
Germanium

鍺（音同者）
用於光學相關產業的稀有金屬

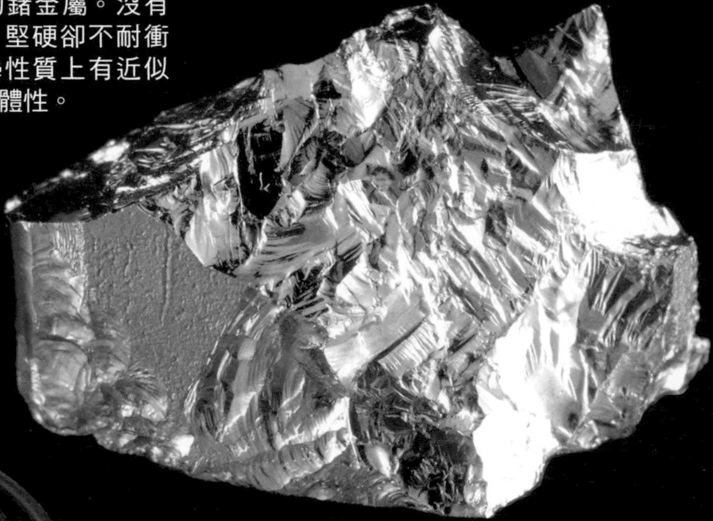

▶純淨的鍺金屬。沒有延展性、堅硬卻不耐衝擊。化學性質上有近似矽的半導體性。

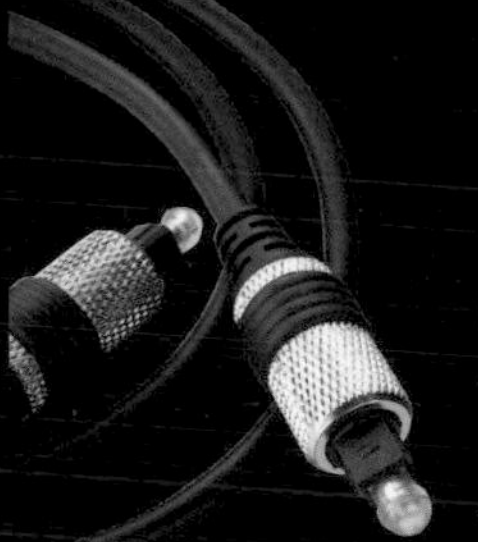

◀數位音訊機器使用的光纖用電子連接器。為了提高光纖的折射率，混入二氧化鍺。

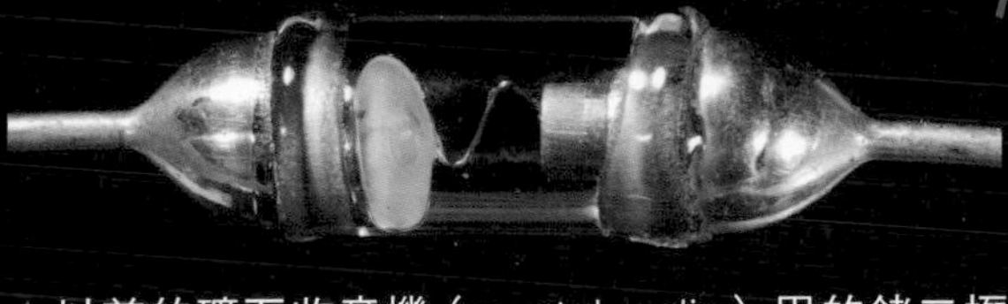

▲以前的礦石收音機（crystal radio）用的鍺二極體。在玻璃內側有使用鍺金屬的「貓鬚」式檢波器。

鍺是銀白色的類金屬，為精煉鋅和銅時的次要產物。雖然半導體元件目前以矽為主流，但一九五〇年代是用鍺來製作電晶體和二極體，以及能使電流單向流動的**整流器**（將交流電（AC）變換成直流電（DC）的元件）。目前則用於瓶用PET樹脂（polyethylene terephthalate，聚對苯二甲酸乙二酯）的催化劑、在接收方**將光信號轉變成電信號的光纖**。由於鍺不吸收紅外線，故也用於紅外線熱成像儀及夜視鏡的鏡頭。

另外，市面上有商品聲稱鍺具有提高免疫力的健康效果，然而目前沒有科學證據能證明。

MEMO
元素名源自古德國名「日耳曼尼亞」（Germania）。溫克勒從當時德國礦山最新產出的硫銀鍺礦（Ag_8GeS_6）中成功分離出鍺。

◆ 發現：艾爾伯圖斯．麥格努斯（Albertus Magnus，13 世紀）
◆ 型態：類金屬 ◆ 原子量：74.921595
◆ 昇華點：603℃
◆ 主要生產國：中國、智利、摩洛哥
◆ 供給風險：★★

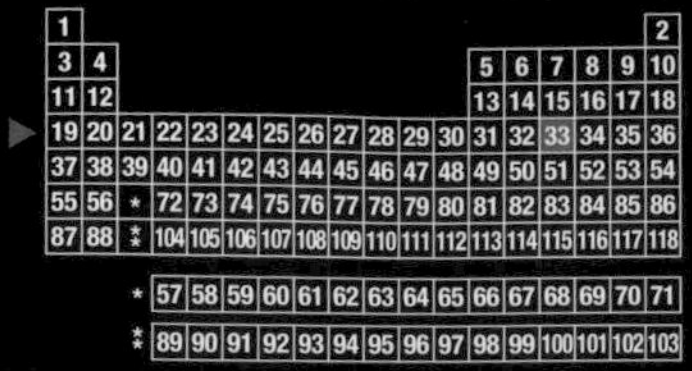

As 33
Arsenic

砷（音同申）

雖然有毒卻活躍於尖端工業

▲銀白色的砷金屬。在空氣中容易氧化暗沉。

▲利用砷化鎵製成，發出粉紅色光芒的發光二極體。

▲純物質形式產出的自然砷（As）結晶。產自日本的福井縣赤谷礦山。

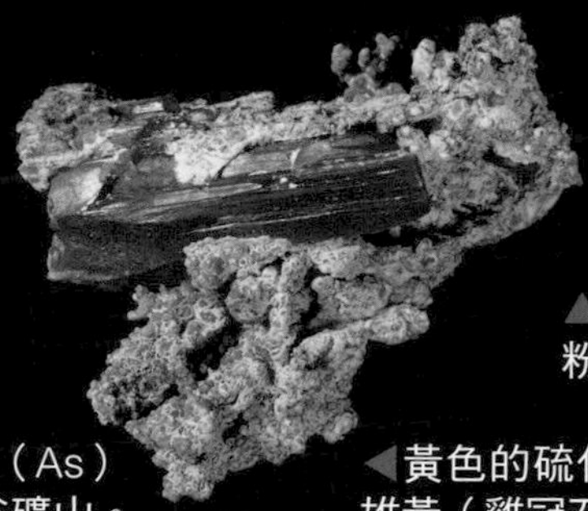

◀黃色的硫化砷雌黃（As_2S_3），以及紅色的雄黃（雞冠石，As_4S_4）結晶，產自祕魯。

砷以雌黃和雄黃等硫化物形式廣泛存在於自然界。具類金屬性質，常壓下超過約攝氏六百度時會昇華（從固體直接變成氣體）。其毒性自古即為人所知，從古羅馬直至現代的「毒咖哩事件」（按：一九九八年，日本和歌山縣的夏季祭典中，嫌犯將砒霜混入咖哩，造成四人死亡）等，歷史上常被人用作暗殺毒藥。

另一方面，砷也是藥材，經證實也用在殺蟲劑中的「亞砷酸」（三氧化二砷），依據處方對於治療白血病有高療效。至於產業用途，砷與鎵的化合物能應用於發光二極體、半導體雷射等。

MEMO 砷化合物約 2,000 年前便為人所知，元素名據說來自於波斯語的「黃色」與希臘語的「男子漢」。紀錄上，一般認為首度分離砷的人是鍊金術師麥格努斯。

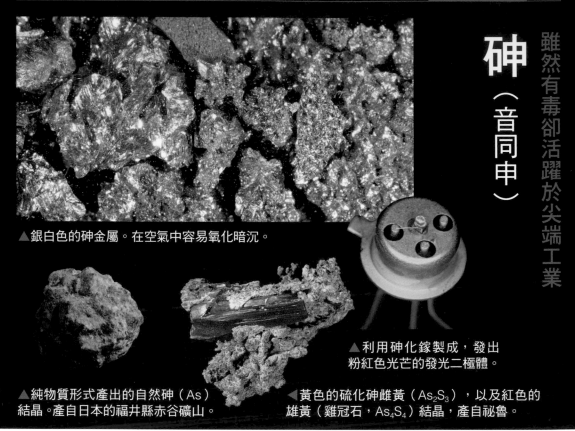

◆ 發現：貝吉里斯（1817 年）
◆ 型態：類金屬
◆ 原子量：78.971
◆ 熔點：221℃
◆ 沸點：685℃
◆ 主要生產國：日本、德國、比利時
◆ 供給風險：★（稀有金屬）

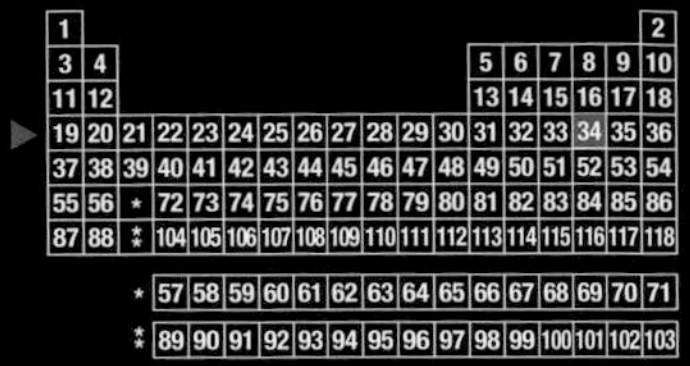

Se 34
Selenium

硒（音同西）

照到光時會產生電流

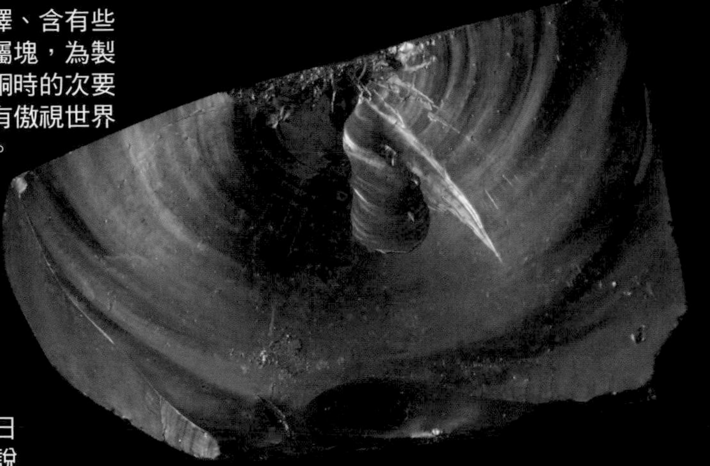

▶帶有黑色光澤、含有些微雜質的硒金屬塊，為製造硫酸或精煉銅時的次要產物。日本擁有傲視世界的第一生產量。

▼富含硒的向日葵果實。有人說這是「種子」，但事實上種子存在於果實中。

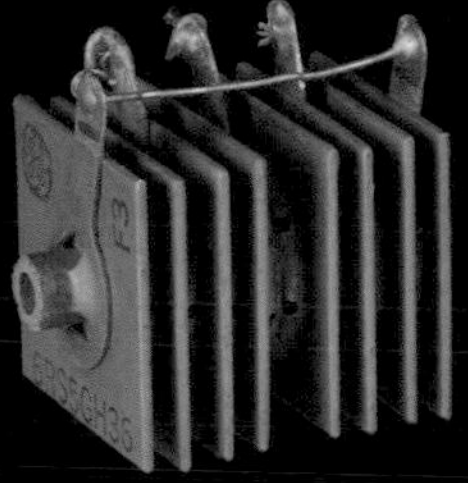

◀利用硒的半導體性質製作的早期整流器，目前以矽製為主流。

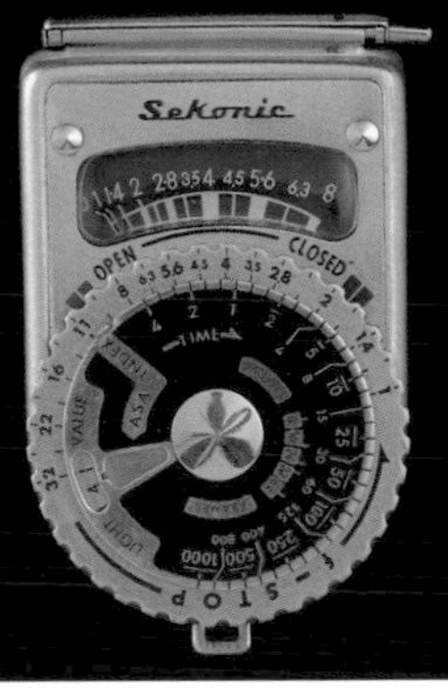

▶光電池測光表，經上方的光柵（Slit）受光後，內部的硒金屬板會起發電反應。測光表用於拍攝時檢測光量用。

硒為銀灰色的類金屬，是精煉銅時的次要產物。富有反應性，光照射後會大幅提升電的傳導率。過去曾用於咖啡機、**傳真機的感光滾筒**、相機的測光表等用途，但因為有毒性，目前以其他物質取代。此外，硒也用於合金，以及交通號誌上紅燈的玻璃著色劑。

堅果類中富含硒，具有提高糖代謝的效果，而作為營養補充品販售。只不過，如果飲食正常，幾乎不會欠缺。硒雖是生命必要元素，但要留意過度攝取反而有害健康。

MEMO 因為硒的性質近似以「地球」（Tellus）為名的碲（tellurium），而以希臘語的「月亮」命名。硒是從精煉硫酸後的沉澱物中發現，性質也和硫很像。

◆ 發現：安托萬・巴拉爾／呂維西（Antoine Balard ／ Carl Jacob Löwig，1825 年）
◆ 型態：鹵素／液體
◆ 原子量：79.901 ～ 79.907
◆ 熔點：-7℃ ◆ 沸點：59℃
◆ 主要生產國：美國、中國、以色列
◆ 供給風險：★★★

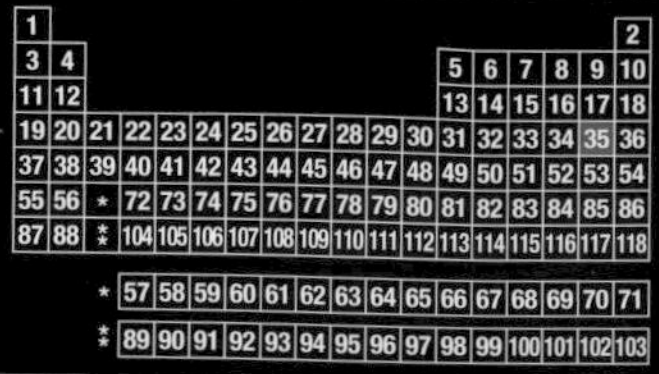

Br 35
Bromine

溴（音同秀）

有刺鼻臭味的鹵素元素

▲骨螺科染料骨螺（Bolinus brandaris）的分泌物中含有溴化合物，是羅馬時代製作骨螺紫（tyrian purple）染料的原料。

▶溴在室溫下也會變成紅褐色的蒸氣，須小心取用。

▲含溴的氯化銀礦（AgCl）黃綠色結晶。而溴比氯多的則是溴化銀礦（AgBr）。產自澳洲的布羅肯希爾礦山（Broken Hill）。

散發難聞刺鼻臭味的溴，在礦石中很罕見，主要是從海水中蒸餾精煉。在常溫常壓下為液體的元素只有溴跟汞。溴液體為有劇毒的腐蝕性揮發劑，若不小心接觸到皮膚或誤飲的話十分危險。棲息在地中海沿岸的海螺（染料骨螺）分泌物含溴，三千多年以前開始，就用於製作昂貴的紫色染料。

溴化銀則作為照片的感光劑使用。由於溴化銀的英語為「silver bromide」，後來日語衍生出和製外來語——相紙「bromide paper」、偶像肖像照（日語讀作「buromaido」）。主要用途還有防火用的阻燃劑、溫泉或SPA的殺菌劑等。

MEMO

元素名源自希臘語的「惡臭」，德國的呂維西和法國的巴拉爾幾乎同時發現。在主要生產國以色列的死海開採，其 1 公升海水約含 5.4 公克的溴。

◆ 發現：拉姆賽 & 崔維斯（1898 年）
◆ 型態：惰性氣體
◆ 原子量：83.798
◆ 熔點：-157℃
◆ 沸點：-153℃
◆ 空氣含有率：約 1.14ppm

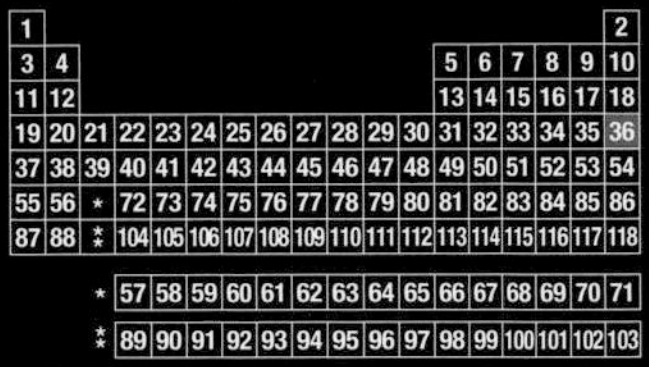

Kr 36
Krypton

氪（音同克）
即便 LED 正盛，仍沒被淘汰的氣體

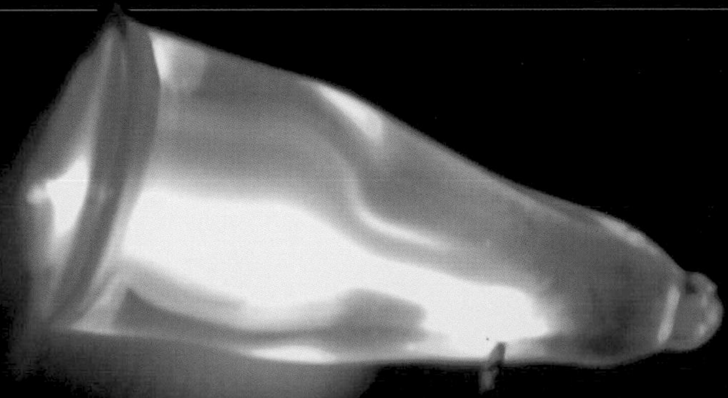

▲氪氣在放電管中發出藍白色光。氪是空氣分離設備中，從液態空氣中分離的次要產物。

▲燈絲持久耐用的氪燈泡。

◀填入氪而非氬的白熾燈。

▶拉姆賽發現了氖、氬、氪、氙元素。

氪是無色無味的惰性氣體。因為隱藏在空氣中，遲遲未被發現，不過拉姆賽等人透過分離液態空氣發現這個元素。氪是無色、反應性極低的氣體，吸入後聲音會變低。

因為氪不容易導熱，所以應用於燈泡、閃光燈等。氪會被填入一般白熾燈泡中，且熱導率比氬低，能使燈絲更持久耐用。即便白熾燈逐漸被日光燈、LED取代，但**氪燈泡因為有優秀的演色性**（按：光源呈現真實物體顏色能力），**目前依舊受到重視**。

MEMO　元素名在希臘語中意為「隱藏之物」（kryptos）。拉姆賽和崔維斯進行光譜分析時，從未知的黃色與綠色譜線發現氪。

排煙的工廠群。一旦精煉過程中產生的廢水和廢氣未經妥善淨化便直接排放，就會造成嚴重的環境汙染。

Column

當大自然的平衡遭到破壞時

環境汙染與有毒元素

對人體有害的元素，便稱作有毒元素。日常中的有毒元素有砷、鉛和汞。這些元素大都為重金屬（密度較大的金屬），意指鹼金屬、鹼土金屬以外的金屬元素。日本的食品衛生管理法中，除了前述三個金屬元素外，也將鋅、銻、鎘、錫、硒、銅、鉻，列為有害金屬管制（其中硒非金屬）。

實際上成為環境汙染物質的元素，多為重金屬中的鎘、汞、鈾和銅。即便這些物質的毒性早已為人所知，但日本在高度經濟成長時期，以生產為優先考量的情況下，幾乎沒人管理重金屬的處理方式。就算工廠排放汙水，人們也覺得流到河川或海裡就會被稀釋。

一九一〇至一九七〇年代前期，常發生在富山縣神通川流域的「痛痛病」就是一例，這是從岐阜縣神岡礦山排放的含鎘廢水所引發的公害病。受汙染的水流進水田中，當地人持續食用水田產出的蔬菜、穀物後，鎘的毒性就引發腎小管損傷和軟骨病。

另於一九五〇年代，在熊本縣水俣市發生的「水俣病」，

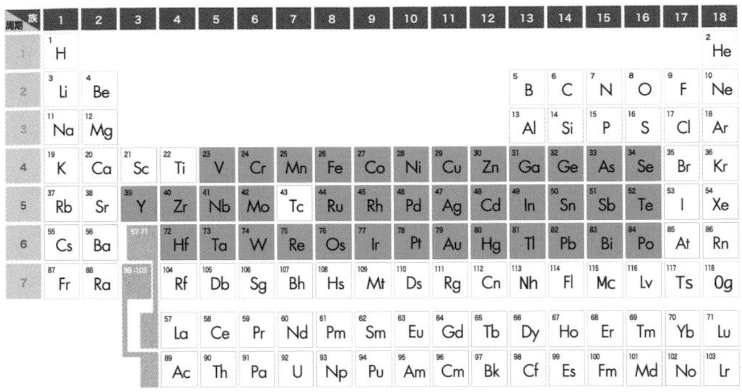

主要重金屬的人體內存量（mg）

鐵（Fe）	4500
鋅（Zn）	2000
鉛（Pb）	120
銅（Cu）	80
鎘（Cd）	50
釩（V）	18
錳（Mn）	15
鎳（Ni）	10
鉬（Mo）	9
鉻（Cr）	2

※ 參照《礦物事典》（2003 年）

重金屬的密度在4～5g/cm³以上者，如鉛（Pb）、汞（Hg）、砷（As）、鎘（Cd）、鎳（Ni）等，在病理學上有毒性方面的疑慮。涉及水質汙染而受到環境基準限制的有：鉛、汞、砷、鎘、六價鉻（Cr^{6+}）等。雖然人體中含有重金屬，也廣泛存在於一般環境下，但這些元素受到工廠等人為濃縮的話，會提高對人體的危害風險。

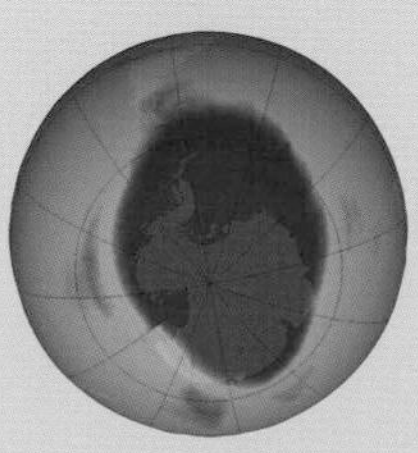

2016 年 NASA 衛星觀測到的南極上空臭氧層破洞，氟化合物的氟氯碳化物氣體被認為是破壞臭氧層的主因，目前禁止製造。

起因為一間名為chisso的化工公司，將含有甲基汞（methyl mercury）的未處理汙水大量排放入海所致。該公司認為只要將汙水排入海中就會被稀釋，但事實上汙水會進入海洋生物體內，**經過反覆食物鏈的累積後，反而濃縮了其毒性**。

在現代的大規模生產型工業社會，原本在大自然中維持平衡的元素比例，經常面臨遭受破壞的危險。這不僅是單一地區的問題，而是全球的課題。過去作為冰箱等的冷媒而大量生產的氟氯碳化物，因證實會破壞讓地球隔絕有害紫外線的臭氧層，如今幾乎所有國家都禁止使用。

另一方面，人類也研究核能發電或核武等技術，使用對環境負荷極大的高放射性物質。像鈽239和銫137這種放射性物質，就屬於毒性極強的元素。只不過，其作用方式和平常的重金屬不同。

重金屬的毒是透過分子層級的化學反應引起。相較之下，放射性物質會以輻射直接妨礙細胞DNA的分子或原子結合，容易導致基因異常或癌症等病症發生。由於放射性物質中的輻射無法透過化學性手段去除，只能任由放射性衰變持續，衰變期間輻射也會不斷放出。放射性物質根本是麻煩的毒害。

第5週期
（銣～氙）

◆ 發現：羅伯特・本生＆古斯塔夫・克希荷夫（Robert Bunsen & Gustav Robert Kirchhoff，1861 年）
◆ 型態：鹼金屬　◆ 原子量：85.4678
◆ 熔點：39℃　◆ 沸點：688℃
◆ 主要生產國：—
◆ 供給風險：—（稀有金屬）

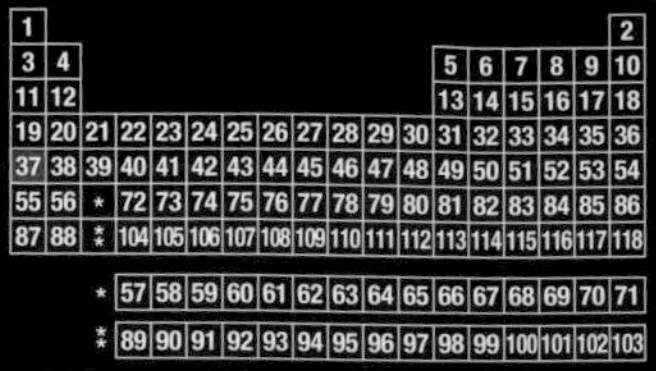

Rb 37
Rubidium

銣（音同如）

能測出地球和宇宙的年代

▲銀白色的銣金屬，熔點低，容易熔化。

◀成為元素名由來的紅色焰色反應。

▲銣和鋰同屬第一族，銣為鋰雲母的次要成分，含有率最高約 3%，並作為次要產物回收。

▼淡黃色結晶的倫敦石（Londonite，$CsBe_5Al_4B_{11}O_{28}$），成分中含有銣。產自馬達加斯加。

銣是反應性極高的鹼金屬，放入水中會急遽產生氫，因反應熱而爆炸。在空氣中也會自燃，必須慎重處理。在鋰雲母等礦石中以次要成分存在，可以製成比銫更便宜的原子鐘。

說起銣最有用的用途，就是能測出地球和太陽誕生年代的「銣鍶定年法」（Rubidium-strontium dating method）了。放射性同位素的銣87經β衰變（beta decay）會變成非放射性的鍶87。因其半衰期為四百八十八億年，所以可根據岩石或隕石中的銣鍶含量比，**測量出以億年為單位的年代**。

MEMO 德國化學家本生和克希荷夫，使用燃燒器並以光譜測定法發現銣。元素名源自其光譜的顏色，以拉丁語的「紅色」來命名。

◆ 發現：亞戴爾・克勞佛（Adair Crawford，1790 年）
◆ 型態：鹼土金屬 ◆ 原子量：87.62
◆ 熔點：777℃ ◆ 沸點：1377℃
◆ 主要生產國：西班牙、中國、墨西哥
◆ 供給風險：★★★（稀有金屬）

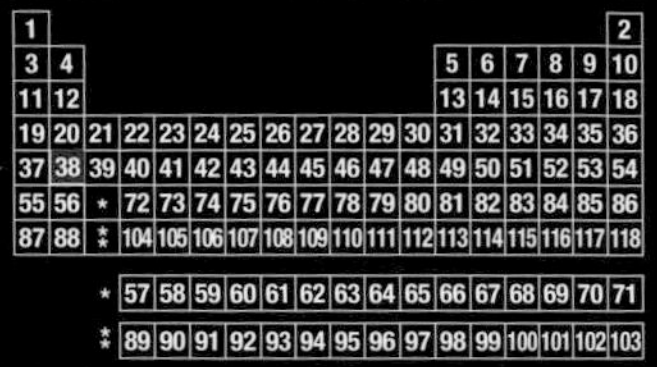

Sr 38
Strontium

鍶（音同斯）

讓煙火斑斕絢麗的稀有金屬

▲使用氯化鍶的紅色煙火。綠色用鋇、藍色用銅、黃色則用鈉的化合物。

◀顯示紅色焰色反應的鍶元素。

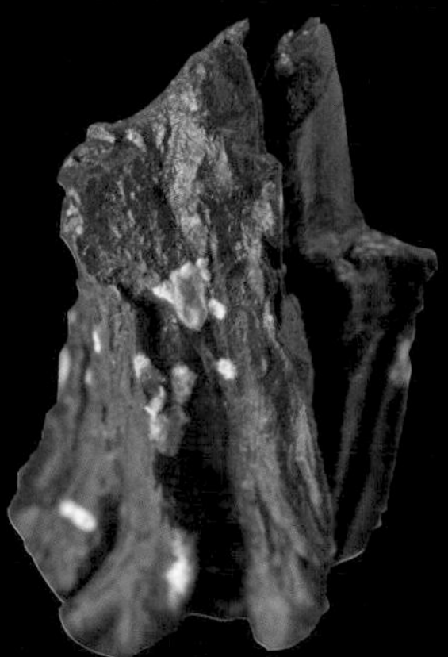

▲鍶金屬塊。在空氣中會馬上氧化變白。

◀菱鍶礦（$SrCO_3$）。為碳酸礦。但鍶礦石中以天青石（$SrSO_4$）更具代表性。產自奧地利。

鍶是銀白色、柔軟、反應性又高的鹼土類金屬。燃燒時會產生鮮豔的紅色，其化合物可用於製作煙火或煙幕彈的材料。主要用途為玻璃添加劑，可阻隔液晶顯示器等發出的X射線，此外也會添加到鐵氧體磁鐵（ferrite magnet）中。還會使用於發光漆的鋁酸鍶。

以核能發電廠來說，鈾的核分裂產物除了碘131、銫137，還會產生非天然的放射性同位素鍶90。由於其性質和鈣相似，若進入體內，會變成蓄積在骨骼內的危險物質。

MEMO 元素名源自英國化學家克勞佛在菱鍶礦中發現而得名。礦物名則根據發現石頭的蘇格蘭村莊斯特龍蒂安（Strontian）命名。成功分離出鍶的人則是戴維。

- 發現：約翰．加多林（Johan Gadolin，1794 年）
- 型態：過渡金屬
- 原子量：88.90584
- 熔點：1522℃
- 沸點：3345℃
- 主要生產國：—
- 供給風險：—（稀土元素）

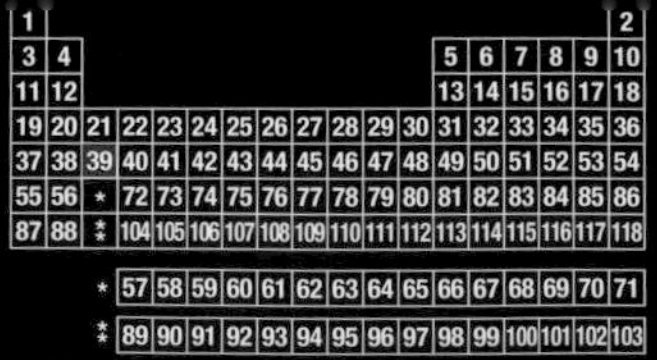

Y 39 Yttrium

釔（音同乙）

用於雷射元件的結晶體上

▶ 99.9%的釔金屬。因含有些許雜質而帶點黃色。

▲ YAG 雷射用的人工結晶。廣泛用於切割、醫療、數位通訊、測量等用途。

▶ 黑稀金礦（(Y,Ca,Ce,U,Th)$(Nb,Ta,Ti)_2O_6$）。含有以釔為首的稀土元素。產自馬達加斯加。

釔是在瑞典發現的柔軟銀白色金屬，為獨居石（monazite）、磷釔礦（xenotime）等礦物中包含的稀土元素之一。氧化釔可作為紅色螢光材料，而釔跟鋁的氧化物「釔鋁石榴石」（yttrium aluminium garnet，簡稱YAG），作為固態雷射的元件，用途很廣泛，例如白色LED的螢光體等。

另一方面，水溶性釔化合物對人體有害，有人認為是造成肺病的原因之一。放射性同位素的**釔90，會用於針對惡性淋巴瘤、白血病、子宮癌、結腸癌、直腸癌、骨癌等疾病的放射性治療法上**。

MEMO 元素名來自於以出產許多稀土元素聞名的瑞典伊特比村（Ytterby），芬蘭化學家加多林，從他自己命名的矽鈹釔礦（$Y_2FeBe_2Si_2O_{10}$）中發現釔。

◆ 發現：馬丁．克拉普羅特（Martin Klaproth，1789 年）
◆ 型態：過渡金屬　◆ 原子量：91.224
◆ 熔點：1855℃　◆ 沸點：4409℃
◆ 主要生產國：澳洲、南非、中國
◆ 供給風險：★（稀有金屬）

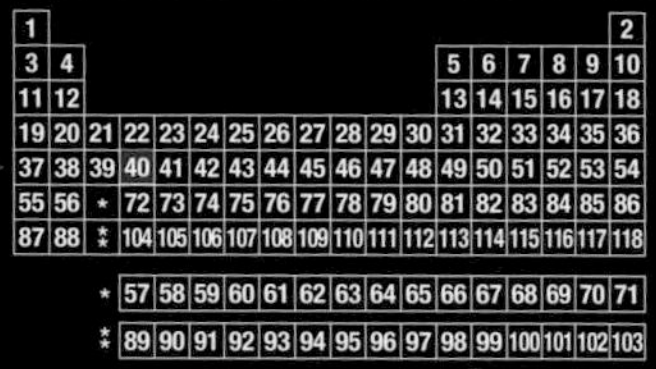

Zr 40
Zirconium

鋯（讀音ㄍㄠˋ）

仿製鑽石的素材

▲在二氧化鋯中添加釔和鈣等成分的蘇聯鑽，作為仿鑽使用。

▲閃光燈中放入作為發光材料的毛絮狀鋯金屬，使用於早期的相機閃光燈。

▲使用二氧化鋯製成的陶瓷刀，優點是輕巧又不會生鏽。

鋯是銀白色金屬，來自於礦物鋯石（zircon）。其化合物具有優秀的耐腐蝕性、耐熱性，故用途廣泛。特別是能讓中子穿透（不會吸收）的特質，所以用作**鈾燃料棒的包覆材料**。只不過，高溫下會與水蒸氣反應產生氫氣，這也是造成二〇一一年福島第一核電廠發生氫氣爆炸的原因。

以我們身邊的物品為例，二氧化鋯（zirconia）可作為高強度的**精密陶瓷材料**，製成刀子或剪刀等工具；添加了釔等元素的蘇聯鑽（cubic zirconia，鋯立晶），因擁有高折射率，而作為鑽石仿製品流通市面。

MEMO 發現了鈾、鈦、鈰、碲的化學家克拉普羅特，在鋯石中發現鋯而為之命名。鋯石的礦物名來自於阿拉伯語，意為「金色」。

◆ 發現：查理斯．哈契特（Charles Hatchett，1801 年）
◆ 型態：過渡金屬　◆ 原子量：92.90637
◆ 熔點：2477℃　◆ 沸點：4744℃
◆ 主要生產國：巴西、加拿大
◆ 供給風險：★★★（稀有金屬）

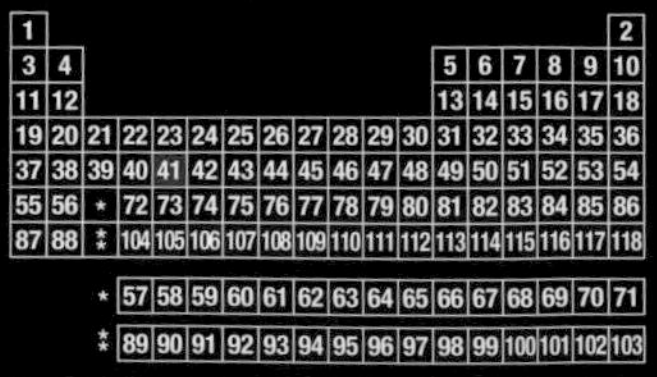

Nb 41
Niobium

鈮（音同尼）

其合金在極低溫下會變成超導體

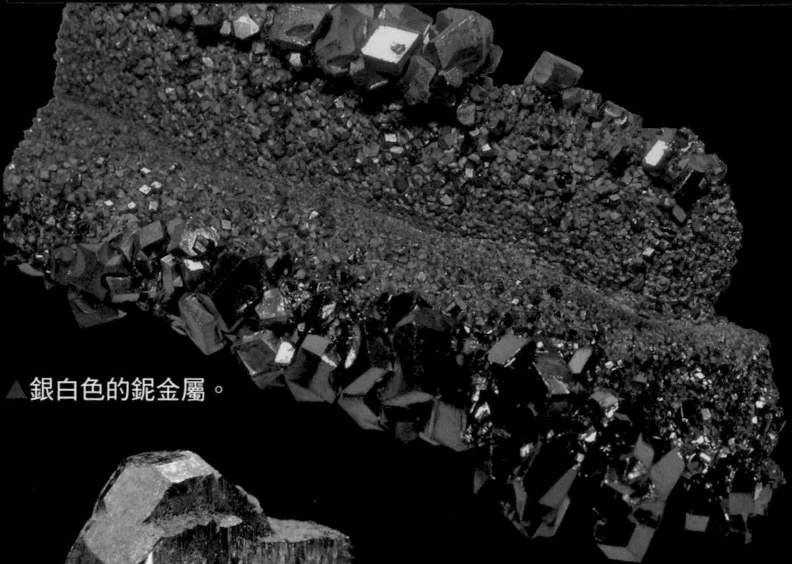

▲銀白色的鈮金屬。

▲鈮鐵礦（$FeNb_2O_6$）。與鉭鐵礦合稱「鈳鉭鐵礦」，產自莫三比克。

▶紀念幣主體為銀製，中央的藍色由鈮製成。鈮可靠陽極氧化法呈現不同顏色。奧地利製。

鈮是銀白色的柔軟金屬。巴西為全球主要產地，產量占全球八成，不過鈮在日本被視為稀有金屬。鈮和性質類似的鉭相比，埋藏量豐富、價格又便宜，作為可能取代鉭的電子材料而備受期待。

因為在鋼鐵中加入鈮能增加耐腐蝕性、耐熱性，故**應用於管線、飛機噴射渦輪引擎**等處。另外，鈮鈦合金在攝氏零下兩百六十三度以下的極低溫時，電阻轉變為零，是純物質形式金屬中，臨界溫度最高的「**超導體**」。這種超導體容易加工，可製成磁浮列車和磁振造影的電磁鐵線圈。

MEMO 1801 年英國化學家哈契特，最初因為從鈮鐵礦中發現鈮而命名為「鈳」（columbium）。後人以希臘神話中坦塔洛斯之女尼俄伯（Niobe），將名稱統一為「鈮」（niobium）。

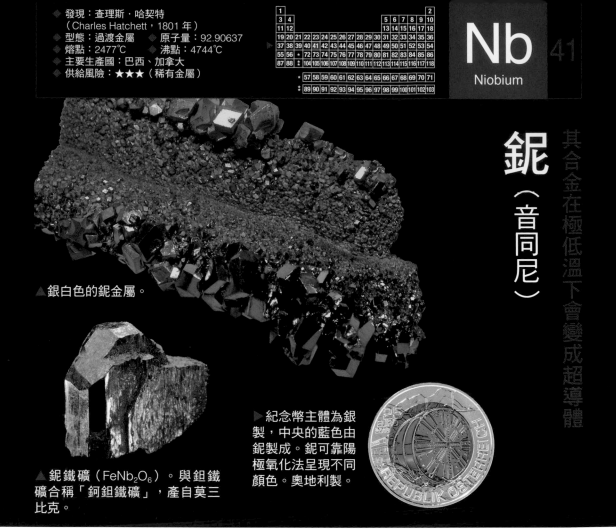

◈ 發現：舍勒（1778 年）
◈ 型態：過渡金屬
◈ 原子量：95.95
◈ 熔點：2623℃
◈ 沸點：4639℃
◈ 主要生產國：墨西哥、中國、美國
◈ 供給風險：★★★（稀有金屬）

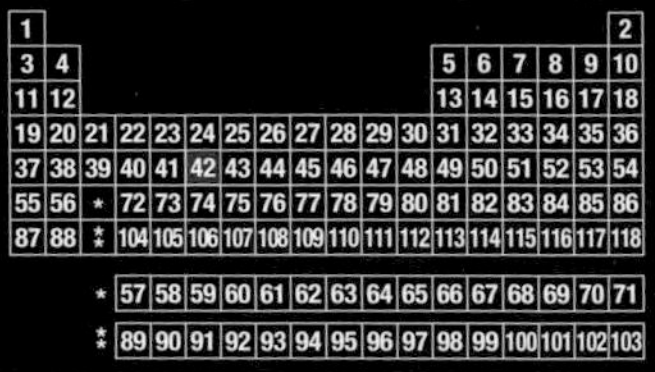

Mo 42
Molybdenum

鉬（音同目）

作為合金鋼的添加劑而有用

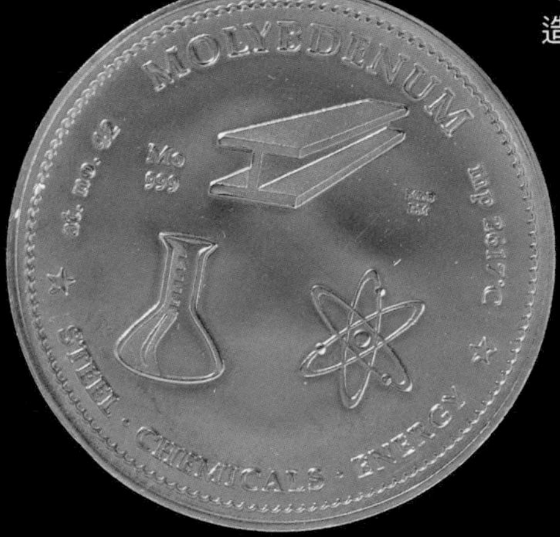

◀加拿大的銅鉬礦山公司所鑄造的 99.95%純鉬硬幣。

▲鉬的主要礦石輝鉬礦（MoS_2）。產自加拿大的莫利丘（Moly Hill）礦山。

▲鉬鉛礦（$PbMoO_4$）因雜質中含鉻和釩而變成褐色。

▶鉻鉬鋼製鑽頭。強度、硬度皆有，用於切削混凝土。

◀二硫化鉬潤滑劑。配方中的二硫化鉬具耐高溫及耐磨耗性。

鉬為銀白色的堅硬金屬，是工業中不可或缺的元素。由於日本不產出，幾乎都從中國進口，故視為稀有金屬。因熔點高、耐熱性佳，而成為不鏽鋼、鉻鉬鋼等各種合金鋼的添加劑。鉻鉬鋼**強度高又有適度的柔韌度，方便焊接，因此廣泛利用於高級腳踏車的骨架、飛機到火箭引擎**。

鉬也是人體重要的超微量元素，與生成尿酸、造血作用等機能都有關聯；也是植物生長不可或缺的元素，並對控制氮循環有重要的作用。

MEMO 1778 年，瑞典的舍勒從輝鉬礦中發現鉬元素。由於輝鉬礦和鉛礦很像，其英語名稱源自希臘語中的「鉛」。

◆ 發現：埃米利奧・塞格雷＆卡羅・佩里爾（Emilio Gino Segrè & Carlo Perrier，1936 年）
◆ 型態：過渡金屬　◆ 原子量：[99]
◆ 熔點：2157℃　◆ 沸點：4265℃
◆ 主要生產國：—
◆ 供給風險：—（※ 人工合成元素）

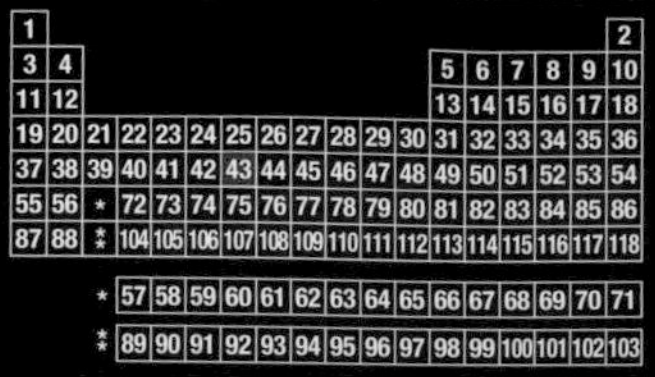

Tc 43
Technetium

鎝（音同塔）

活躍於醫療界、世界最早人工放射性元素

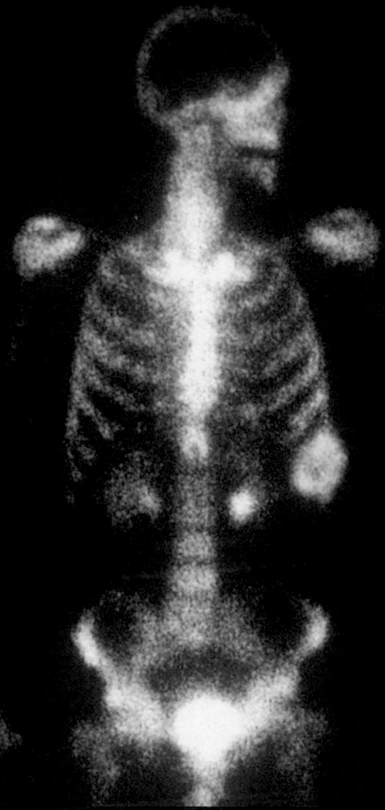

▶使用鎝 99m 作為放射性診斷藥的閃爍檢查（scintigraphy）。由圖可知，鎝 99m 集中在骨頭的異常部位（照片中綠色處）。附帶一提，原子質量數後的「m」表示處於「亞穩態」（Metastability）。

▲紅巨星（Mira A）。和此類似的紅巨星的雙子座 R 星等稱作鎝星（technetium star），成為元素會在恆星內部新合成的證明。

鎝是義大利物理學家塞格雷使用迴旋加速器（Cyclotron），全世界最早從鉬原子合成出的人工放射性元素。鎝除了能在核子反應爐內生成，鈾的自發裂變也會產生微量的鎝。同位素有二十種以上，皆具放射性。

壽命最長的鎝98，半衰期長達四百二十萬年。另一方面，「鎝99m」的半衰期僅有短短六小時，釋放的γ射線（伽馬射線）也很微弱，進入人體中也較安全，故利用其穿透性**應用於癌症的骨骼轉移診斷**等方面。一九五二年，從紅巨星的光譜分析得知，恆星內部會生成鎝。

MEMO 由於鎝是週期表中最早的人工合成元素，所以名稱源自希臘語的「人工」。1962 年，天然的鎝從鈾礦中被發現並分離出來。

◆ 發現：克勞斯（Karl Ernst Claus，1844 年）
◆ 型態：過渡金屬／鉑系元素
◆ 原子量：101.07
◆ 熔點：2334℃
◆ 沸點：4150℃
◆ 主要蘊藏國：南非、俄羅斯
◆ 供給風險：★★★（稀有金屬）

1																	2
3	4											5	6	7	8	9	10
11	12											13	14	15	16	17	18
19	20	21	22	23	24	25	26	27	28	29	30	31	32	33	34	35	36
37	38	39	40	41	42	43	44	45	46	47	48	49	50	51	52	53	54
55	56	*	72	73	74	75	76	77	78	79	80	81	82	83	84	85	86
87	88	※	104	105	106	107	108	109	110	111	112	113	114	115	116	117	118

*	57	58	59	60	61	62	63	64	65	66	67	68	69	70	71
※	89	90	91	92	93	94	95	96	97	98	99	100	101	102	103

Ru 44
Ruthenium

釕（讀音ㄌㄧㄠˇ）

提高硬碟磁性信號密度的貴金屬

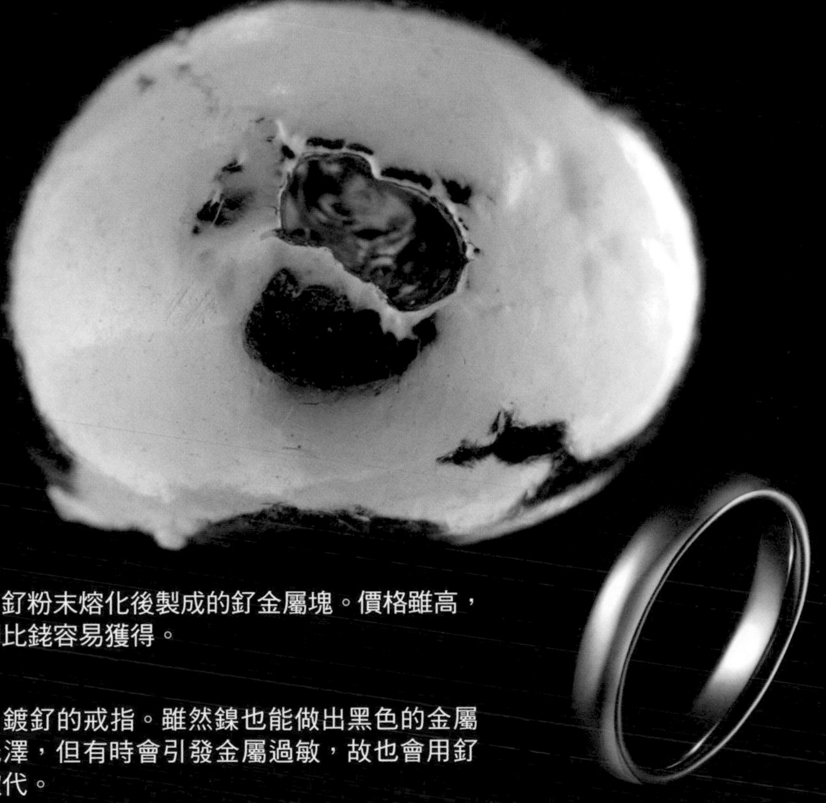

▲釕粉末熔化後製成的釕金屬塊。價格雖高，卻比銠容易獲得。

▶鍍釕的戒指。雖然鎳也能做出黑色的金屬光澤，但有時會引發金屬過敏，故也會用釕取代。

釕的物理性質和鉑等元素相似，是鉑系元素之一，從鋨銥礦（osmiridium）的次要成分中發現。主要是從鉑礦分離出來，為銀白色脆金屬，但因反應性低（不易氧化），具抗腐蝕性。

鋨釕合金很耐磨擦，會用於高級**鋼筆的筆頭**；釕與鉑系元素的合金能增加強度，可用於**電接點材料**或催化劑。更甚者，釕具磁性、熔點又高，**在硬碟磁層上夾入薄薄的釕層能增大記錄容量**。另外，野依良治博士因開發出「不對稱釕錯合物催化劑」而獲得諾貝爾化學獎。

MEMO 哥特弗雷德・奧桑（Gottfried Osann）於 1827 年發現釕的雜質，並以其出生地烏克蘭與白俄羅斯一帶的舊名羅塞尼亞（Ruthenia）命名。其後由克勞斯從鉑鋨礦成功分離出來。

◆ 發現：威廉・海德・渥拉斯頓（William Hyde Wollaston，1803 年）
◆ 型態：過渡金屬／鉑系元素
◆ 原子量：102.90550
◆ 熔點：1964℃ ◆ 沸點：3695℃
◆ 主要蘊藏國：南非、俄羅斯
◆ 供給風險：★★★（稀有金屬）

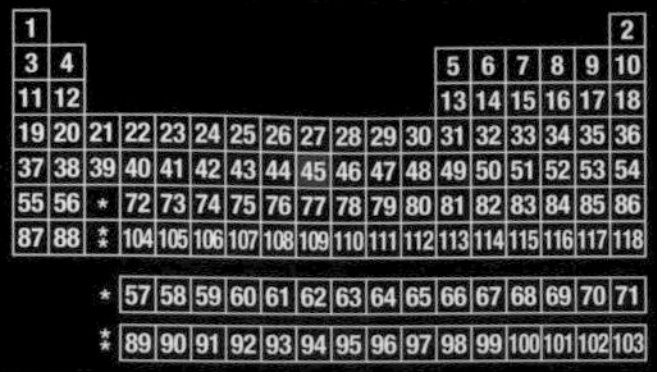

Rh 45
Rhodium

銠（音同老）

協助淨化廢氣的貴金屬

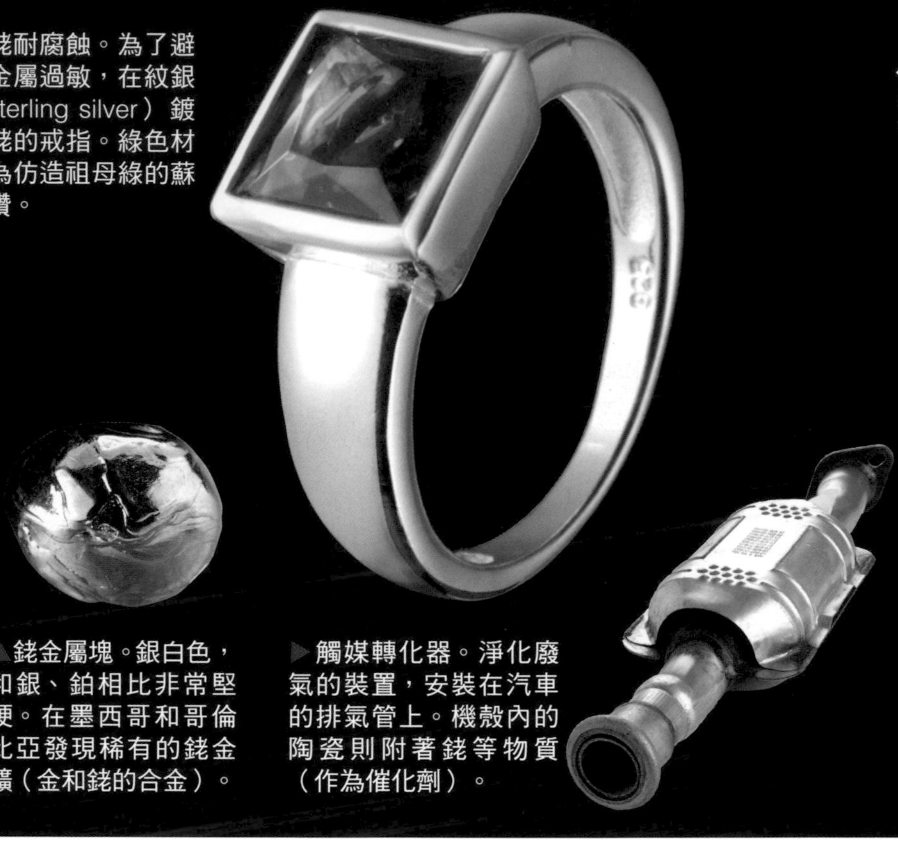

▶銠耐腐蝕。為了避免金屬過敏，在紋銀（sterling silver）鍍上銠的戒指。綠色材質為仿造祖母綠的蘇聯鑽。

▲銠金屬塊。銀白色，和銀、鉑相比非常堅硬。在墨西哥和哥倫比亞發現稀有的銠金礦（金和銠的合金）。

▶觸媒轉化器。淨化廢氣的裝置，安裝在汽車的排氣管上。機殼內的陶瓷則附著銠等物質（作為催化劑）。

銠是鉑系元素之一，得自從鉑礦分離出來的殘留物，以及分離鎳時的次要產物。反射率高，僅次於銀；很難和氧產生反應。由於銠能維持美麗光澤，**銀製飾品可以鍍上一層銠**來防止變色。

銠主要應用在裝設於汽車排氣管的觸媒轉化器，**可將有害的一氧化碳和氮氧化物廢氣，還原成無害的氮和碳**。另外，銠的電阻比鉑和鈀低，能使電輕易通過，故也能當作電接點材料。

MEMO 元素名來自於發現銠時的銠鹽溶液顏色而得名，即希臘語的「玫瑰色」（rhodon）。英國化學家、物理學家渥拉斯頓，從鉑礦中發現銠和鈀。

◆ 發現：渥拉斯頓（1803 年）
◆ 型態：過渡金屬／鉑系元素
◆ 原子量：106.42
◆ 熔點：1555℃
◆ 沸點：2963℃
◆ 主要蘊藏國：南非、俄羅斯
◆ 供給風險：★★★（稀有金屬）

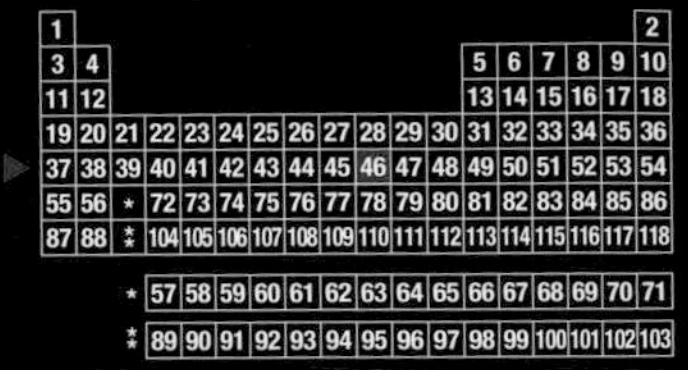

Pd 46
Palladium

鈀（音同巴）

能有效吸收氫氣的鉑系元素

◀ 99.95%純鈀硬幣。為了紀念路易斯與克拉克探險隊橫越美洲大陸 200 週年而打造。

▶ 1967 ～ 1968 年，為了紀念東加國王誕生 50 週年，和鈀硬幣同時期製作的鋁箔郵票。

鈀為含於鉑礦中的柔軟銀白色金屬，也是精煉銅、鋅、鎳時的次要產物，比鉑更輕、更便宜。

主要用途有作為**觸媒轉化器**，以吸收汽車不完全燃燒的汽油廢氣；此外，由於鈀和金、銀的合金能防止銀變色並增加強度，可用作治療牙齒的**銀製假牙材料**；另外，鈀和金、鎳的合金可作為白金用來上色。

鈀能吸收比自身體積大約九百倍的氫，因此精煉氫時也會用到。在未來，為了能利用具高反應性的氫能源，鈀或許會成為必要的元素。

MEMO 元素名來自於發現鈀之前找到的小行星「智神星」（Pallas），而小行星的名字則源自希臘城市雅典的守護女神「帕拉斯·雅典娜」（Pallas Athena）。

- 發現：—
- 型態：過渡金屬
- 原子量：107.8682
- 熔點：962℃
- 沸點：2162℃
- 主要生產國：祕魯、墨西哥、中國
- 供給風險：★★

Ag
Silver
47

銀
有殺菌效果的貴金屬

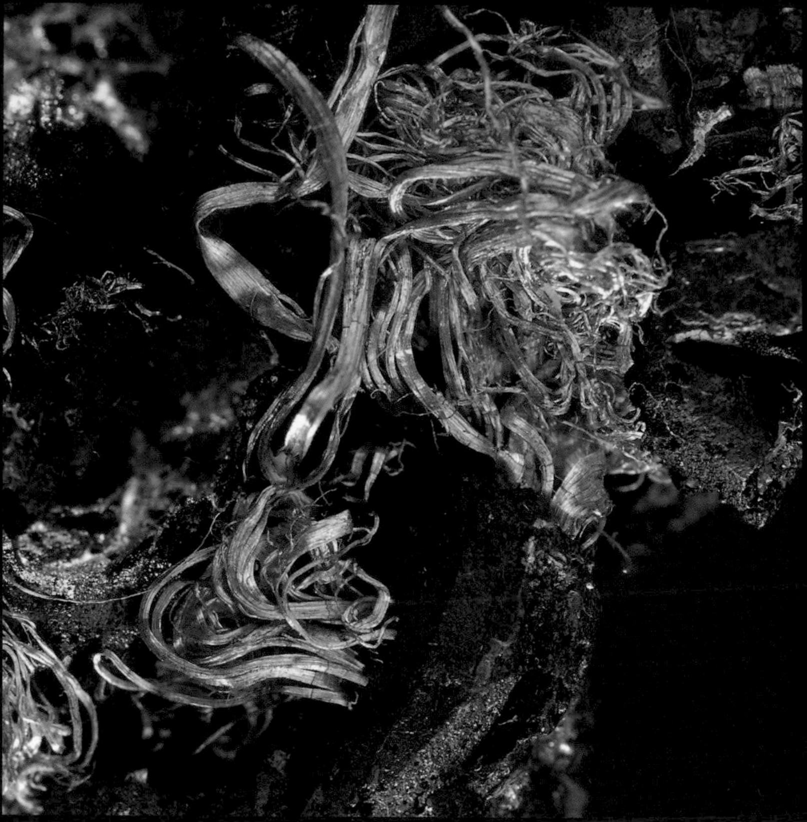

自然產出的鬚狀銀結晶。純銀雖為銀白色，但與空氣中的硫結合後容易變黑。

銀自古即作為貨幣和飾品使用，約莫五千多年前的美索不達米亞文明遺跡中，便有留下銀製飾品。另外，大約七世紀時，人們發現從硫化礦物方鉛礦（galena）的雜質中，分離出銀的方法。

銀最大的特點，便是其導電性與可見光的反射率，為所有金屬中最高的。其次，銀擁有僅次於金的延展性，一公克的銀能拉長到兩千公尺的程度。不過，由於**銀很容易氧化，並和空氣中的硫反應而變黑，幾乎很少像金一樣應用在電子儀器上**。另一方面，據說古時候使用銀製食器，就是利用其變色性質，偵測食物中是否混入硫化砷（arsenic sulfide）等毒物。

到了近代，銀則用來作為照片的感光材料。這是利用了底片上的感光乳劑，所含的溴化銀或碘化銀化合物受光照射後，會還原出銀粒子的性

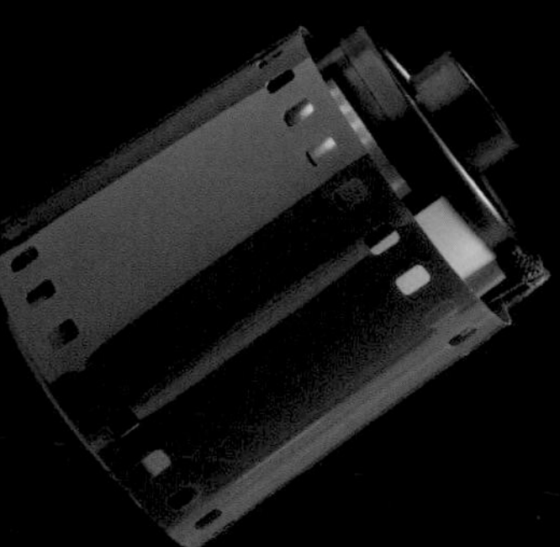

▲塗上銀化合物（鹵化銀）作為感光乳劑的成像底片。隨著數位相機普及，需求逐漸減少。

◀紋銀製的葡萄酒高腳杯袖珍模型。紋銀為 92.5％的銀加入銅等的銀合金，用於食器或裝飾品等。熱處理後，會產生時效硬化（age hardening），是一種隨時間變硬的性質。

▲濃紅銀礦（Ag_3SbS_3）為重要銀礦之一。產自墨西哥的瓜納華托（Guanajuato）。

▲約莫西元前 336 年流通於希臘的 4 德拉克馬（按：古希臘和現代希臘的貨幣單位）銀幣，上面刻有亞歷山大大帝的姿態。

▼日本江戶時代末期，天保年間鑄造的「一分銀」。

▲用於製作甜點的食材銀珠糖（silver dragees）。在砂糖和澱粉的顆粒外覆上一層銀箔製成。

質。**早期的電影會將銀塗在投影幕上**，故至今仍以「**銀幕**」稱呼。

進入二十世紀後，人們發現銀離子有殺菌效果，故將銀製成抗菌劑或殺菌劑。加上銀不像汞或鉛有強烈毒性，今後可能更廣泛的活用於醫療領域上。

MEMO 化學符號名稱出自拉丁語「argentum」（源自希臘語「argos」，意指閃耀）。附帶一提，這也是南美洲阿根廷國名的由來。

MEMO 以前因為自然銀比金稀有，至中世紀為止都屬於高價品。但隨著 16 世紀大航海時代開啟，玻利維亞波托西礦山、日本石見銀山大量輸出銀後，銀的價格也因此下降了。

◆ 發現：弗里德里希・斯特隆美爾（Friedrich Stromeyer，1817 年）
◆ 型態：其他金屬 ◆ 原子量：112.414
◆ 熔點：321℃ ◆ 沸點：767℃
◆ 主要生產國：中國、韓國、日本
◆ 供給風險：★★

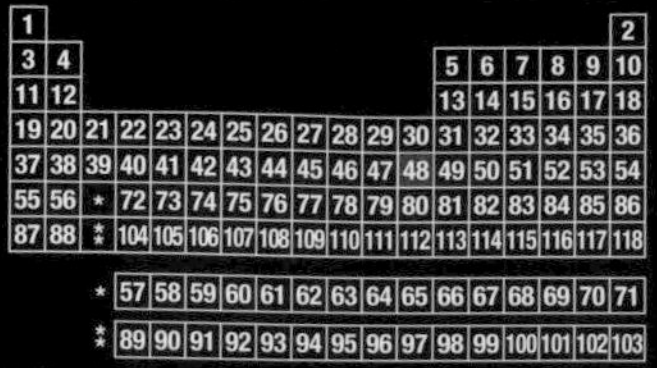

Cd 48
Cadmium

鎘（音同隔）

引發「痛痛病」的物質

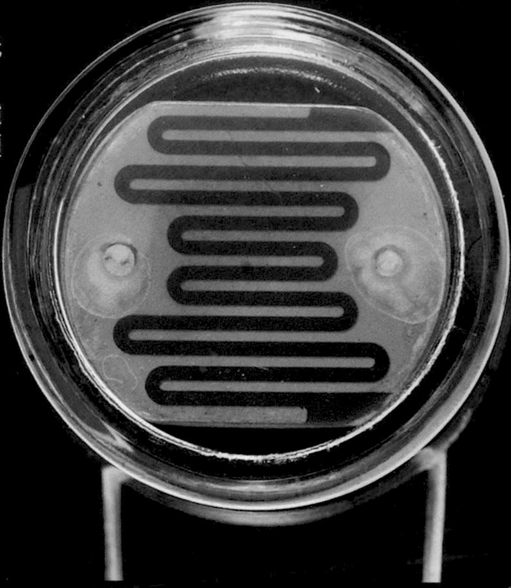

▶應用硫化鎘（CdS）的光敏電阻（photoresistor）。這種半導體依據入射光強弱改變阻值，可用於街頭的自動亮燈或熄燈。

▼銀白色的柔軟鎘金屬，性質很像週期表中位在鎘正上方的鋅。

▶於鉛鋅礦床氧化帶形成的硫鎘礦，以黃色、褐色塊狀產出。產自日本福井縣大野市中龍礦山的仙翁谷礦床。

鎘為天然的重金屬元素，得自精煉鋅時的次要產物，可作為防鏽鍍材，或用於鎳鎘電池的負極。硫化鎘能製成名為鎘黃的顏料。

鎘廣泛存在於土壤中，故很多農產物、家畜等食品中都含鎘，不過含量少到不足以影響人體，除非長期攝取高濃度的鎘才會引發腎機能障礙。日本富山縣一帶居民，曾因長期食用以含鎘礦業排水栽種的米，導致多起稱作「痛痛病」的慢性疾病，這是日本最初的公害病。

MEMO 德國的斯特隆美爾，從氧化鋅藥劑（爐甘石洗劑，即卡拉明洗劑〔calamine〕）中的碳酸鋅發現鎘，並以此拉丁語命名。「卡拉明」源自希臘神話中的卡德摩斯王子（Cadmus）。

◆ 發現：費迪南德・萊許＆里赫特（Ferdinand Reich & Hieronymous Theodor Richter，1863 年）
◆ 型態：其他金屬 ◆ 原子量：114.818
◆ 熔點：157℃ ◆ 沸點：2072℃
◆ 主要生產國：中國、日本、加拿大
◆ 供給風險：★★★（稀有金屬）

1																	2
3	4											5	6	7	8	9	10
11	12											13	14	15	16	17	18
19	20	21	22	23	24	25	26	27	28	29	30	31	32	33	34	35	36
37	38	39	40	41	42	43	44	45	46	47	48	49	50	51	52	53	54
55	56	*	72	73	74	75	76	77	78	79	80	81	82	83	84	85	86
87	88	**	104	105	106	107	108	109	110	111	112	113	114	115	116	117	118
		*	57	58	59	60	61	62	63	64	65	66	67	68	69	70	71
		**	89	90	91	92	93	94	95	96	97	98	99	100	101	102	103

In 49
Indium

銦（音同因）

液晶顯示器必備的稀有金屬

▶日本北海道的豐羽礦山出產的閃鋅礦（ZnS）。銦是其次要成分，含量豐富，多與金色的黃銅礦（$CuFeS_2$）一起產出。

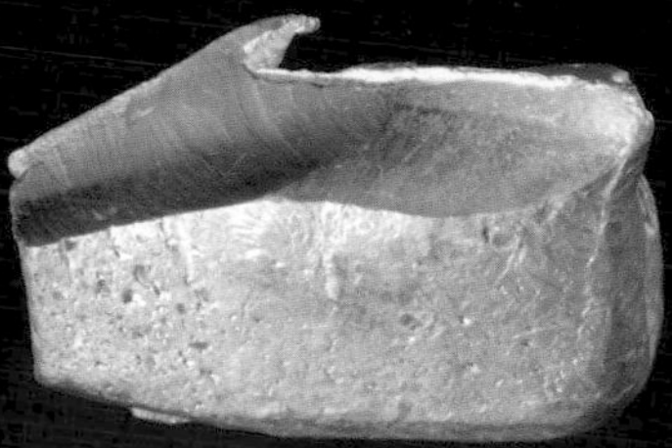

▼純淨的銦金屬塊。質地柔軟，熔點也比較低。

▲銦幾乎應用於所有手機的液晶顯示器。透明電極層就在背光和彩色濾光片之間。

銦為銀白色的金屬，是半導體產業中必備的稀有金屬。特別是與錫的氧化物（氧化銦錫），被當作「透明電極」，用於**液晶或電漿的平面顯示器**上。一般而言，能導電的金屬無法透光、能透光的玻璃無法通電，不過銦氧化物兩者皆可辦到。

日本過去曾為銦的最大生產國，但隨著資源枯竭，北海道的豐羽礦山於二〇〇六年停止開採，目前朝回收廢料及中古物品的方向進行。中國是目前最大的生產國，銦的價格也因全球的液晶顯示器需求提升而飆高。

MEMO 德國化學家萊許和里赫特研究閃鋅礦的光譜時發現銦，由於其焰色反應為靛藍色，因此以拉丁語的「靛藍色」為元素命名。

◆發現：—
◆型態：其他金屬
◆原子量：118.710
◆熔點：232℃
◆沸點：2602℃
◆主要生產國：中國、印尼
◆供給風險：★★

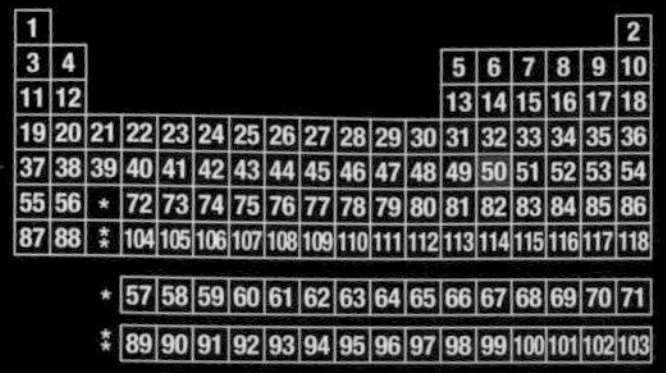

Sn 50
Tin

錫（音同習）

廣泛應用於合金和電鍍的穩定素材

▼以約 90％的錫與銻製成的白鑞驢子。白鑞的熔點約為 250℃，容易加工且硬度適中。

▲日本昭和 19 年（1944 年）鑄造的錫幣。

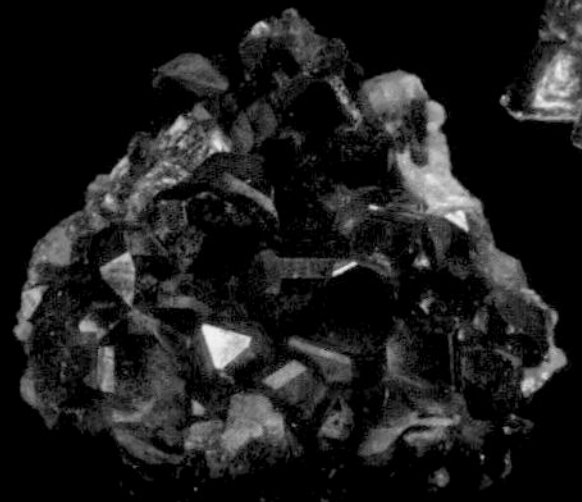

▲錫石（SnO_2）的成分為二氧化錫，錫石自古即為最重要的錫礦石。產自玻利維亞的比洛科（Viloco）。

◀純錫製平底杯。因金屬偏軟容易刮傷，但導熱性高，故冷卻速度快。

錫為銀白色的金屬。因為容易加工而用於合金或防蝕鍍膜方面，特別是與銅的合金「青銅」更是人類最早使用的金屬之一。其他還有為了防腐蝕，**將錫鍍在鋼上的「馬口鐵」**；而錫鉛合金的熔點低，能作為軟焊（soldering）的材料；還有主成分為錫的「白鑞」（pewter，錫銻銅或錫鉛合金）用途也很廣泛。

錫之所以自古受到廣泛利用，和其毒性低也有關係。只不過，相對於毒性低的無機錫化合物，有機錫化合物則毒性強烈。因此，目前所有船舶都禁用含有機錫化合物的塗料。

MEMO 至少五千多年以前起，石器時代後的美索不達米亞文明就利用錫提高銅的硬度。化學符號來自於拉丁語的錫「stannum」。

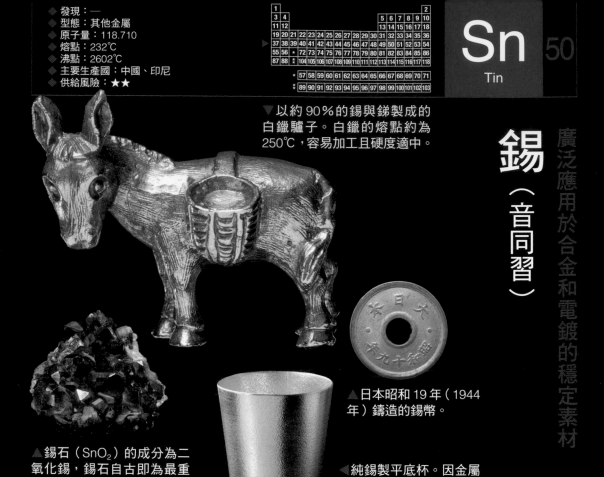

◆發現：—
◆型態：類金屬
◆原子量：121.760
◆熔點：631℃
◆沸點：1587℃
◆主要生產國：中國、俄羅斯、玻利維亞
◆供給風險：★★★（稀有金屬）

1																	2
3	4											5	6	7	8	9	10
11	12											13	14	15	16	17	18
19	20	21	22	23	24	25	26	27	28	29	30	31	32	33	34	35	36
37	38	39	40	41	42	43	44	45	46	47	48	49	50	51	52	53	54
55	56	*	72	73	74	75	76	77	78	79	80	81	82	83	84	85	86
87	88	**	104	105	106	107	108	109	110	111	112	113	114	115	116	117	118
		*	57	58	59	60	61	62	63	64	65	66	67	68	69	70	71
		**	89	90	91	92	93	94	95	96	97	98	99	100	101	102	103

Sb
Antimony
51

銻（音同替）

運用於半導體和阻燃劑的類金屬

▲輝銻礦（Sb_2S_3，硫化銻）是重要銻礦石。產自日本愛媛縣的市之川礦山。

▲以前的活字印刷，是利用鉛銻合金來製作活字。

▲從天然礦物產出的自然銻（Sb），氧化後會變成黃色的黃銻華（cervantite）。產自墨西哥的契瓦瓦（Chihuahua）。

銻為有銀白色光澤的類金屬元素。古埃及時代的女性，會以輝銻礦的粉末當作眼影。如今已知銻有毒性，因此不再作為會接觸身體的化妝品等用途。

銻的主要用途有鉛酸電池（lead-acid battery）的電極、焊錫（solder）合金的材料、半導體材料的添加物等。銻最重要的化合物「三氧化二銻」，可添加於合成樹脂、橡膠、纖維等材料中，作為防止燃燒的阻燃劑等。日本目前雖仰賴進口，但過去一度盛產。近年在鹿兒島灣的海底發現巨大的礦床，其開發備受期待。

MEMO 根據記載，銻是由16世記的義大利鍊金術師萬諾喬・比林古喬（Vannoccio Biringuccio）首度分離成功。化學符號來自於拉丁語的輝銻礦「stibium」，不過銻的語源由來尚無定論。

◆ 發現：萊亨斯坦（Franz-Joseph Müller von Reichenstein，1782 年）
◆ 型態：類金屬 ◆ 原子量：127.60
◆ 熔點：450℃ ◆ 沸點：988℃
◆ 主要生產國：—
◆ 供給風險：—（稀有金屬）

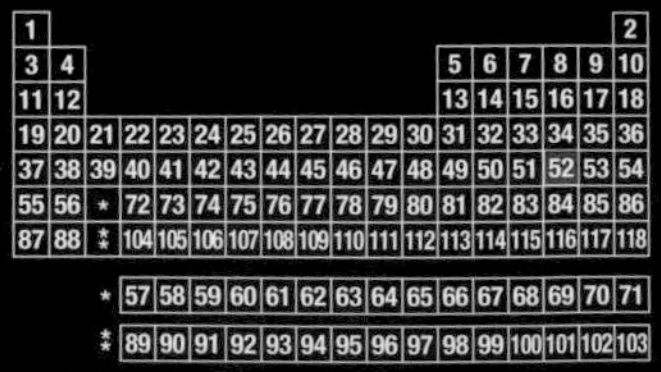

Te 52
Tellurium

碲（音同帝）

尖端工業不可或缺的稀有金屬

▶純碲金屬，雖有金屬光澤但質地脆。

▶藍光光碟的記錄層會用到碲合金。DVD±RW 中有碲與銀、銦、銻的合金；DVD–RAM 則用到碲與鍺、銻的合金。

▲銀灰色的自然碲礦物。自然碲一旦氧化，就會變成黃色的黃碲礦（TeO_2）。

碲為銀白色的類金屬，命名源自在拉丁語中有「大地」（地球）之意的「Tellus」。毒性強，萬一吸入體內，會使呼氣產生蒜臭味。雖然也有碲礦石，但蘊藏量非常稀少，故會從精煉銅時的次要產物中取得。

用途上，可作為**玻璃或陶瓷器等的著色劑**，也能作為提升橡膠耐熱性的添加物、**電腦主機用的電子冷卻器**、太陽能電池等。另外，碲具有當雷射光束的熱通過的瞬間，會從結晶狀態轉變為「非晶質」（amorphous）的性質，因此，碲合金會**用於可重寫的DVD或光碟的記錄層上**。

MEMO 經營礦山的萊亨斯坦從金礦石中發現碲，並由確認這項新元素的普魯士化學家克拉普羅特（鈾的發現者）於 1798 年命名。

◈ 發現：貝爾納・庫爾圖瓦（Bernard Courtois，1811 年）
◈ 型態：鹵素 ◈ 原子量：126.90447
◈ 熔點：114℃ ◈ 沸點：184℃
◈ 主要生產國：智利、日本、美國
◈ 供給風險：★★★

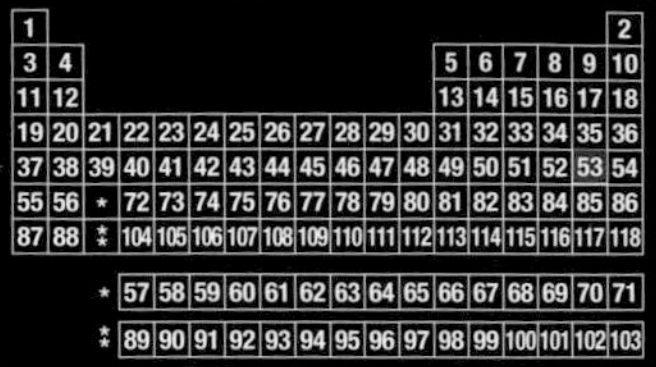

I
Iodine
53

碘（音同典）

以消毒漱口藥水廣為人知

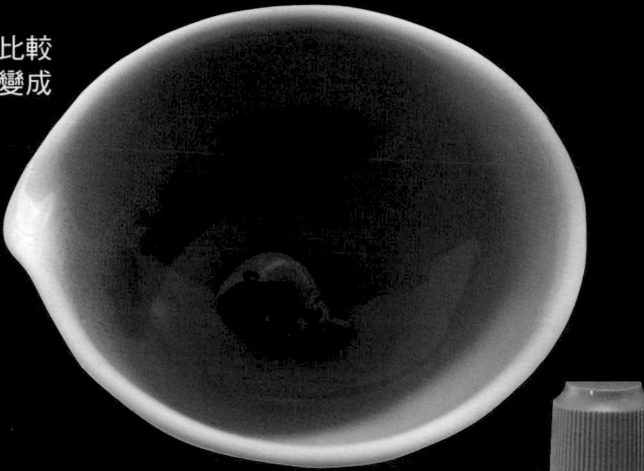

▶碘的熔點與沸點都比較低，固體加熱會馬上變成紫色蒸氣。

▼具銀黑色光澤的碘結晶。

▶利用碘的「抗微生物效果」，製成的碘化鉀水溶液漱口藥水。

◀碘化銀礦（AgI）為碘與銀的化合物。產自澳洲的布羅肯希爾礦山。

碘是很貼近生活的醫藥品，例如碘化鉀水溶液的漱口藥水、用於消毒的乙醇溶液碘酊（碘酒）等。純物質形式的碘是銀黑色的鹵素元素，具有直接從固體變成氣體的性質。富含於海藻中，在日本碘會從地下水精煉。

碘也是人體的必要元素，位於喉嚨的甲狀腺，其甲狀腺激素就是從食物中的碘合成而來。雖說碘有助於新陳代謝和身體發育，但過度攝取會帶來危害。另外，車諾比核災時釋放的核分裂產物碘131，因蓄積在周遭居民身上，導致許多人罹患甲狀腺癌。

MEMO 法國化學家庫爾圖瓦從燒成灰的海藻中發現碘。2 年後確認這項新元素的給呂薩克，依據其蒸氣顏色以希臘語的「紫色」命名。日語名來自於德語的「碘」（jod）。

- 發現：拉姆賽、崔維斯（1898 年）
- 型態：惰性氣體
- 原子量：131.293
- 熔點：-112℃
- 沸點：-108℃
- 空氣含有率：約 0.087ppm

1																	2
3	4											5	6	7	8	9	10
11	12											13	14	15	16	17	18
19	20	21	22	23	24	25	26	27	28	29	30	31	32	33	34	35	36
37	38	39	40	41	42	43	44	45	46	47	48	49	50	51	52	53	54
55	56	*	72	73	74	75	76	77	78	79	80	81	82	83	84	85	86
87	88	**	104	105	106	107	108	109	110	111	112	113	114	115	116	117	118
		*	57	58	59	60	61	62	63	64	65	66	67	68	69	70	71
		**	89	90	91	92	93	94	95	96	97	98	99	100	101	102	103

Xe

Xenon

54

氙（音同仙）

也用於離子發動機

▲日本的小行星探測機「隼鳥號」，其離子發動機的推進劑中就使用氙（模擬畫面）。

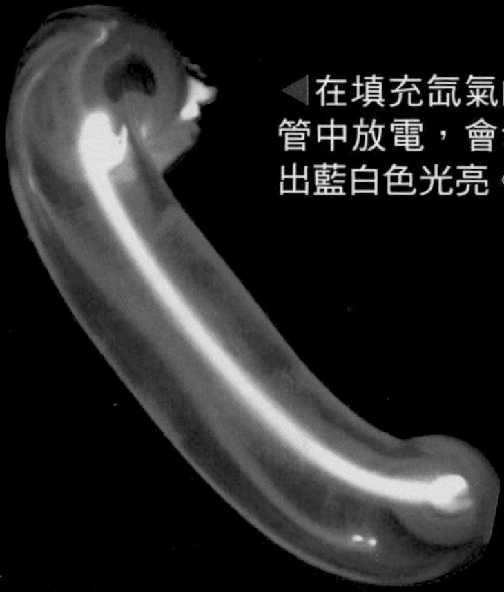

◀在填充氙氣的管中放電，會發出藍白色光亮。

◀填充氙氣的汽車頭燈用燈泡。白熾燈的玻璃覆上了藍色薄膜。

氙為無味無臭的沉重氣體。封入氙的氙燈，放電後會發出非常明亮的白光，故常用於幻燈片投影機、內視鏡、汽車頭燈等。由於氙燈不用燈絲，故使用壽命比白熾燈還長。

氙也曾應用於小行星探測機「隼鳥號」（Hayabusa）的離子燃料。隼鳥號的離子發動機，藉著將氙氣轉成電漿狀態後，以高速噴射取得推進力。因反應性低、質量又大，故能節省燃料費用，僅用區區六十六公斤，就可運行出橫跨七年、長達六十億公里的旅程。

MEMO 拉姆賽和崔維斯從液態空氣的殘留物中發現氙。元素名源自希臘語中意指「外來者、陌生人」的「xenos」。

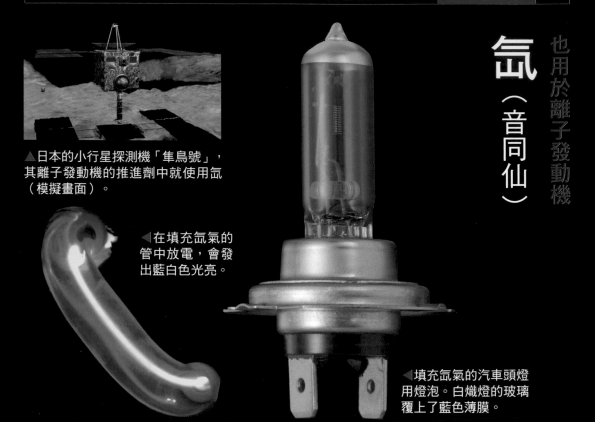

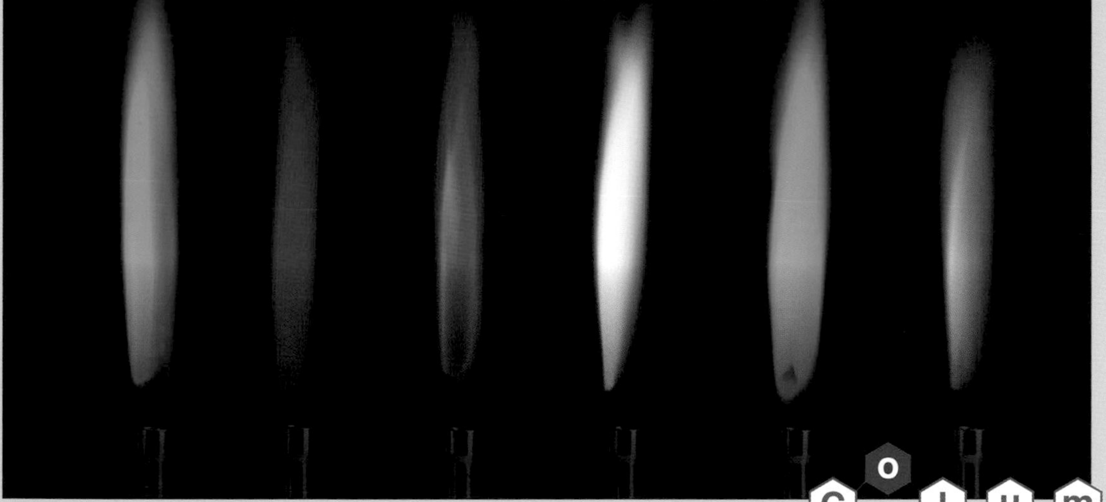

透過呈現元素固有色的焰色反應，能馬上了解砂糖與鹽等的差異。本圖由左至右依序為銀（綠色）、鋰（鮮紅色）、鍶（紅色）、鈉（黃色）、銅（藍綠色）、鉀（紅紫色）。此外，鈣則顯示為橘色。可自編口訣記憶，例如：「你很紅，上腮紅，呷紫芋，蓋橘子，銅杯綠，那麼黃」（鋰→鮮紅；鍶→紅；鉀→紫；鈣→橘；銅、銀→綠；鈉→黃）。

Column

以顏色確認元素

顯示出特定顏色的元素

光會依據波長呈現各種顏色，不同的物體，看起來的顏色也不同。不過，像鈷藍色這種名稱中含元素名的顏色，並非表示這些元素的原子顏色，因為它們在純物質形式時都是銀白色金屬。那為何如此命名？因為這些色彩是來自於化合物的顏色。

金屬元素成為化合物後，分子排列會隨之改變，光的吸收和反射方式則因變化產生特有的色彩。鈷藍色的顏料是由氧化鈷和氫氧化鋁製成；鎘黃則是由硫化鎘製成的無機顏料（因為鎘有毒，現以釩酸鉍取代）。鈦白的主要成分為二氧化鈦；鉻紅顏料則由鉻酸鉛和鉻酸鉀製成。

另外，各個金屬元素在高溫火焰中會展現特有色彩，即為「焰色反應」。為煙火增色就是最廣為人知的用途，而科學史上也會用這種方法來鎖定未知的元素。顏色是確認元素的重要手段之一，其他還有將氣體（二氧化碳）通入石灰水中的白濁沉澱反應；以及X射線螢光分析（X-ray fluorescence）這種將X射線照到物質後，調查其所產生的電磁波波長和強度等方法。

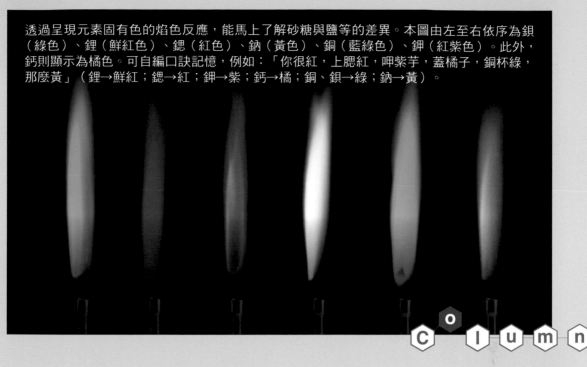

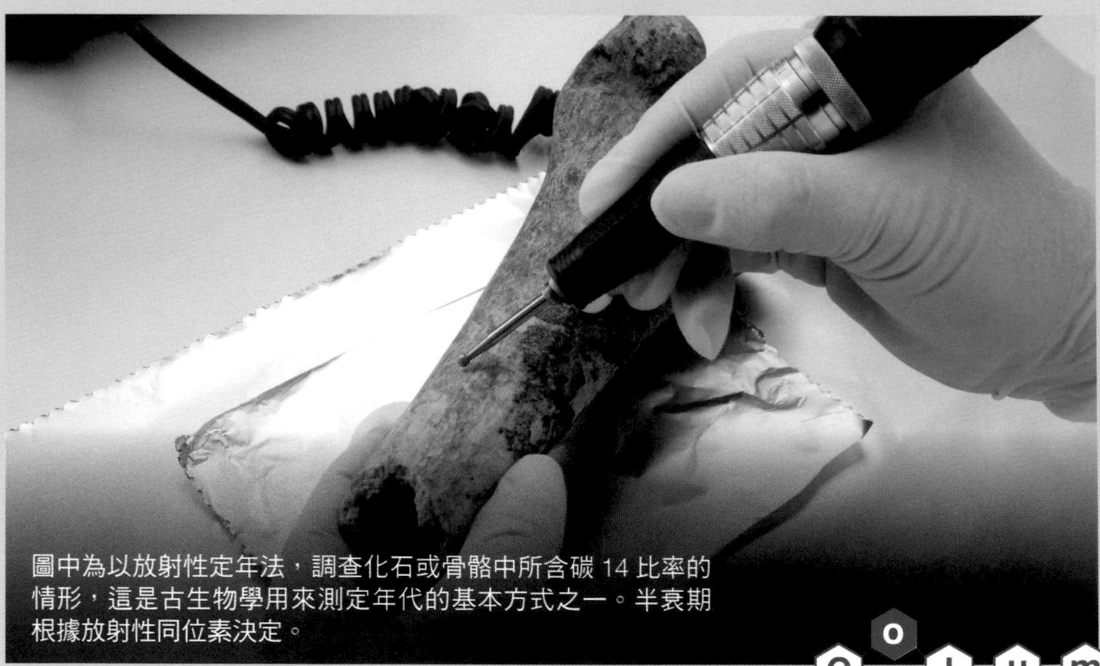

圖中為以放射性定年法，調查化石或骨骼中所含碳 14 比率的情形，這是古生物學用來測定年代的基本方式之一。半衰期根據放射性同位素決定。

Column

放射性元素

何謂衰變的「不穩定性元素」？

提到放射性元素，或許會先想到一些諸如鈾、鈽等比較特別的元素。不過，日常生活中也有不少元素會釋放微量輻射。組成人體重要成分——蛋白質的氫、碳、氮、氧、磷，也都存在會釋出輻射的原子核（放射性同位素）。

例如大氣中的碳，其中約九九％為碳12（六個質子和六個中子組成），剩下約一％為碳13（六個質子和七個中子組成），但其中也包含約兆分之一的碳14（^{14}C，六個質子和八個中子組成）。碳12至碳14屬於同一個原子序下的元素，這些中子數量不同的原子稱為同位素，而碳14則是碳的放射性同位素。

元素大致可區分成「穩定」與「不穩定」兩種。穩定同位素的原子核，因能量穩定為半永久性存在。

另一方面，不穩定的原子核則是放射性同位素，**原子核會隨著時間釋放α射線或電子等輻射而產生衰變，進而變成其他原子核**（參考左頁上圖）。原子核釋放輻射，輻射強度衰變到剩下一半為止的期間，稱作「半衰期」。半衰期取決於放射性同位素的

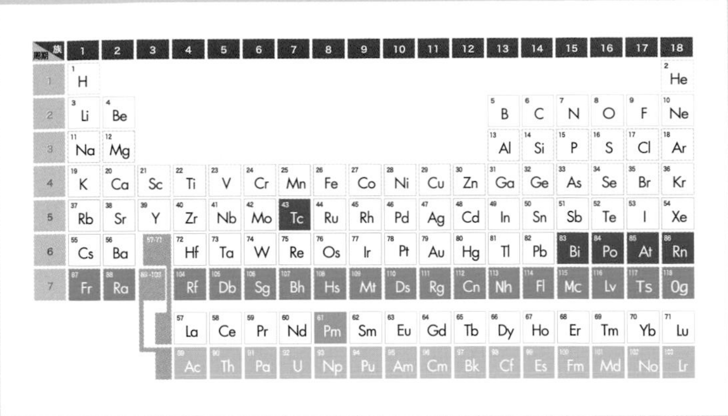

上圖標示出週期表中沒有穩定同位素的放射性元素。除了比較早排入原子序的人工放射性元素43號鎝（Tc）和61號鉕（Pm）外，後來從83號的鉍（Bi）到超鈾元素（按：原子序93號以後的元素）為止，所有放射性同位素元素都已依序排列。鉍當中唯一穩定的鉍209（^{209}Bi），根據2003年進行的研究結果，確認其半衰期高達1900京年（按：1.9×10^{19}年。「京」為數字單位，即萬兆〔10^{16}〕），超過地球年齡的10億倍以上。

■何謂元素的衰變？

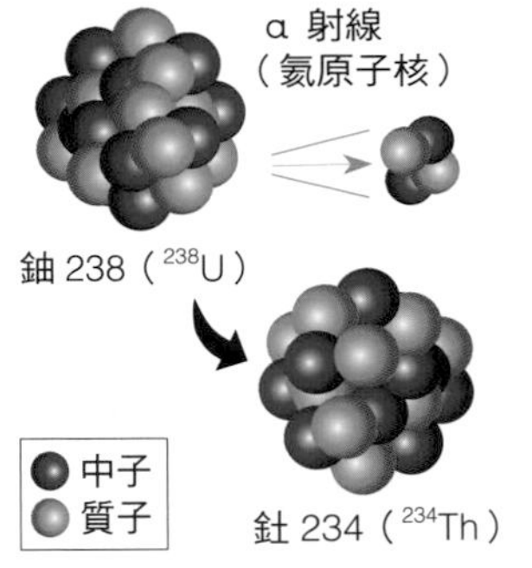

鈾238的原子核釋放 α 射線並衰變成釷234，這個過程稱作 α 衰變。其他還有原子核釋放電子（β 射線）產生的 β 衰變；釋放電磁波（γ 射線）產生的 γ 衰變，衰變方式會依原子核而有所不同。

種類，有可能在一瞬間就衰變，也有像鉍一樣，比地球年齡還長的狀況。

前面列舉的碳14，其半衰期約有五千七百三十年，故可用於定年法測定。所有生物都透過二氧化碳，在體內維持一定比率的碳14，直到死後才**停止呼吸。因此，這個活動停止後，碳14開始衰變成為氮14，所以只要確認遺骸含有的碳14比率**，便能得知其生命大致的存在期間。

再者，也有如鉀40這種透過食品被身體吸收的放射性同位素。由於量少到可以忽略，且多虧身體能維持一定的恆定性，所以不到危害健康的程度。

廣義而言，只有像鈾或鈽這種並非穩定同位素，僅有放射性同位素的元素才歸入放射性元素。特別是鎝、鉕，以及週期表上錼之後的所有元素，皆是由粒子加速器或核子反應爐合成出來的人工放射性元素。

二〇一一年發生的福島第一核電廠事故，當時有三十一種放射性同位素被大量釋放到大氣中。其中光是銫137的半衰期就大約三十年，至今仍長久停留於土壤與海洋中，並釋放輻射。

第6週期
（銫～氡）

◆ 發現：本生＆克希荷夫（1860 年）
◆ 型態：鹼金屬
◆ 原子量：132.90545196
◆ 熔點：29℃
◆ 沸點：671℃
◆ 主要蘊藏國：加拿大等
◆ 供給風險：—（稀有金屬）

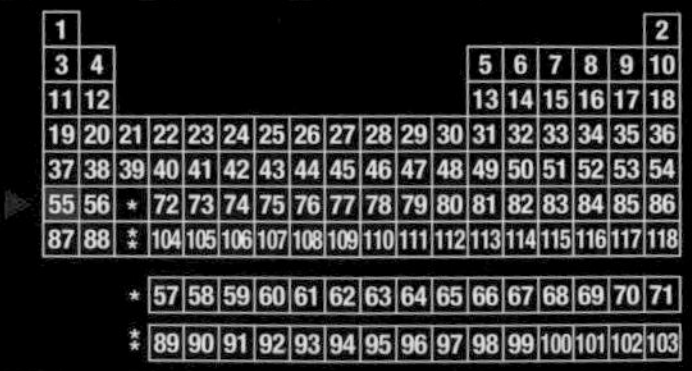

Cs 55
Caesium

銫（音同澀）

表示一秒時間的基準

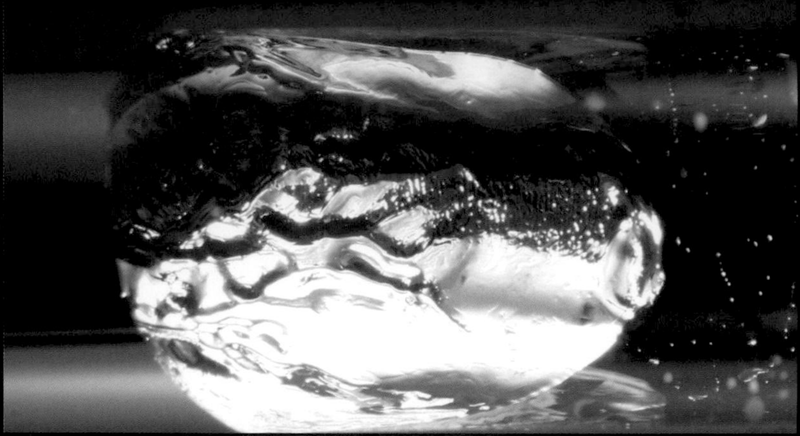

▲本來為銀白色的銫金屬，氧化後會帶金色。銫在金屬元素中的熔點低，僅次於汞，常溫下會液化。

▶使用銫 133（^{133}Cs）的英國銫原子鐘。目前的一秒是依據銫原子的共振頻率為基準定義。

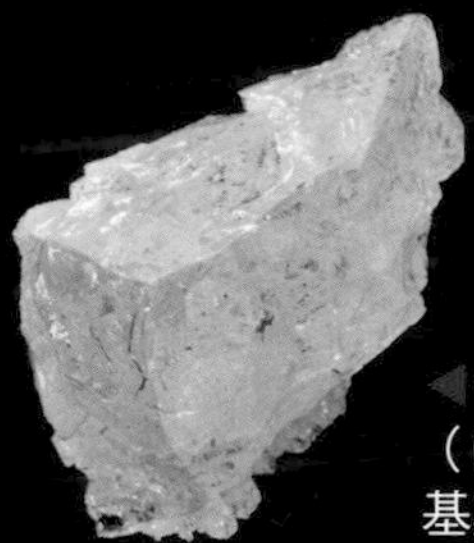

◀從富含鋰的花岡岩偉晶岩礦床產出的銫沸石（$Cs(Si_2Al)O_6 \cdot nH_2O$），也稱作葉長石。產自巴基斯坦。

銫是反應性極高的鹼金屬，只要少量的水就會引發爆炸。銫作為資源，主要來自鋰雲母的次要產物。發明光譜儀的德國化學家本生和克希荷夫，根據從礦水中得到的銫光譜為藍色，而以拉丁語的「天空藍」（caesius）命名。

銫有三十九個同位素，唯一的穩定同位素銫133就應用於原子鐘。然而放射性同位素的銫137和銫134，兩者和福島核災後飛散的放射物同為核分裂的產物。尤其是銫137的半衰期約三十年，萬一進入人體，恐遭受內部輻射曝晒。

MEMO 國際上對一秒的定義為，「銫 133 原子於基態之兩個超精細能階間躍遷時，所對應輻射的 9,192,631,770 個週期的持續時間」（按：參考「國家度量衡標準實驗室」）。

◆ 發現：戴維（1808 年）
◆ 型態：鹼土金屬
◆ 原子量：137.327
◆ 熔點：727℃
◆ 沸點：1845℃
◆ 主要生產國：中國、印度、摩洛哥
◆ 供給風險：★★（稀有金屬）

1																	2
3	4											5	6	7	8	9	10
11	12											13	14	15	16	17	18
19	20	21	22	23	24	25	26	27	28	29	30	31	32	33	34	35	36
37	38	39	40	41	42	43	44	45	46	47	48	49	50	51	52	53	54
55	56	*	72	73	74	75	76	77	78	79	80	81	82	83	84	85	86
87	88	**	104	105	106	107	108	109	110	111	112	113	114	115	116	117	118
		*	57	58	59	60	61	62	63	64	65	66	67	68	69	70	71
		**	89	90	91	92	93	94	95	96	97	98	99	100	101	102	103

Ba 56
Barium

鋇（音同貝）

用於胃鏡的顯影劑

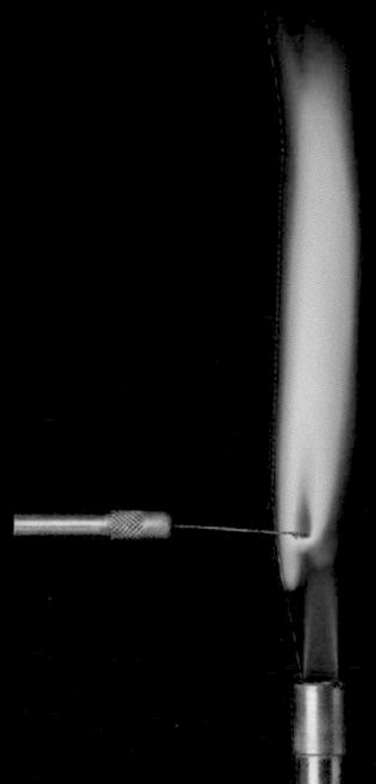

▲鋇的焰色反應為綠色，硝酸鋇因而用於製造煙火。

▲成分為硫酸鋇的主要鋇礦物重晶石（$BaSO_4$）。密度大，會因紫外線發出螢光。產自祕魯的米拉弗洛雷斯（Miraflores）。

◀銀灰色的鋇金屬。容易在空氣中因氧化變白。

◀碳酸鋇的結晶毒重石（$BaCO_3$），正如其名是有毒礦物。產自英國的南茲貝里哈格斯礦山（Nentsberry Haggs Mine）。

鋇的英語名源自希臘語中的「沉重」（barys），是銀灰色的鹼土金屬。由戴維成功分離並命名，**胃鏡檢查時用的顯影劑**就是用硫酸鋇製成。

鋇有許多電子，使X射線很難穿透，加上其難溶性不被人體吸收，因此吞入體內的鋇能清楚照出腸胃的形狀。然而，許多鋇化合物有毒性、具易溶性，容易被人體吸收。此外，硝酸鋇可作為綠色煙火材料。

附帶一提，若用中子撞擊天然鈾，可檢測出鋇的同位素。以這個發現為契機，得以證實鈾的核分裂反應，並在發現七年後，致使美軍於廣島與長崎投下原子彈。

MEMO 1774 年舍勒從軟錳礦中發現氧化鋇。其後，1808 年戴維以亞歷山卓・伏特（Alessandro Volta）的發明為基礎，透過電解，成功分離出鋇金屬。

◆ 發現：卡爾．莫桑德（Carl Gustaf Mosander，1839 年）
◆ 型態：過渡金屬／鑭系元素
◆ 原子量：138.90547
◆ 熔點：918℃ ◆ 沸點：3464℃
◆ 主要生產國：中國
◆ 供給風險：★★★（稀土元素）

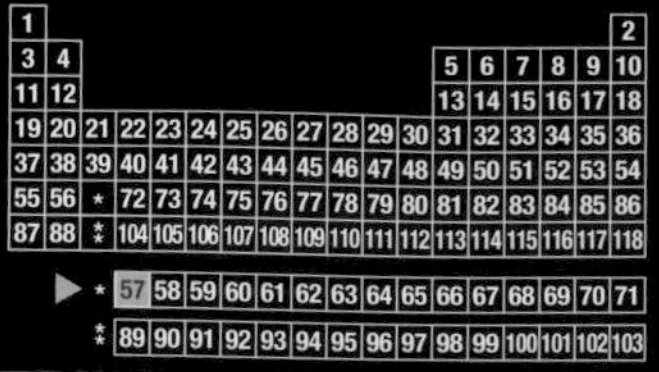

La 57
Lanthanum

鑭（音同蘭）

活躍於氫能社會

▲銀白色的鑭金屬非常柔軟，在空氣中氧化速度又快，故須保存在容器中。

鑭是銀白色金屬，屬於性質皆相似的「鑭系元素」稀土元素之一，並且也是其中反應性偏高的元素。鑭系元素幾乎都來自於獨居石或氟碳鈰鑭礦（bastnäsite）等礦物中，而地殼的鑭系元素中鑭的含量豐富，僅次於鈰。

用途上，氧化鑭會用於陶瓷電容器和高折射率的光學鏡頭。而鑭與鎳的合金，可變成能吸收氫的儲氫合金，這項性質可**應用於鎳氫電池**、氫動力車（hydrogen vehicle），以及燃料電池車（fuel cell vehicle）的燃料箱。鑭和其他鑭系元素對人體的功用至今未明。

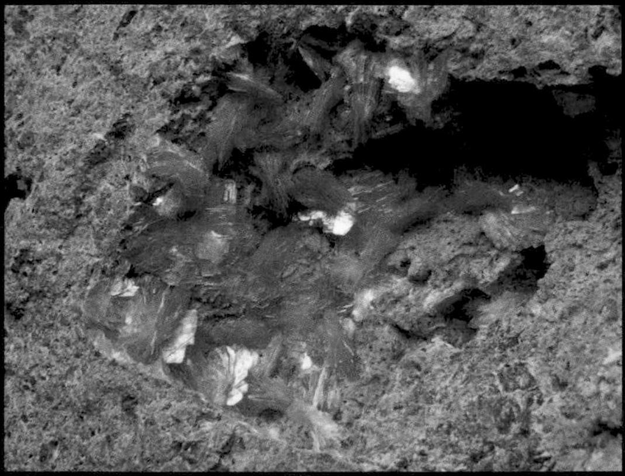

◀含鑭和釹的鑭石
（$(Nd,La)_2(CO_3)_3 \cdot 8H_2O$）。
產自日本佐賀縣玄海町。

▶早期的相機鏡頭
中有添加氧化鑭。

MEMO 接受貝吉里斯指導的瑞典化學家莫桑德，從被誤以為是鈽的物質中發現新元素鑭。由於鑭隱藏於鈽當中遲遲未被發現，故在希臘語中有「隱藏」（lanthanein）之意。

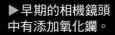

◆ 發現：貝吉里斯＆希辛格爾（Wilhelm Hisinger，1803 年）
◆ 型態：過渡金屬／鑭系元素
◆ 原子量：140.116
◆ 熔點：798℃ ◆ 沸點：3443℃
◆ 主要生產國：中國
◆ 供給風險：★★★（稀土元素）

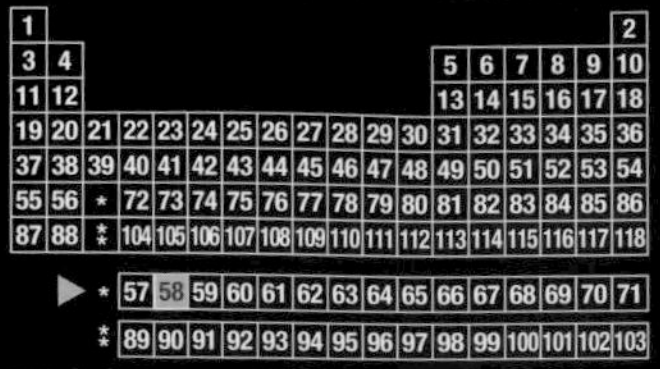

Ce 58
Cerium

鈰（音同市）

防紫外線很有效的稀土元素

▶打火機的打火石，使用含鈰、鑭、鐵等元素的稀土金屬合金。

◀銀灰色的鈰金屬。反應性高，在空氣中容易氧化。

鈰是帶黃色的銀灰色金屬，也是地球上存量最多的鑭系元素。氧化鈰化合物用途多元，除了當作玻璃、電子零件的研磨材，也因為能吸收紫外線而用於**太陽眼鏡**、**汽車車窗**、化妝品等。另外，也能成為黃色系顏料的成分或陶器的釉藥。

用於打火機的打火石等的稀土金屬合金（Mischmetal）中，以五〇％的鈰作為主成分。鈰可得自氟碳鈰鑭礦和獨居石。

MEMO 瑞典化學家貝吉里斯等人，和普魯士化學家克拉普羅特同時期發現的鈰，以 1801 年發現的小行星穀神星（Ceres）命名。

- 發現：卡爾．奧爾．馮．威爾斯巴赫（Carl Auer von Welsbach，1885 年）
- 型態：過渡金屬／鑭系元素
- 原子量：140.90766
- 熔點：931℃ ◆ 沸點：3520℃
- 主要生產國：中國
- 供給風險：★★★（稀土元素）

1																	2
3	4											5	6	7	8	9	10
11	12											13	14	15	16	17	18
19	20	21	22	23	24	25	26	27	28	29	30	31	32	33	34	35	36
37	38	39	40	41	42	43	44	45	46	47	48	49	50	51	52	53	54
55	56	*	72	73	74	75	76	77	78	79	80	81	82	83	84	85	86
87	88	**	104	105	106	107	108	109	110	111	112	113	114	115	116	117	118

▶ *	57	58	59	60	61	62	63	64	65	66	67	68	69	70	71
**	89	90	91	92	93	94	95	96	97	98	99	100	101	102	103

Pr 59

Praseodymium

鐠（音同普）

可用於焊接護目鏡或綠色顏料

▲鐠金屬很柔軟，容易在空氣中因氧化而帶黃色。

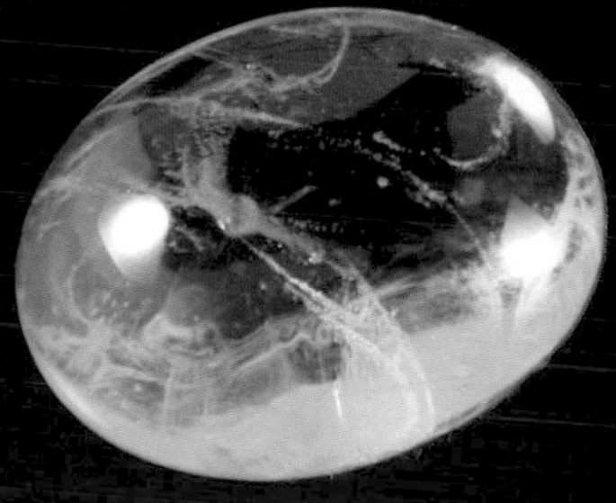

◀添加氧化鐠的玻璃珠。

鐠為柔軟的銀色金屬，與釹一起被發現，因氧化物會變綠，故名稱有「綠色雙胞胎」之意。主要用於顏料或陶瓷器的黃色系釉藥中。工業用途有航空引擎材料的合金劑、擴增光纖電纜的信號、吸收紅外線用的焊接作業用護目鏡等。另外，也是加工容易又不易生鏽的鐠磁鐵原料，但因為成本高昂，最近則是釹磁鐵（neodymium magnet）逐漸普及。鐠存在於獨居石與氟碳鈰鑭礦中。

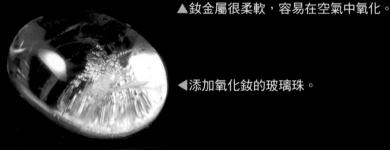

- 發現：威爾斯巴赫（1885 年）
- 型態：過渡金屬／鑭系元素
- 原子量：144.242
- 熔點：1021℃
- 沸點：3047℃
- 主要生產國：中國
- 供給風險：★★★（稀土元素）

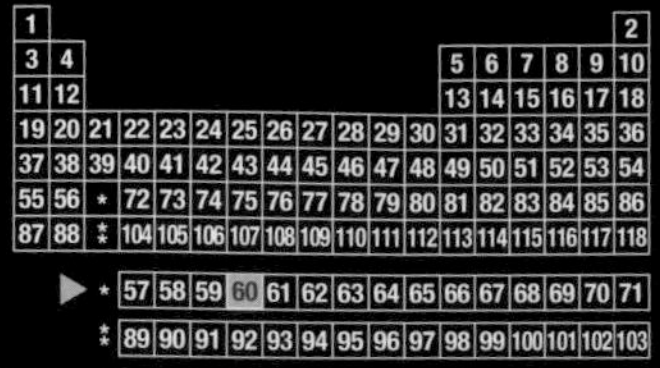

Nd 60
Neodymium

釹（讀音ㄋㄩˇ）

日本發明的釹磁鐵元素

▲釹金屬很柔軟，容易在空氣中氧化。

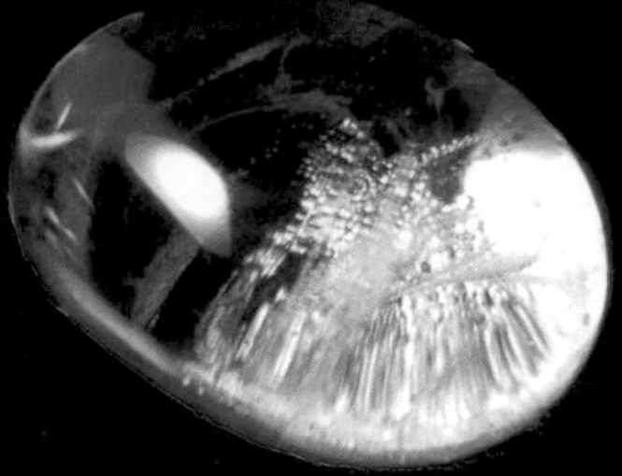

◀添加氧化釹的玻璃珠。

釹為銀白色金屬，由於是跟鐠一起被發現，故命名有「新雙胞胎」之意。以強大磁力著稱的釹磁鐵由釹、鐵、硼製成，也是日本引以為傲的發明之一。釹應用於高性能馬達、揚聲器、風力機（wind turbine）、複合動力車、耳機、麥克風等。純物質形式的釹作為超傳導體材料，用於 YAG 雷射的添加物。釹的英語為「neodymium」，但日語名則譯自德語的「Neodym」。

◆ 發現：馬林斯基等人
（Jacob A. Marinsky，1945 年）
◆ 型態：過渡金屬／鑭系元素
◆ 原子量：[145]
◆ 熔點：1042℃　◆ 沸點：3000℃
◆ 主要生產國：—
◆ 供給風險：—（稀土元素）

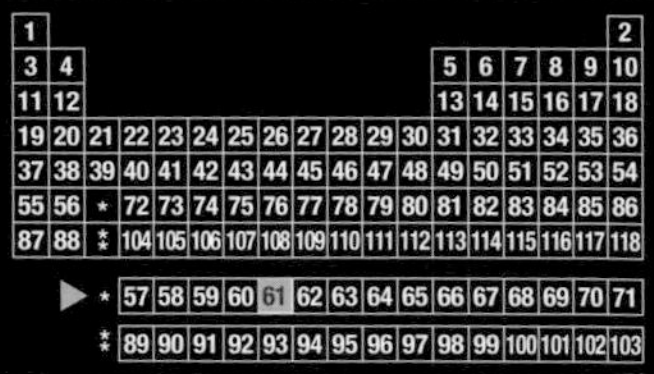

Pm 61
Promethium

鉕（讀音ㄆㄛˇ）

鑭系元素中唯一的放射性元素

▲含鉕的夜光漆，能在黑暗中發出藍色的光。

鉕是以希臘神話火神普羅米修斯（Prometheus）命名的銀白色金屬，也是鑭系元素中唯一的放射性元素，其同位素也都具放射性。鉕可從鈾的核分裂中得到，天然礦物中的含量極為稀少。釋放的輻射會在黑暗中發出藍光，故曾作為時鐘文字盤上的夜光漆，不過因為安全性問題，目前已停用。除了研究用途，也作為宇宙探測機的核電池等使用。

MEMO 好一陣子身分成謎的第 61 號元素鉕，直到 1945 年，才由美國橡嶺國家研究所（Oak Ridge National Laboratory）的馬林斯基、科耶爾（Charles D. Coryell）、格倫德寧（Lawrence E. Glendenin）從核子反應爐回收的核分裂產物中發現。

- 發現：德布瓦博德蘭（1879 年）
- 型態：過渡金屬／鑭系元素
- 原子量：150.36
- 熔點：1074℃
- 沸點：1794℃
- 主要生產國：中國
- 供給風險：★★★（稀土元素）

1																	2
3	4											5	6	7	8	9	10
11	12											13	14	15	16	17	18
19	20	21	22	23	24	25	26	27	28	29	30	31	32	33	34	35	36
37	38	39	40	41	42	43	44	45	46	47	48	49	50	51	52	53	54
55	56	*	72	73	74	75	76	77	78	79	80	81	82	83	84	85	86
87	88	**	104	105	106	107	108	109	110	111	112	113	114	115	116	117	118

▶ *	57	58	59	60	61	62	63	64	65	66	67	68	69	70	71
**	89	90	91	92	93	94	95	96	97	98	99	100	101	102	103

Sm 62
Samarium

釤（音同刪）

與鈷的合金可製成永久磁鐵

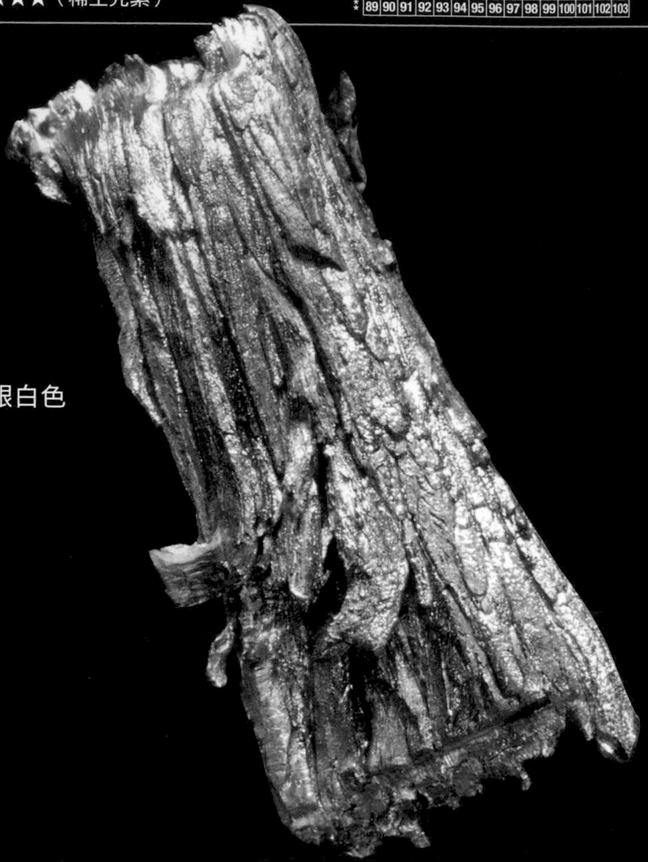

▶又硬又脆的銀白色釤金屬。

釤跟鐠、釹一樣都是磁鐵的原料，而釤鈷合金可製成強力的永久性磁鐵。雖然價格比釹磁鐵高，但具有不易生鏽及耐熱性高的優點。用途廣泛，例如馬達、揚聲器、耳機、時鐘等，聽說也用於「愛國者飛彈」的防禦系統。放射性同位素的釤146（^{146}Sm）的半衰期高達約六千八百萬年，因此能用來作為岩石樣本，甚至是太陽系行星的年代測定。

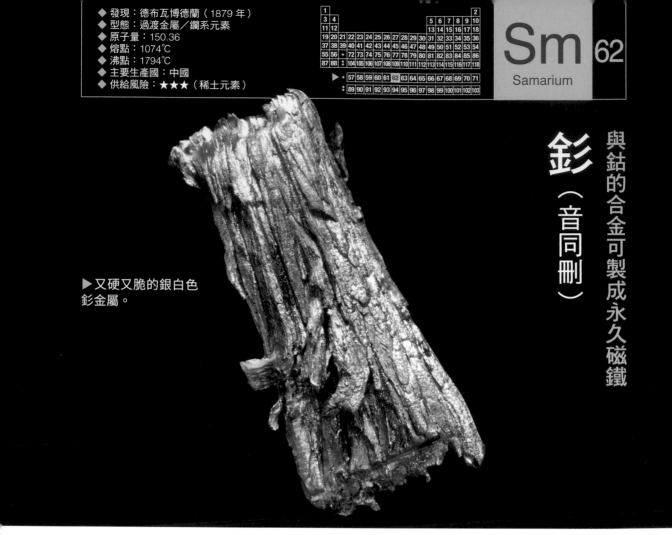

◆ 發現：尤金・德馬塞（Eugène-Anatole Demarçay，1896 年）
◆ 型態：過渡金屬／鑭系元素
◆ 原子量：151.964
◆ 熔點：822℃ ◆ 沸點：1529℃
◆ 主要生產國：中國
◆ 供給風險：★★★（稀土元素）

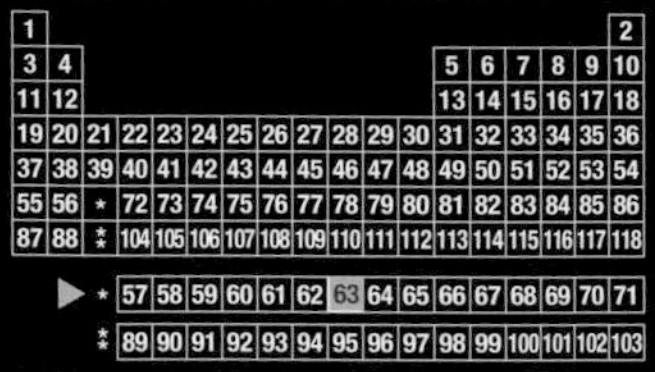

Eu 63
Europium

銪（音同友）

應用於色彩鮮豔的紅色螢光體

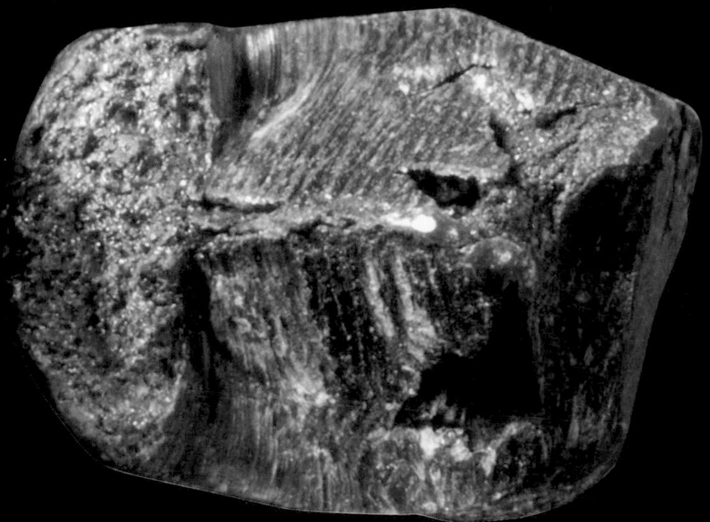

▲銀白色的銪金屬反應性高，在空氣中會立刻氧化。

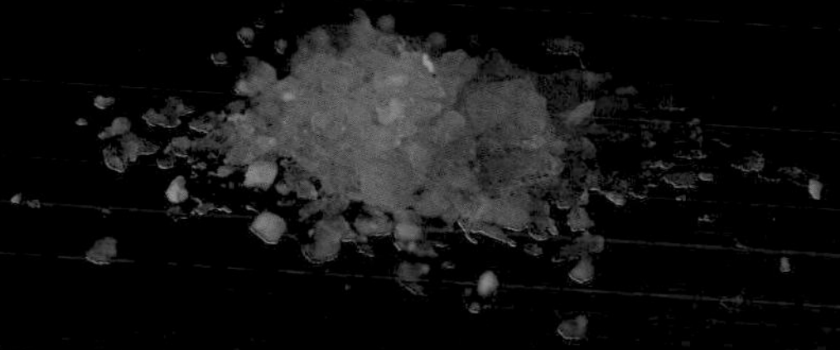

◀銪製成的螢光粉末。

稀土元素中就屬銪的產量最少。一度作為陰極射線管的紅色螢光體使用（同屬稀土元素的鈰為藍色、鋱為綠色）。以前曾有個以「kidokara」（按：直譯為「輝度〔亮度〕彩色」電視。一九七〇年代，日本日立製造所〔HITACHI〕生產）為註冊商標的彩色電視機，為了提升亮度而利用銪等稀土元素為螢光體，並根據此命名。銪目前則用於LED燈泡、三波長燈等。此外，歐元紙幣會在防偽印刷上利用銪墨水。

MEMO 德布瓦博德蘭從鈮釔礦中發現「釤」，而以此礦命名。法國化學家德馬塞，從以為是「釤」的物質中發現新元素「銪」，並以「歐洲」（Europe）為銪命名。

◆ 發現：馬利納克
（Jean Charles Galissard de Marignac，1880年）
◆ 型態：過渡金屬／鑭系元素
◆ 原子量：157.25
◆ 熔點：1313℃　◆ 沸點：3273℃
◆ 主要生產國：中國
◆ 供給風險：★★★（稀土元素）

1																	2
3	4							5	6	7	8	9	10				
11	12							13	14	15	16	17	18				
19	20	21	22	23	24	25	26	27	28	29	30	31	32	33	34	35	36
37	38	39	40	41	42	43	44	45	46	47	48	49	50	51	52	53	54
55	56	*	72	73	74	75	76	77	78	79	80	81	82	83	84	85	86
87	88	‡	104	105	106	107	108	109	110	111	112	113	114	115	116	117	118

▶ | * | 57 | 58 | 59 | 60 | 61 | 62 | 63 | 64 | 65 | 66 | 67 | 68 | 69 | 70 | 71 |
‡ | 89 | 90 | 91 | 92 | 93 | 94 | 95 | 96 | 97 | 98 | 99 | 100 | 101 | 102 | 103 |

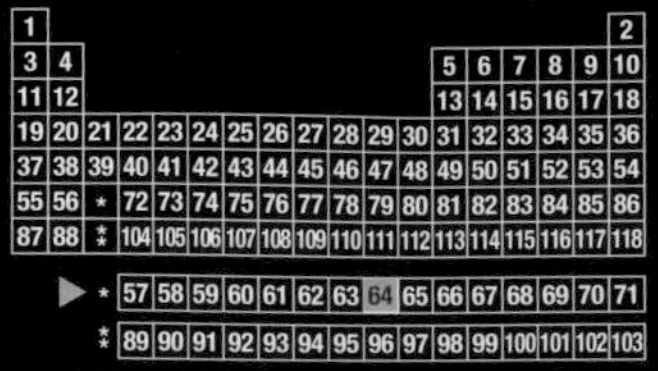

Gd 64
Gadolinium

釓（讀音ㄍㄚ）

可用於磁振顯影劑或核子反應爐控制棒

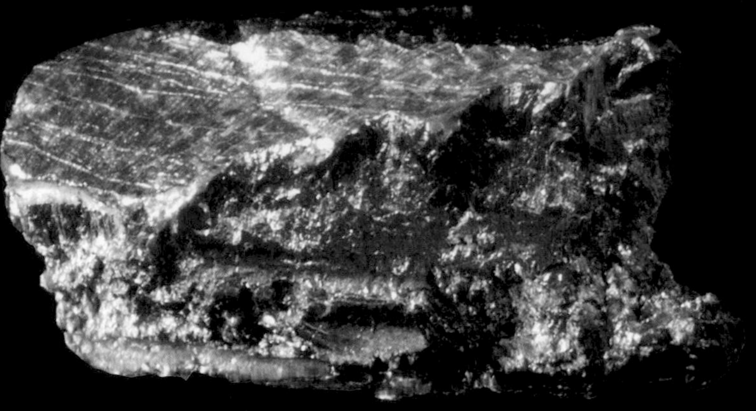

▲銀白色的釓金屬，柔軟又具延展性，與水反應後會變色。

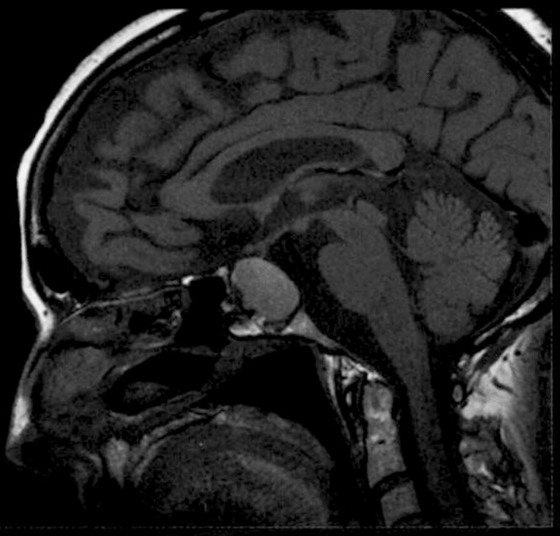

▶磁振造影的腦部斷層掃描照片。釓用於顯影劑中。

釓是常溫下具有高磁性的柔軟金屬。塗抹在X射線拍攝用底片上，可提高感光度。另外，做**磁振造影檢查**時，若將**釓化合物製成的顯影劑**注入體內，能使成像的對比更清晰。由於釓的中子吸收能力極高，能抑制鈾的核分裂，故也會用來調節核子反應爐。核能發電時，也會添加一些氧化釓在核子反應爐的部分核燃料中。

MEMO 瑞士化學家馬利納克，以光譜分析從鈮釔礦等的次要成分中發現新元素「釓」，其後由法國化學家德布瓦博德蘭以礦物矽鈹釔礦為命名依據。

◆ 發現：莫桑德（1843 年）
◆ 型態：過渡金屬／鑭系元素
◆ 原子量：158.92535
◆ 熔點：1356℃
◆ 沸點：3230℃
◆ 主要生產國：中國
◆ 供給風險：★★★（稀土元素）

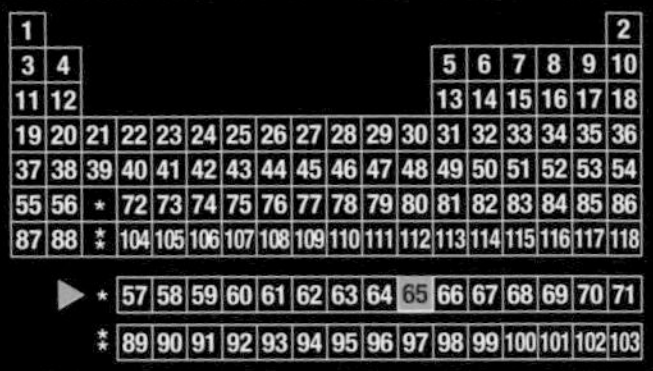

Tb 65
Terbium

鋱（音同特）

多用於「磁致伸縮」的材料

▲銀灰色的鋱金屬，極為柔軟，雖然在空氣中很穩定，卻會緩慢溶解於水中。

◀添加鋱的玻璃珠。

鋱是帶些微黃色的銀灰色金屬，僅微量含於磷釔礦、矽鈹釔礦等礦物中。用於陰極射線管的綠色螢光體和磁光碟。尤其是鋱合金具有「磁致伸縮」的特性，其磁體會依磁力的方向和大小而略為膨脹或收縮，所以也用於噴墨印表機的噴頭上。元素名稱源自發現釔、鐿、鉺的瑞典伊特比村。

- 發現：德布瓦博德蘭（1886 年）
- 型態：過渡金屬／鑭系元素
- 原子量：162.500
- 熔點：1412℃
- 沸點：2567℃
- 主要生產國：中國
- 供給風險：★★★（稀土元素）

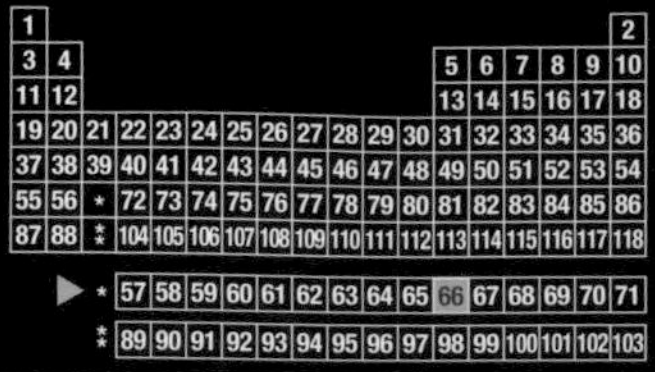

Dy 66
Dysprosium

鏑（音同滴）

需求量隨電動車市場擴大而增加

▶使用鏑夜光顏料的逃生口避難指示燈。

▲具銀白色光澤的鏑金屬。在空氣中也很穩定，擁有磁化性質。

鏑具有蓄積光能的性質，而「N夜光」即為利用這項蓄光性製造的夜光顏料（由日本根本特殊化學公司開發）。N夜光是不會釋出放射性物質的安全塗料，常用於逃生口等處的避難指示燈。除此之外，電動車馬達使用的釹磁鐵，也會添加鏑藉以提高耐熱性，相信今後，對鏑的需求會逐漸擴大。

◆ 發現：佩爾・特奧多爾・克里夫（Per Teodor Cleve，1879 年）
◆ 型態：過渡金屬／鑭系元素
◆ 原子量：164.93033
◆ 熔點：1474℃　◆ 沸點：2700℃
◆ 主要生產國：中國
◆ 供給風險：★★★（稀土元素）

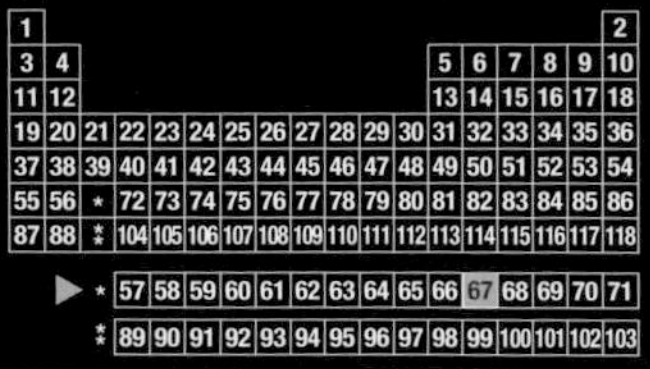

Ho 67
Holmium

鈥（音同火）
雷射大幅活躍於醫療領域

▲柔軟又具展性的鈥金屬。鈥作為次要成分，微量存在於獨居石和氟碳鈰鑭礦中。

鈥為柔軟的銀白色金屬，命名來自於發現者的出身地「斯德哥爾摩」（Holmia，斯德哥爾摩的拉丁名）。添加鈥的醫療用YAG雷射因發熱量小，**適用於粉碎結石、在治療白內障時防止組織出血等**，進行不造成患部大幅損害的切除手術。另外，玻璃中若混入化合物氧化鈥會呈現淡黃色，故也能當作玻璃的著色劑。鈥也因為高磁力，成為工業用磁鐵的材料。

MEMO 「鈥」被瑞典化學家克里夫，以及瑞士化學家馬克・德拉方丹（Marc Delafontaine）和索雷（Jacques-Louis Soret）在同時期以光譜分析發現。「鏑」則含在被認為是鈥的物質中，因為很難發現，故鏑以希臘語的「難親近」（dysprositos）為命名由來。

◆ 發現：莫桑德（1843 年）
◆ 型態：過渡金屬／鑭系元素
◆ 原子量：167.259
◆ 熔點：1529℃
◆ 沸點：2868℃
◆ 主要生產國：中國
◆ 供給風險：★★★（稀土元素）

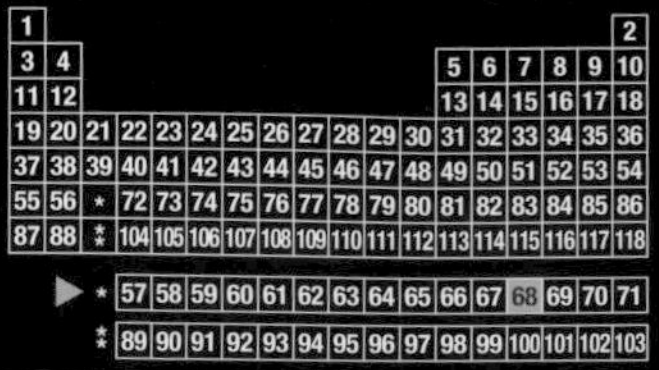

Er 68
Erbium

鉺（音同耳）

光纖的必要元素

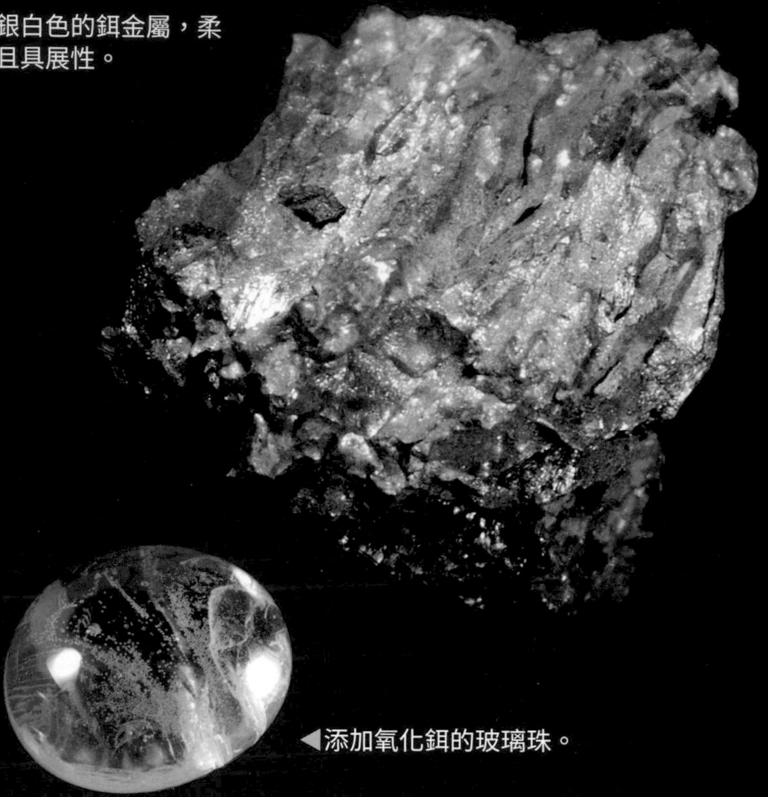

▶銀白色的鉺金屬，柔軟且具展性。

◀添加氧化鉺的玻璃珠。

鉺跟鉽同樣都是以瑞典伊特比村命名的銀白色元素。當光通過添加鉺的光纖時，能使光能擴大。由於「摻鉺光纖」能使光纖通訊不受距離限制，故廣泛用於網路等高速光纖通訊網上。另外，玻璃使用氧化鉺著色劑會變成美麗的粉紅色，所以常用來為太陽眼鏡或珠寶飾品上色。

◆ 發現：克里夫（1879 年）
◆ 型態：過渡金屬／鑭系元素
◆ 原子量：168.93422
◆ 熔點：1545℃
◆ 沸點：1950℃
◆ 主要生產國：中國
◆ 供給風險：★★★（稀土元素）

Tm 69
Thulium

銩（音同丟）
用於光纖或螢光體

▶銀灰色、具延性的銩金屬，能溶於水。

銩對於網路社會極為重要，它卻是地殼中含量最少的稀土元素之一。銩跟鉺一樣，因為具擴大光強度的作用而添加進光纖當中。不過，銩與鉺**作用於不同的光頻寬**（bandwidth），若結合兩項元素，則能以寬廣的頻寬進行光纖通訊。再者，銩在吸收輻射後加熱具有螢光發色性質，故可作為輻射量計或藍色螢光發光體的材料使用。

MEMO 瑞典化學家克里夫在他以為是鉺的物質中發現銩。銩的命名來自於有「最北之地」之意的「Thule」，作為次要成分存在於多數的稀土類礦物中。

◆ 發現：馬利納克（1878 年）
◆ 型態：過渡金屬／鑭系元素
◆ 原子量：173.045
◆ 熔點：819℃
◆ 沸點：1196℃
◆ 主要生產國：中國
◆ 供給風險：★★★（稀土元素）

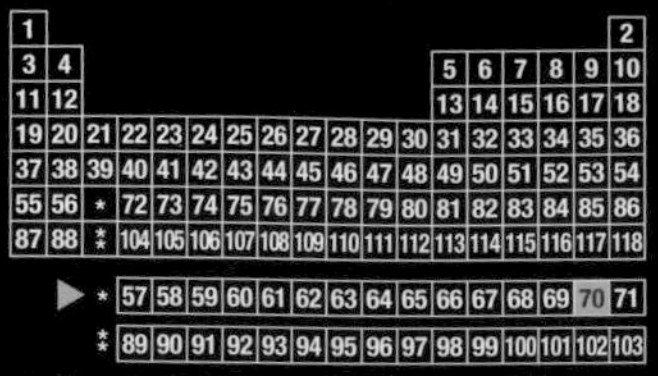

Yb 70

Ytterbium

鐿（音同意）

命名源自瑞典的礦產地

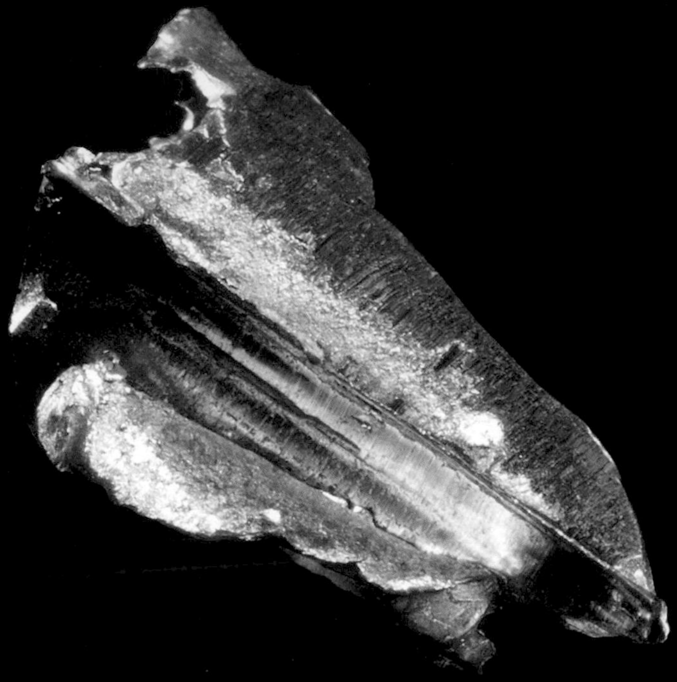

▲柔軟又具展性的鐿金屬。只要一點空氣或水便會反應，故須密閉保存。

鐿為銀白色金屬，其命名源自發現矽鈹釔礦的瑞典村莊伊特比。鐿元素主要含於磷釔礦、矽鈹釔礦、獨居石、氟碳鈰鑭礦這類稀土元素礦物中。除了能當作玻璃的黃綠色著色劑，也能用於YAG雷射的添加物、**測定震波**的地震用應力計、使用鐿同位素發射γ射線的非破壞性檢測（NDI）裝置，以及跟鉺一樣應用於擴大光纖的光能等用途。

◆ 發現：威爾斯巴赫（1905 年）
◆ 型態：過渡金屬／鑭系元素
◆ 原子量：174.9668
◆ 熔點：1663℃
◆ 沸點：3402℃
◆ 主要生產國：中國
◆ 供給風險：★★★（稀土元素）

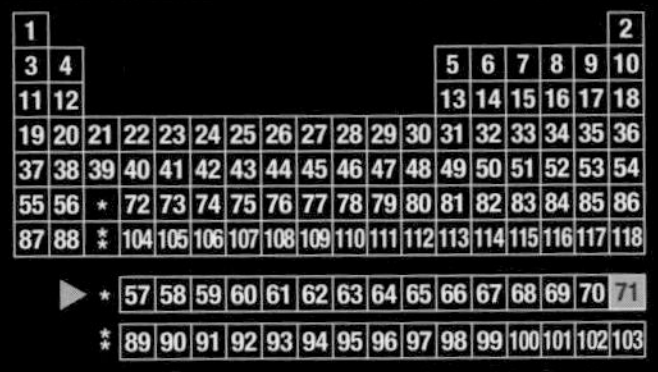

Lu 71
Lutetium

鎦（音同留）

價格比金還貴的稀土元素

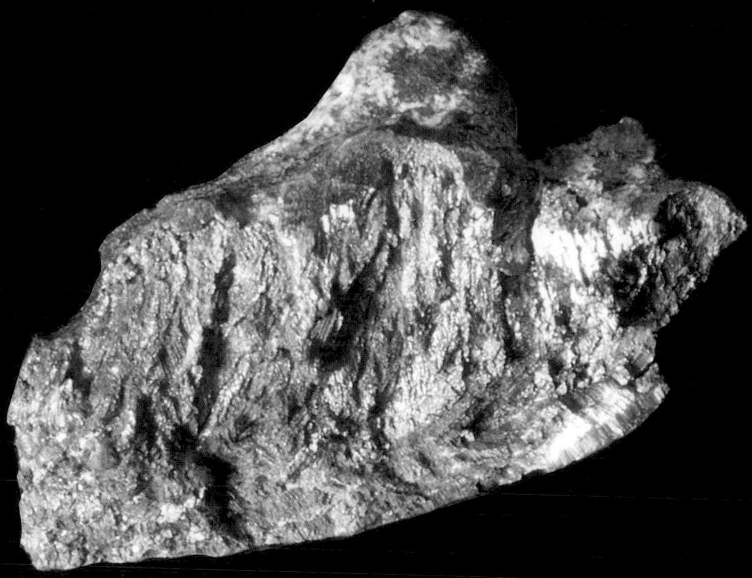

▲呈銀白色的鎦金屬。黑稀金礦和褐釔鈮礦中都含有鎦。

最後一個鑭系元素「鎦」，與銩一樣，都是地殼中含量最少的鑭系元素。雖然產量比金和鉑多，但因分離很費工導致價格高昂，幾乎不做工業用途。醫療領域方面，則**用於正子斷層造影**（Positron Emission Tomography，簡稱PET）設備中，測定正電子的閃爍體（scintillator），透過輻射而發光的螢光物質）。此外，有時也會被煉油廠拿來當作分解石油製品的催化劑。

MEMO 雖然奧地利化學家威爾斯巴赫分離出「鎦」，但同時期的法國化學家喬治．佑爾班（Georges Urbain）也成功分離出鎦。這項元素其後依據法國巴黎的舊名「盧泰西亞」（Lutetia）命名。

鉿（讀音ㄏㄚ）

與鋯相似的金屬元素

◆ 發現：迪爾克・科斯特＆喬治・德海韋西（Dirk Coster & George de Hevesy，1923 年）
◆ 型態：過渡金屬 ◆ 原子量：178.49
◆ 熔點：2233℃ ◆ 沸點：4603℃
◆ 主要蘊藏國：南非、澳洲
◆ 供給風險：★（稀有金屬）

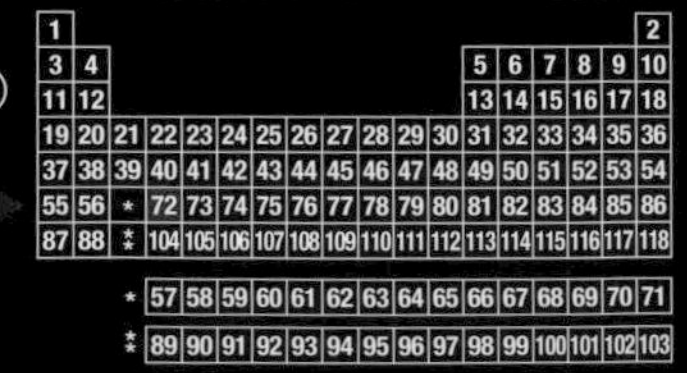

Hf 72
Hafnium

▶鉿金屬。耐腐蝕性強，表面會形成氧化薄膜。碳化鉿等化合物會使本身熔點變高。

◀礦物鋯石（$ZrSiO_4$）中，鉿作為次要成分，通常有 1%～ 4%的含量。

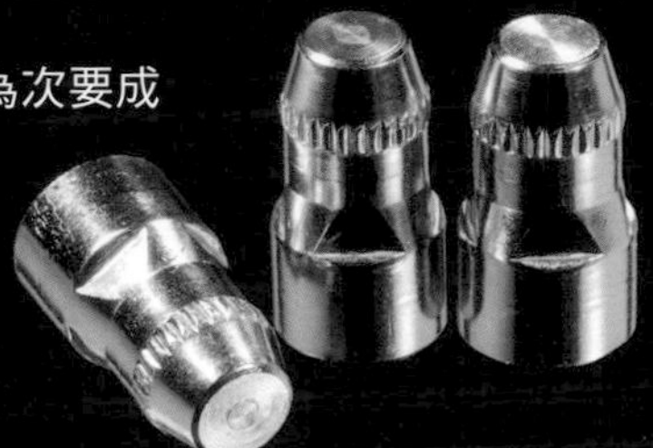

▶以高溫電漿弧（plasma arc）切斷金屬的電漿炬電極，前端中央部位埋有鉿。

鉿為銀色金屬，其化學性質近似同屬第四族的鋯，為鋯石的次要成分。鉿會被添加在噴射發動機（jet engine）的超耐熱合金中，或電極、真空管等。再者，相對於幾乎不吸收中子的鋯，鉿能有效吸收中子。因此，鋯會應用於核子反應爐的鈾燃料棒薄膜上；相對的，鉿則會應用於控制棒。

一九二三年，在尼爾斯・波耳（Niels Bohr）的建議下，科斯特與德海韋西成功分離出鉿，並以尼爾斯・波耳研究所（Niels Bohr Institutet）所在地哥本哈根的拉丁語名稱「Hafnia」為命名依據。

MEMO 科斯特和德海韋西以 X 射線分析發現這項新元素，經過反覆再結晶過程，成功分離出鉿金屬。之後，德海韋西以使用鉿的放射性同位素的示蹤物（tracer）技術獲得諾貝爾化學獎。

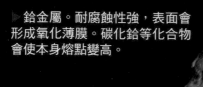

◆ 發現：安德斯．古斯塔夫．埃克貝格（Anders Gustaf Ekeberg，1802 年）
◆ 型態：過渡金屬　◆ 原子量：180.94788
◆ 熔點：3017℃　◆ 沸點：5458℃
◆ 主要生產國：澳洲、巴西、剛果民主共和國
◆ 供給風險：★★（稀有金屬）

1																	2
3	4											5	6	7	8	9	10
11	12											13	14	15	16	17	18
19	20	21	22	23	24	25	26	27	28	29	30	31	32	33	34	35	36
37	38	39	40	41	42	43	44	45	46	47	48	49	50	51	52	53	54
55	56	*	72	73	74	75	76	77	78	79	80	81	82	83	84	85	86
87	88	**	104	105	106	107	108	109	110	111	112	113	114	115	116	117	118

*	57	58	59	60	61	62	63	64	65	66	67	68	69	70	71
**	89	90	91	92	93	94	95	96	97	98	99	100	101	102	103

Ta 73
Tantalum

鉭（音同但）

電子裝置不可或缺的稀有金屬

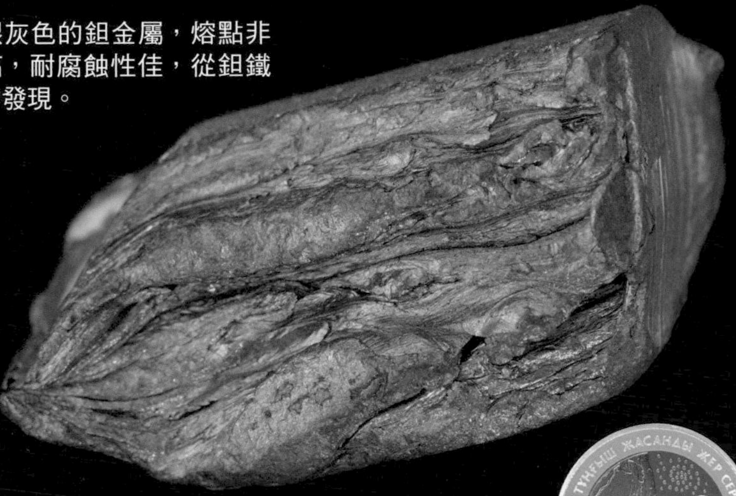

▶銀灰色的鉭金屬，熔點非常高，耐腐蝕性佳，從鉭鐵礦中發現。

▼鉭錳礦（$Mn(Ta,Nb)_2O_6$），產自莫三比克。鉭和鈮性質相似，也會一起產出。

▲哈薩克製紀念幣，以鉭（中間）和銀（外圍）鑄造。

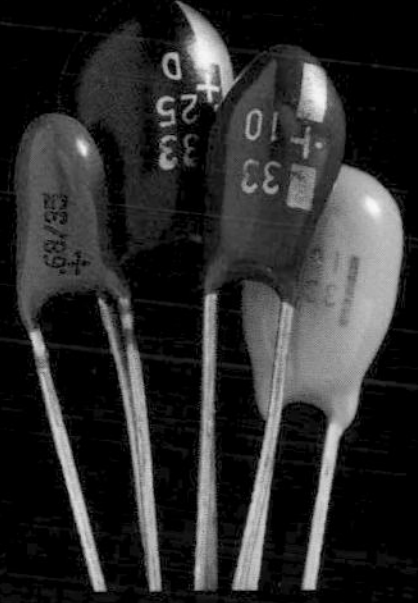

◀鉭電容器。對電容率極高的數位儀器來說是必備零件。

鉭電容器因體積小、容量大，是小型化電子設備不可少的零件，廣泛應用於手機或電腦等裝置，故為電子產業最重要的金屬。隨著手機普及，鉭的需求急速上升，價格也隨之上漲。因為鉭幾乎對人體無害，也會作為**人工植牙、人工骨、人工關節、頭蓋板**等醫療用材料。

鉭的正確蘊藏量不明，而剛果民主共和國作為世界屈指可數的鉭鐵礦產地，在該地鉭因成為衝突的資金來源，以致於有「衝突礦石」之稱。目前主要從澳洲的錫礦中煉製。

MEMO 鉭的元素名源自希臘神話中的坦塔洛斯（Tantalos），他因招惹眾神，遭受口渴卻喝不到水的飢渴之苦。因為分離鉭的困難程度令人備感煎熬，故以此命名。

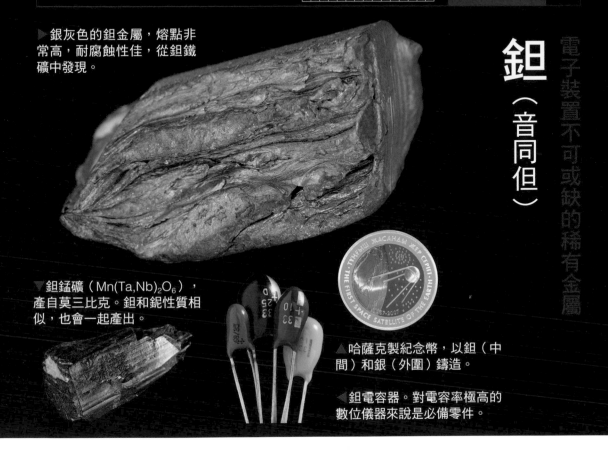

◆ 發現：埃盧亞爾兄弟
（Fausto Elhuyar & Juan José Elhuyar，1783 年）
◆ 型態：過渡金屬 ◆ 原子量：183.84
◆ 熔點：3422℃ ◆ 沸點：5555℃
◆ 主要生產國：中國、俄羅斯、加拿大
◆ 供給風險：★★★（稀有金屬）

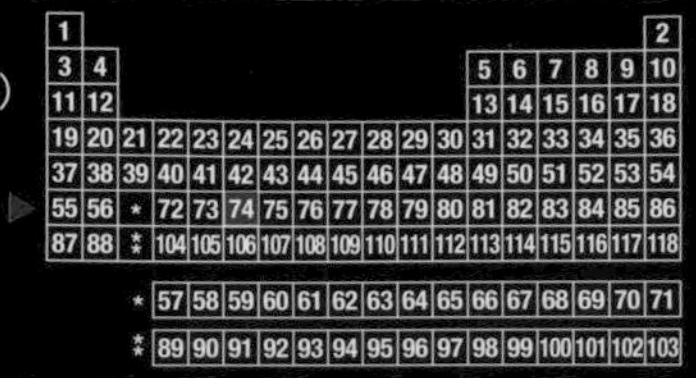

W 74
Tungsten

鎢（音同烏）

耐熱性與強度均優秀的元素

▶鎢絲因耐熱性高，而應用於白熾燈泡中。

鎢的古名「Tungsten」在古瑞典語中有「重石」之意，是密度大又堅硬的金屬。熔點為金屬中最高的，又因為容易加工，可製成白熾燈泡的燈絲。由於白熾燈泡僅能將約一〇%的電力轉為可見光，剩下大部分則以熱能或紫外線釋放出來，故目前逐漸被LED燈取代。

鐵與鎢的合金因能提升強度，而用於製成鑽頭等。其中碳化鎢為最具代表性的燒結碳化物，而應用於切割工具的刀刃、砲彈、坦克的裝甲、原子筆尖端的圓珠、擲鏈球的重金屬球等器具。

雖然舍勒於一七八一年，從有「重石」之稱的白鎢礦中分離出氧化鎢，不過要到兩年後，西班牙的埃盧亞爾兄弟從鎢錳鐵礦（Wolframite）煉製出氧化鎢後，再以木炭還原才終於成功分離出鎢。

▲碳化鎢製的切割工具嵌件，體積雖小，拿起來卻有沉甸甸的重量。

▲碳化鎢製的戒指。

▶飛鏢尖端使用鎢鋼的鏢針（Tip）。若中段的鏢身（Barrel）為鎢製，則屬高價品。

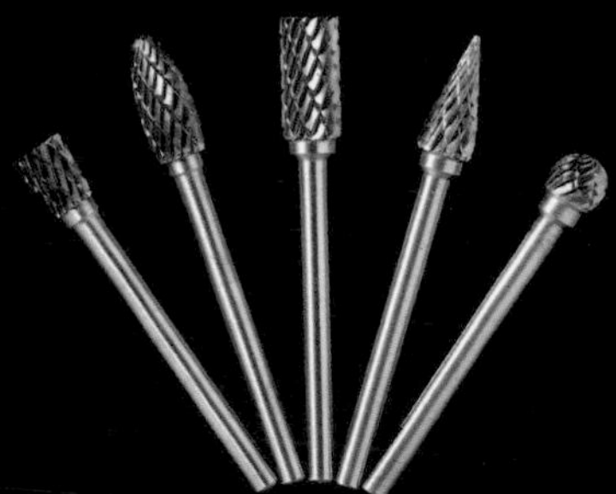

▲堅固的工具用鑽頭，由鎢與鐵的合金製成。

▶屬於鎢礦石的白鎢礦（$CaWO_4$）。產自中國的四川省。以紫外線照射會發出藍色螢光。

▲屬於鎢礦石的鎢錳礦（$MnWO_4$），含鐵量多的則稱為鎢鐵礦。產自中國的湖南省。

鎢的化學符號W，採用德語「Wolf rahm」的字頭，這也是前述鎢錳鐵礦的名稱由來。因為若鎢錳鐵礦混摻錫礦，就難以除去當中的錫，宛如野狼（wolf）因貪吃誤吞錫石導致難以取出。不過，鎢錳鐵礦這個名稱目前不再使用了，而是依成分差異，區分為鎢鐵礦（Ferberite）或鎢錳礦（Hubnerite）。

MEMO 像鎢錳礦和鎢鐵礦這種含有相似元素成分的礦物就稱作「固溶體」（solid solution），這種情況會根據鐵或鎢的成分量多寡，為礦物鑑定。

MEMO 「Wolf rahm」在德語中意指「狼的泡沫」。精煉錫礦時，若有鎢錳鐵礦混入會冒泡，致使錫的微粒子被吸收。

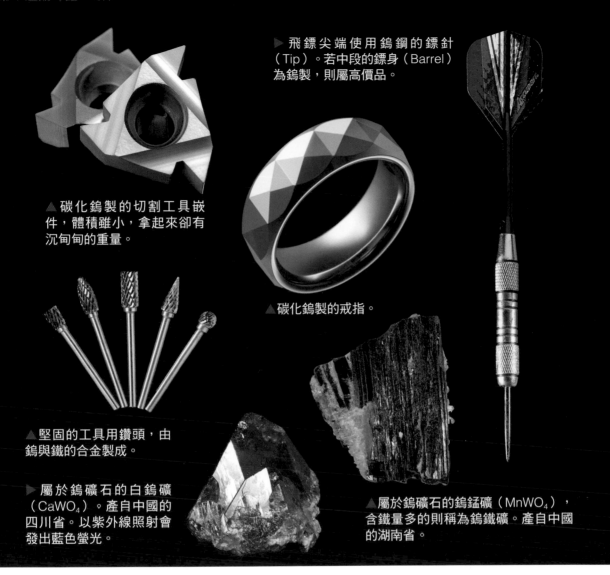

◈ 發現：瓦特．諾達克＆伊達．諾達克＆歐特．伯格（Walter Noddack & Ida Noddack & Otto Berg，1925年）
◈ 型態：過渡金屬　◈ 原子量：186.207
◈ 熔點：3186℃　◈ 沸點：5596℃
◈ 主要生產國：智利、美國、波蘭
◈ 供給風險：★★★（稀有金屬）

Re 75
Rhenium

錸（音同萊）

如幻影消失的「日本」元素

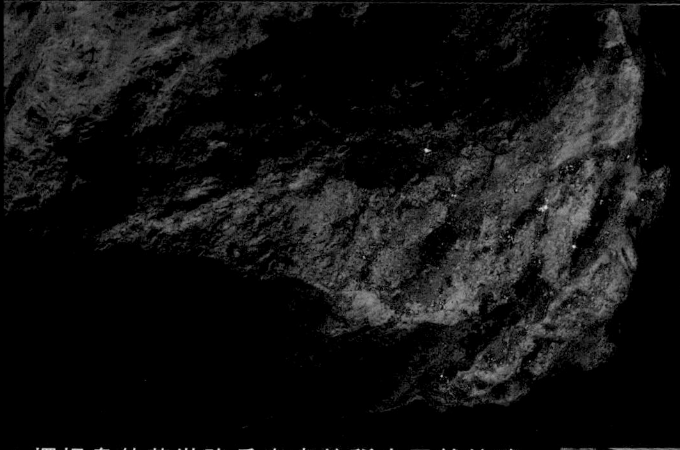

▲擇捉島的茂世路岳出產的稀少天然錸礦（ReS_2），發現得比錸元素晚，1994年才被發表。礦物中能看到具光澤的顆粒結晶。

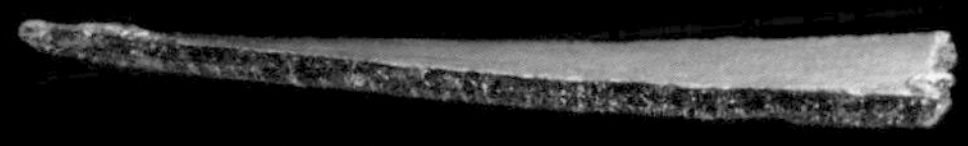

▲以99.5%純度精煉的銀灰色錸金屬板。

▶將粉末狀的錸以熱壓縮製成。

▲戰鬥機用的噴射發動機（F119）的運轉測試，渦輪葉片使用錸合金製作。

錸是**天然元素中第二晚被發現的元素**，硬度為金屬中最高，熔點僅次於排名第一的鎢。因產量少而價格高昂，用於噴射發動機零件的添加劑、質譜分析儀的長絲（filament）、催化劑、檢測溫度的高溫熱電偶（thermocouple）等。

一九〇六年，日本化學家小川正孝將錸命名為「Nipponium」（按：「Nippon」為日本）卻未經再確認，直到一九二五年，德國化學家瓦特．諾達克、伊達．諾達克以及歐特．伯格，從鉑礦及鈮鐵礦中發現錸，並以萊茵河的拉丁語「Rhenus」為之命名。錸為輝鉬礦的次要成分，含量約〇．二％，目前主要由此精煉出來。

MEMO 1906年，於倫敦大學留學的小川正孝發現錸，將之列為第43號元素，並以「Nipponium」為名發表，卻因未經其他化學家再確認而遭到駁回。之後，這項元素被判定為第75號的錸。

◈ 發現：史密森・特南特（Smithson Tennant，1803 年）
◈ 型態：過渡金屬／鉑系元素
◈ 原子量：190.23
◈ 熔點：3033℃ ◈ 沸點：5012℃
◈ 主要蘊藏國：南非、俄羅斯
◈ 供給風險：★★★（稀有金屬）

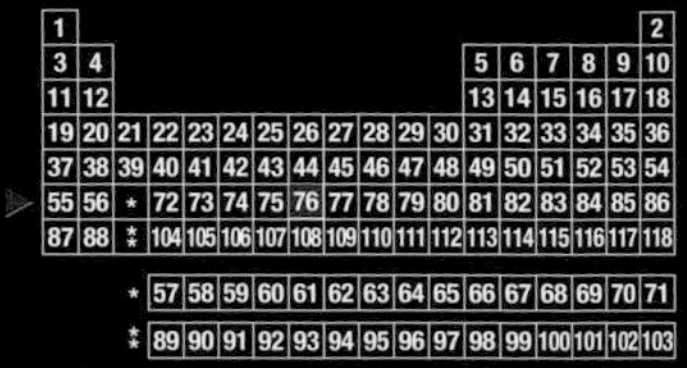

Os 76
Osmium

鋨（音同鵝）

密度最大的鉑系元素

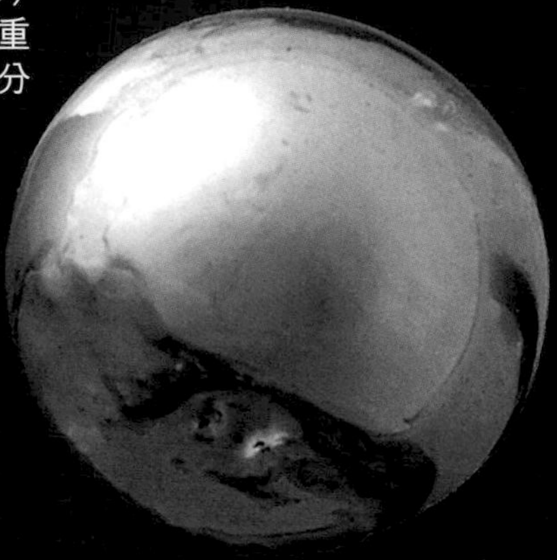

▶高純度（99.97%）的鋨金屬，也是最重的金屬，1 立方公分約 22.6 公克。

▲變舊的鋨製唱針，通常會使用鑽石或藍寶石。

▶砂狀產出的天然合金鋨銥礦，其中銥的含量約為 50%，鋨約為 25%左右。

鋨為具藍色光澤的銀色金屬，是從鉑的溶解殘留物中和銥一起被發現。元素中密度最大，且熔點高，僅次於鎢和錸。鋨和銥的合金堅硬，又有極佳的耐腐蝕性，會用於製造鋼筆的筆尖。其中分為鋨含量高（Osmiridium）或銥含量較高（Iridosmium）的銥鋨礦。

由於鋨加熱後會與空氣中的氧反應並散發強烈惡臭，故依據希臘語的「臭味」（osme）命名。另外，四氧化鋨對於指紋辨識及化學實驗的試劑來說極為受用，可惜因有劇毒，且常溫下容易氧化，須謹慎使用。

MEMO 雖然四氧化鋨有毒，但二氧化鋨及鋨金屬本身無毒。鉑系元素中鋨的熔點最高，奧地利化學家威爾斯巴赫，發明最初的金屬絲燈泡時就曾使用鋨。

◆ 發現：特南特（1803 年）
◆ 型態：過渡金屬／鉑系元素
◆ 原子量：192.217
◆ 熔點：2446℃
◆ 沸點：4428℃
◆ 主要蘊藏國：南非、俄羅斯
◆ 供給風險：★★★（稀有金屬）

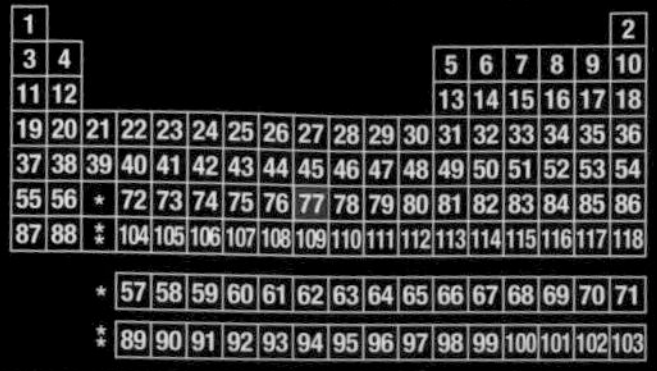

Ir
77
Iridium

銥（音同依）

解開恐龍滅絕之謎的線索

▲在義大利發現含有許多銥的黏土層（K-Pg 邊界）。圖中硬幣放置的地層區分出中生代與新生代。

▶在前端中心電極使用銥合金的汽車引擎火星塞。

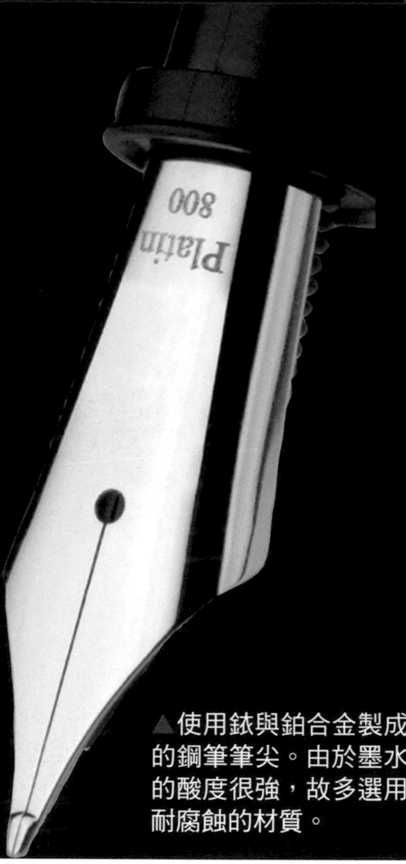

▲使用銥與鉑合金製成的鋼筆筆尖。由於墨水的酸度很強，故多選用耐腐蝕的材質。

銥為最耐腐蝕又堅硬的金屬，密度之大僅次於鋨，地球上含量極為稀少。銥與鉑等金屬製成的合金非常耐磨耗和腐蝕，因而應用於鋼筆的筆尖。銥與銠的合金則因耐熱性很高，而**用於汽車引擎的火星塞**。

由於在六千六百萬年前的地層（K-Pg邊界，即白堊紀與古近紀邊界）中發現大量銥，故這項元素被視為**印證地球因小行星撞擊，而使恐龍大量滅絕的線索**。再加上銥多半含於隕石中，因此地球當時之所以發生大規模變動，應該也和小行星的墜落有關。

MEMO 1803 年化學家特南特從鉑的溶解殘留物中同時發現銥和鋨。由於銥的鹽類有各種色彩，所以他根據希臘神話中的彩虹女神「伊麗絲」（Iris）為之命名。

◆ 發現：—
◆ 型態：過渡金屬／鉑系元素
◆ 原子量：195.084
◆ 熔點：1768℃
◆ 沸點：3825℃
◆ 主要蘊藏國：南非、俄羅斯
◆ 供給風險：★★★（稀有金屬）

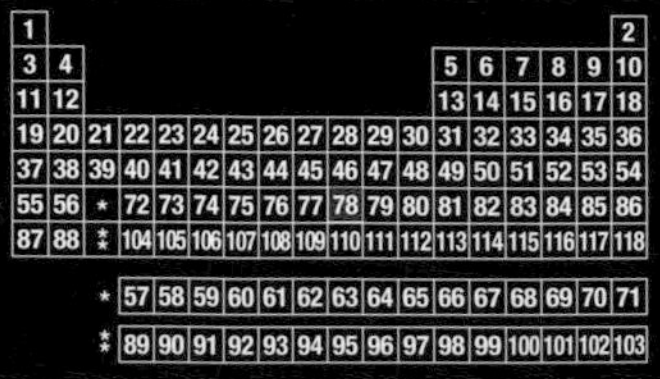

Pt 78
Platinum

鉑（音同博）

常用在飾品或催化劑

▶自然鉑（Pt）。通常含有鉑系元素（釕、銠、鈀、鋨、銥）。產自俄羅斯的昆丟爾山丘（Kondyor Massif）礦場。

▶鍍上鉑的鈦製電極，為飾品鍍上銠或鈀時使用。

▲實驗室會使用鉑製成的坩堝（Crucible），具優秀的耐酸、耐腐蝕性。

銀白色的金屬鉑，在西班牙語中有「小小的銀」（platina）之意。化學性質穩定，具有不被王水（濃硝酸和濃鹽酸的混合液）以外物質溶解的超強耐腐蝕性。既能利用其美麗光澤來製作飾品，還能運用其作為催化劑時的高活性，用於原油煉製、汽車廢氣的淨化裝置等；也常用於電極的接點、高溫用溫度計、汽車火星塞等耐熱零件。所謂催化劑，是指改變其他物質的化學反應速度時，本身在反應前後均不起變化的物質。遲至十世紀，鉑製飾品都在古印加帝國製作，但到了十八世紀中葉，隨著歐洲引入中南美洲生產的鉑礦而逐漸普及。

MEMO 1741 年，一位冶金學家將哥倫比亞產的鉑礦，委託給英國化學家威廉・伯朗瑞（William Brownrigg）撰寫論文。約莫同期，西班牙的安東尼奧・烏略亞（Antonio de Ulloa）於 1748 年的航海日誌中首度提到鉑。

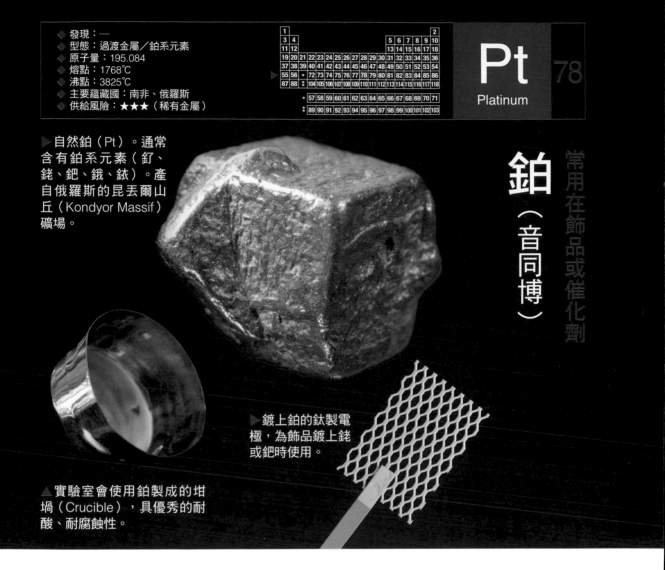

- 發現：—
- 型態：過渡金屬
- 原子量：196.966569
- 熔點：1064℃
- 沸點：2856℃
- 主要蘊藏國：南非、俄羅斯、澳洲
- 供給風險：★★

Au 79
Gold

金

有史以來最貴重的元素

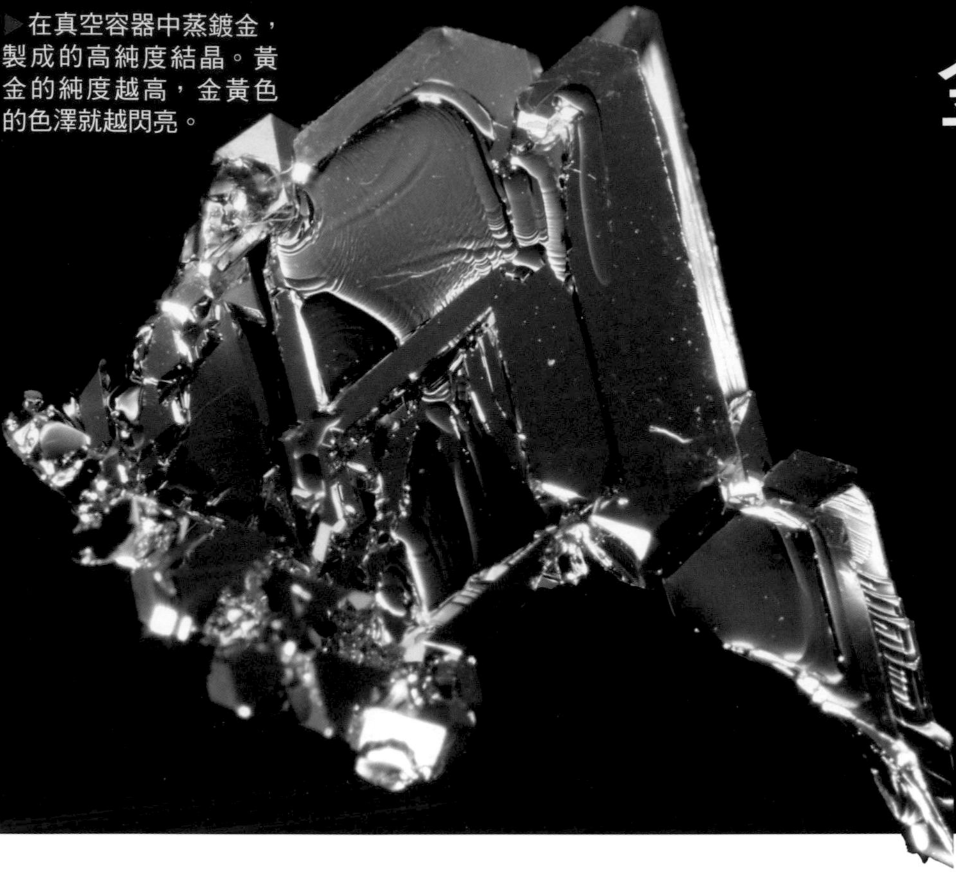

▶在真空容器中蒸鍍金，製成的高純度結晶。黃金的純度越高，金黃色的色澤就越閃亮。

金有史以來便被視為最貴重的金屬，因光澤耀眼且容易加工，自古即作為飾品或貨幣使用。極耐腐蝕，只能以王水溶解。金的密度高且化學性質穩定，故難以氧化。在古代就已被發現，儘管稀有卻容易以純物質形式使用，至少在四千年前，人們便開始挖掘金礦。

金的最大特徵之一便是延展性強，一公克的金能敲打出長達三千公尺的金絲。此外，能輕易通電、導熱，亦即傳導率高、反應性低且耐腐蝕性強，廣泛應用在電子零件接頭、電腦積體電路等。上述電子製品中，金的量多到能稱作「城市礦產」（urban mining），等待人們回收再利用。另外，金能有效反射紅外線，故會塗在高樓玻璃窗或人造衛星表面。

金的合金品位（含量）以克拉（K）表示，一〇〇％含金量為

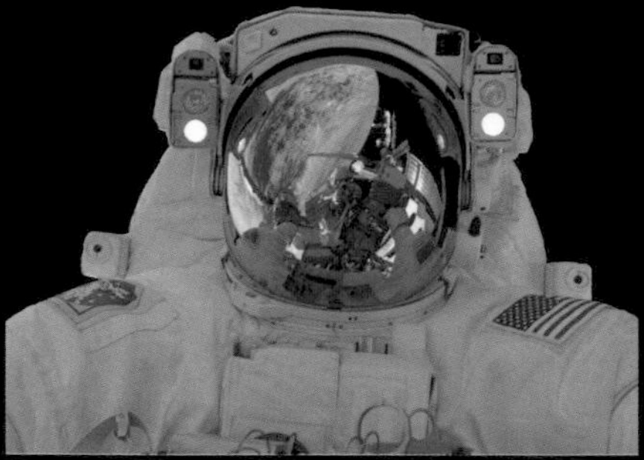

▲在太空人的面罩鍍一層金，能有效阻擋紅外線等強烈太陽光。

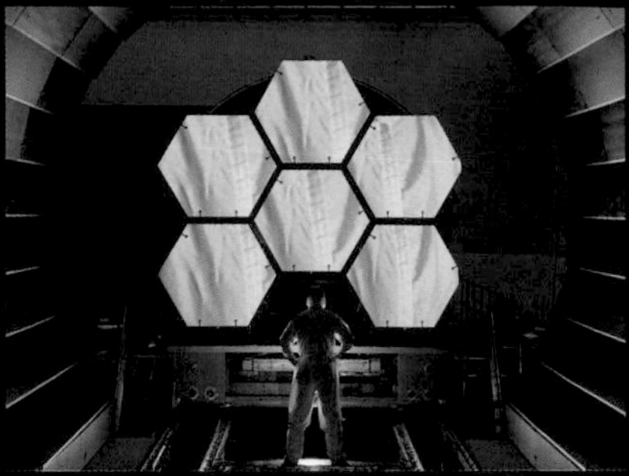

◀詹姆斯・韋伯太空望遠鏡的主鏡是由鈹製成並鍍上金。

▲作為電腦中樞的中央處理器（CPU）。印刷電路板的接腳（PIN）也會鍍金。

▲自然界發現的金當中有時也含銀，而河底等處找到的砂金，純度會比較高。

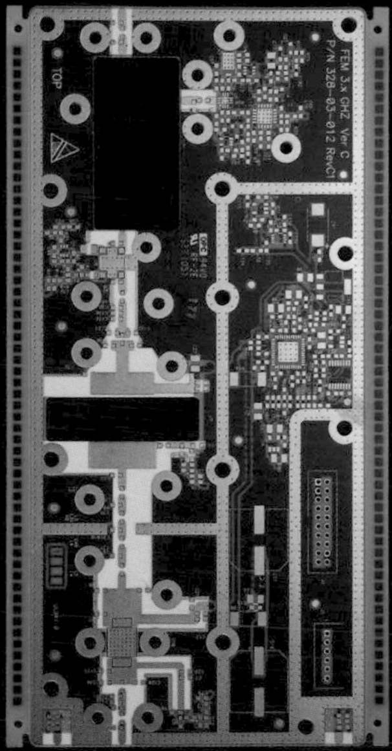

▲以絕緣體——樹脂製成的印刷電路板，會鍍上薄的鎳或金等金屬。

◀刻印質量、純度、識別碼的流通用黃金條塊（一塊代表 1 公斤）。

24K：七五%含金量為18K。

目前地球上存在的金和鉑，據說是大約四十億年前，有一陣如驟雨般大量墜落地球的巨大隕石撞擊得來。一般認為，這場流星雨大約持續了兩億年，然後隨著地球板塊移動埋入地函裡，其後又從地殼中被推上來。

MEMO 化學符號來自於拉丁語的「aurum」（光輝燦爛之物），英語名則源自印歐語系的「ghel」（閃耀）。金能以純物質形式發現，不過大都得自石英脈中的金礦。

MEMO 金在地殼中的含量，僅有 0.001～0.006ppm（ppm 在重量上意指 1 公噸當中的公克數）。南非的優質金礦石中，1 公噸中的含金量約 0.006 公克。

◈ 發現：—
◈ 型態：其他金屬／液體
◈ 原子量：200.592
◈ 熔點：-39℃
◈ 沸點：357℃
◈ 主要生產國：中國、吉爾吉斯、俄羅斯
◈ 供給風險：★★★

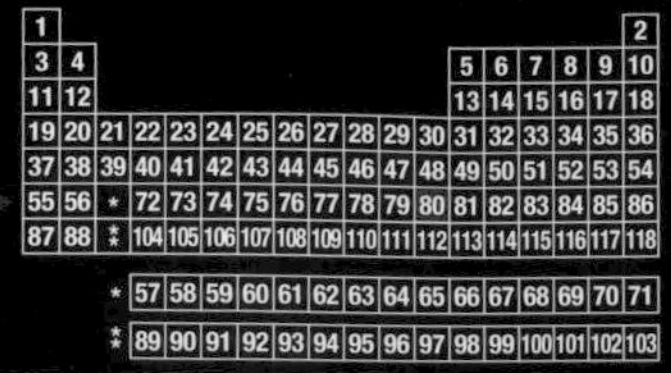

Hg 80
Mercury

汞

有毒的汞蒸氣和有機汞

▶過渡金屬中唯一在常溫常壓下為液體的汞。

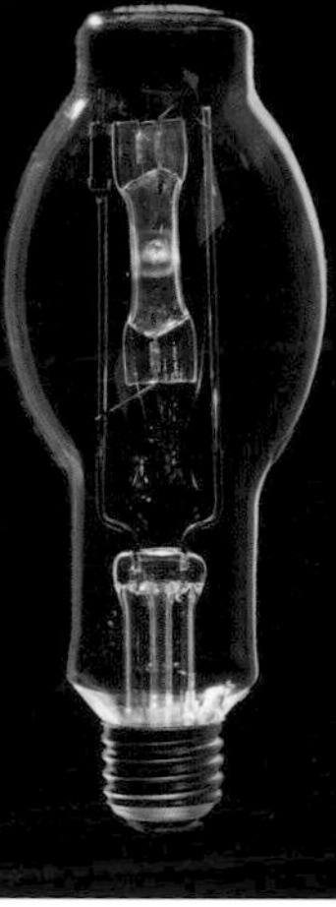

◀填入汞和氬的水銀燈。汞對日光燈等燈具來說不可或缺。

▲硃砂（HgS）是由硫化汞組成的汞礦。自古即為倍受珍視的朱紅色顏料。產自中國的貴州省。

▲過去會在鈕扣電池的負極使用汞，現在為了環境著想，不使用汞的電池逐漸普及。

人們自古就知道的汞（俗稱水銀），是在常溫下呈液態的金屬元素。因為汞會隨溫度膨脹，而被製成體溫計，不過目前逐漸被數位體溫計取代。汞會與許多金屬製成名為「汞齊」（amalgam）的合金，日本奈良的大佛像即鍍上利用其性質的金。

汞雖然有毒，但有機汞比無機汞更加危險，由於會損害神經系統，引發中毒症狀，現在已中止製造。一九五〇年代，發生在熊本縣的水俁病，即為由有機汞化合物（甲基汞）造成環境汙染而引發的公害病。而金屬汞蒸氣也會危害人體，在使用上要小心避免。

MEMO 汞的化學符號來自於拉丁語的「hydragyrum」（如水的銀）；英語命名則採用鍊金術師和占星術師約 14 世紀起使用的詞語、源自羅馬神話中眾神的使者之名「墨丘利」（Mercurius 或 Mercury）。

◆ 發現：威廉・克魯克斯／克勞德─奧古斯特・拉米（William Crookes／Claude-Auguste Lamy）（1861 年）
◆ 型態：其他金屬
◆ 原子量：204.382 ～ 204.385
◆ 熔點：304℃ ◆ 沸點：1473℃
◆ 主要生產國：— ◆ 供給風險：—

Tl
81
Thallium

鉈（音同塌）

以毒藥廣為人知

▶ 鉈金屬塊。原本為銀白色，但容易因氧化變成灰黑色。

▼ 使用鉈 201（^{201}Tl）的心肌閃爍造影（scintigraphy）。若有疑似罹患狹心症等情況，會於人體注射鉈 201 藥劑，並以閃爍照相機拍攝，來檢查血流狀況。

▲ 含鉈的紅鉈鉛礦（$TlPbAs_5S_9$）。由於鉈的礦物都很稀少，作為資源的鉈多得自銅、鉛、錫、硫化物的礦石等。產自祕魯的基魯維爾卡（Quiruvilca）礦山。

由於鉈的發射光譜為綠色，故名稱來自於希臘語中的「綠芽」（thallos）。鉈的毒性非常強烈，硫酸鉈和硝酸鉈過去曾作為老鼠或螞蟻的驅除劑。醋酸鉈（thallium acetate）具有抑制蛋白質合成的作用，曾用來製成除毛劑，但攝取量過多會引發中毒症狀，目前已不作為藥劑使用。

另一方面，鉈的放射性同位素（鉈201）會作為心肌細胞檢查時的顯影劑。此外，鉈與汞的合金熔點約在攝氏零下六十度，可應用於極地測定溫度用的溫度計。

MEMO 1861 年英國的克魯克斯，以光譜分析從硫酸工廠的殘留物中發現鉈。同時間，法國的拉米也以同樣的方式發現鉈。

◆ 發現：—
◆ 型態：其他金屬　◆ 原子量：207.2
◆ 熔點：327℃　◆ 沸點：1749℃
◆ 主要生產國：中國、澳洲、美國
◆ 供給風險：★

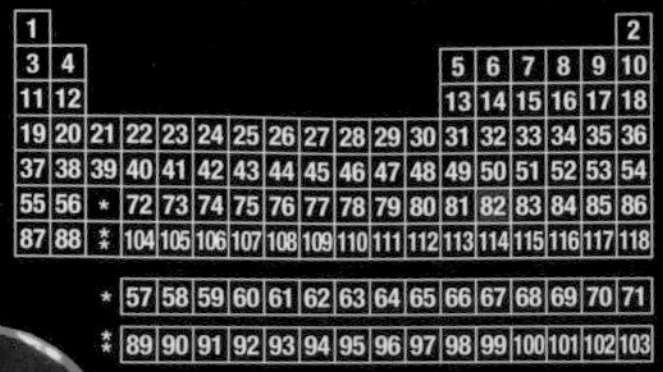

Pb 82
Lead

鉛

能吸收X射線的元素

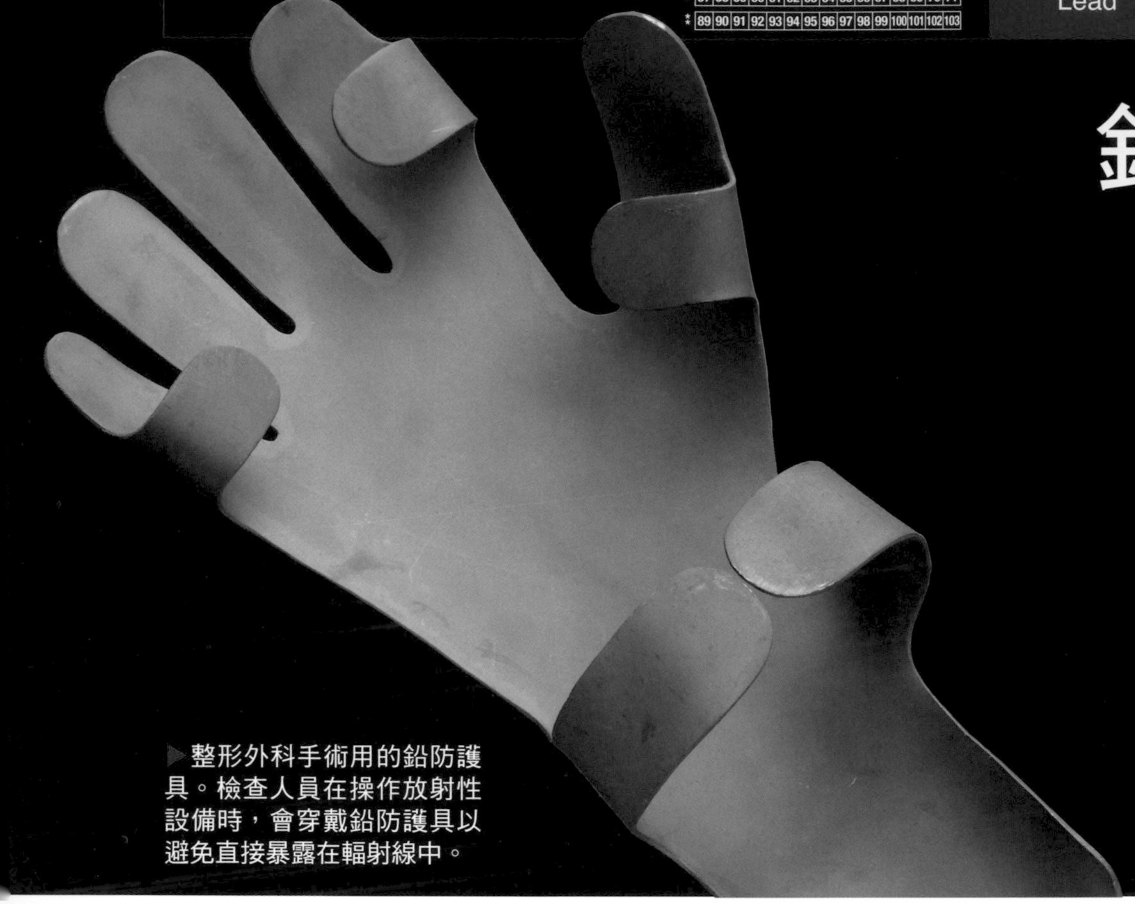

▶整形外科手術用的鉛防護具。檢查人員在操作放射性設備時，會穿戴鉛防護具以避免直接暴露在輻射線中。

鉛與銅、鐵同樣都是人類最早利用的金屬之一。鉛密度大，熔點低又好加工，因為容易煉製，古羅馬時代便大量應用於水管、貨幣甚至彈丸等鉛製品。

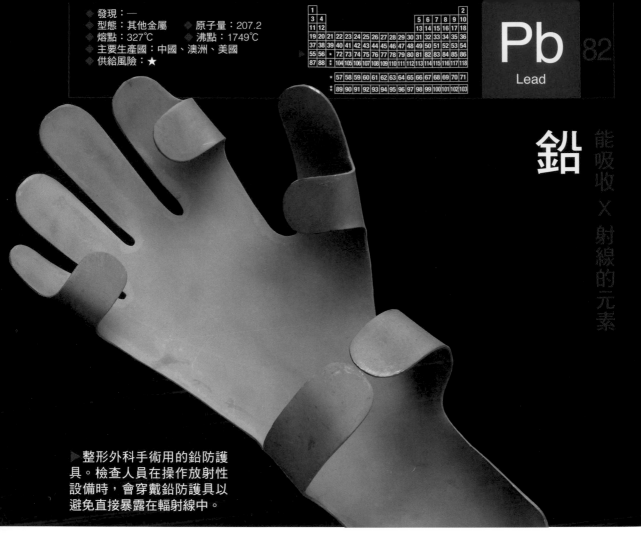

天然產出的純物質形式的鉛很少見，工業上多得自方鉛礦（鉛硫化合物）。附帶一提，一旦鈾和釷的放射性同位素衰變，最終會變成鉛而穩定下來。另外，由於鉛的氧化物有各種顏色，過去日本曾用鉛丹（紅色）、密陀僧（黃褐色）、鉛白（白色）來作為顏料。例如廣島縣的嚴島神社，就使用了鉛丹作為紅色顏料。

目前，鉛廣泛用於蓄電池的電極、槍彈、電子材料等。再加上能吸收X射線，而用於放射線攝影（Radiography）的屏蔽板。二氧化矽和氧化鉛製成的鉛玻璃，其中的鉛含量越高，折射率就越高，因此除了

方鉛礦（PbS）是硫化物，鉛含量多，是最主要的鉛礦石，含有微量的銀。

含鉛量10%的中國製枝形吊燈（chandelier），使用鉛玻璃（lead glass）。鉛能提高透光度。

自然鉛（Pb）礦物。鉛多以氧化物或硫化物形式產出，很少發現純物質形式的鉛。產自瑞典的隆班（Langban）。

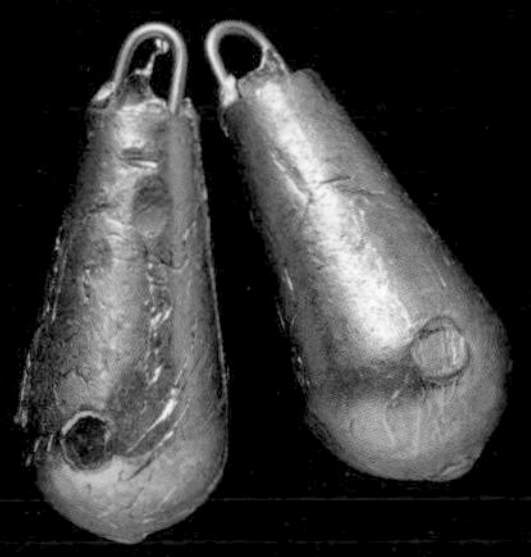

釣魚用鉛錘（sinker）。鉛的密度為11.34g/cm^3，也能沉於汞中。

鉛丹（Pb_3O_4）。鉛礦氧化後生成，為製作紅色顏料的原料。產自美國的亞利桑那州。

以鉛與錫為主成分的焊料。不過，近年逐漸以無鉛焊料為主流。

用於飾品、食器、玻璃、光學透鏡等之外，也能作為輻射線的屏蔽玻璃。

另一方面，鉛也以對生物有害為人所知。在日本，化妝用的白粉原料中曾使用碳酸鉛，考量到碳酸鉛對環境及人體的危害，目前已禁止使用。其他還有船體塗料、鉛電池、食器的釉藥、汽油、鉛錫合金的焊料，也都逐漸停止使用有毒性的鉛。

MEMO 化學符號源自拉丁語的「plumbum」（鉛）。根據紀載，約2,300年前的古希臘，便已知道鉛白（White Lead，鹼式碳酸鉛）的製法。

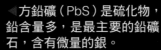

- 發現：—
- 型態：類金屬
- 原子量：208.98040
- 熔點：271℃
- 沸點：1564℃
- 主要生產國：中國、墨西哥、哈薩克
- 供給風險：★★★（稀有金屬）

Bi 83
Bismuth

鉍（音同必）

能在極低溫下成為超導體

▲純淨的人工鉍結晶。覆上一層氧化薄膜後散發七彩光澤。

◀天然產出的自然鉍。與硫化礦物輝鉍礦（Bi_2S_3）均為鉍的代表性礦物。

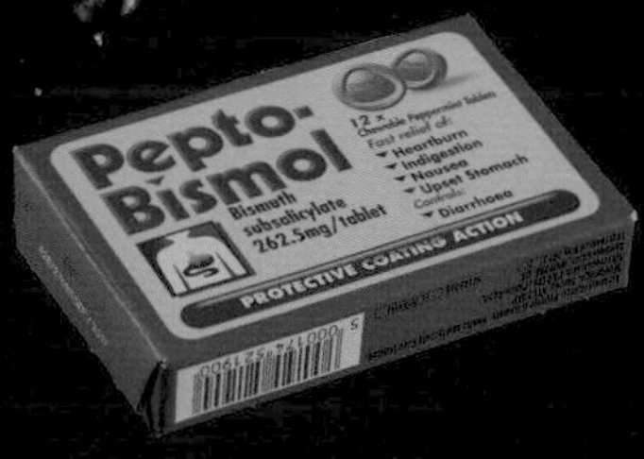

▲腸胃藥中含有具整腸效果的次硝酸鉍。英國製。

鉍為銀白色的柔軟類金屬。因為性質和鉛相似，成為取代鉛的材料，用於焊料、槍彈、釣魚用鉛錘等。鉍以液態氮冷卻後成為零電阻的「超導體」，而以此受到注目，日本JR磁浮列車（SCMaglev）的山梨實驗線，就使用以氧化鉍鍶鈣銅的高溫超導體（BSCCO）為線材的**磁浮列車用超導磁鐵**。

含鉍的易熔合金（伍氏合金）會在攝氏七十度融化，被應用於**自動消防灑水器的噴頭**上，萬一遇上火災，當周圍的溫度超過攝氏七十度時，就會使合金融化、噴灑出水。鉍化合物也對腹瀉有效，用以製成治療胃潰瘍或十二指腸潰瘍等的藥劑。

MEMO 鉍最早出現在16世紀德國的紀錄中。名稱由來有各種尚未定案的說法，據傳可能是源自古德語中的「白色塊狀物」（wissmuth）。

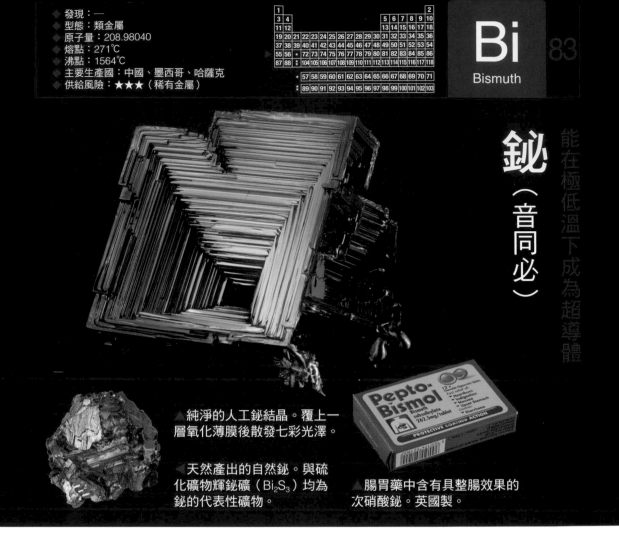

- 發現：瑪麗．居禮＆皮耶．居禮（Marie Curie & Pierre Curie，1898 年）
- 型態：類金屬
- 原子量：[210]
- 熔點：254℃
- 沸點：962℃
- 主要生產國：—
- 供給風險：—

Po 84 Polonium

釙（音同破）

居禮夫婦發現的放射性元素

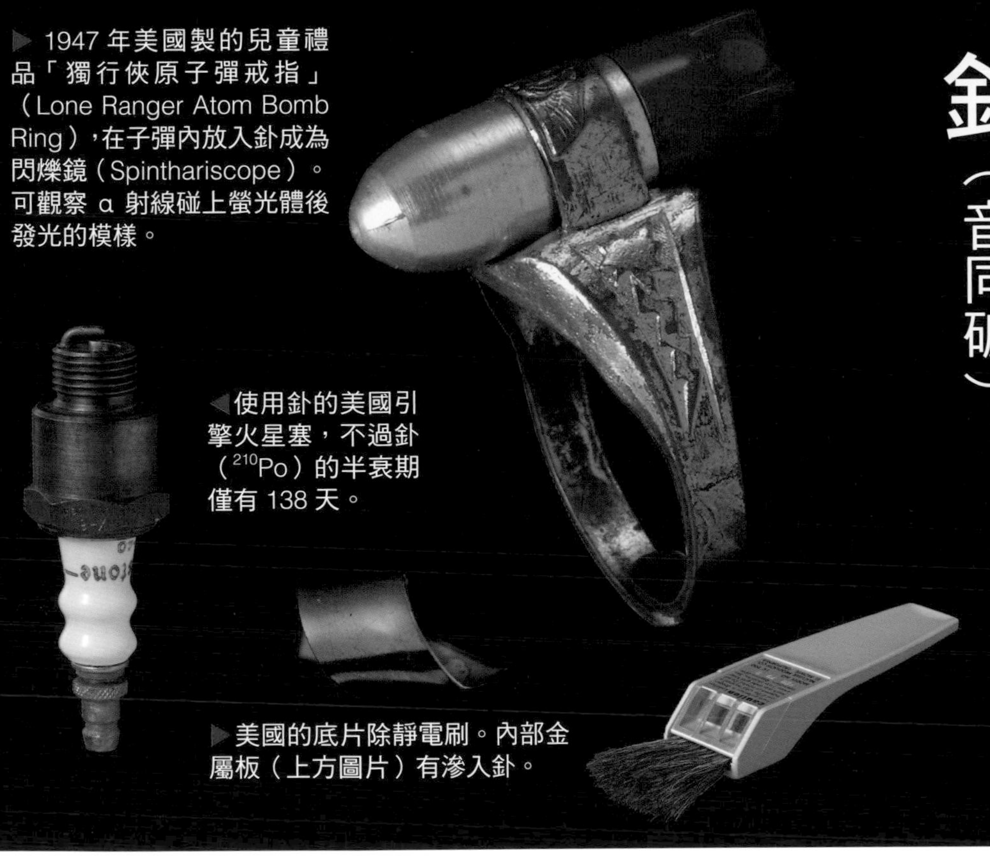

1947 年美國製的兒童禮品「獨行俠原子彈戒指」（Lone Ranger Atom Bomb Ring），在子彈內放入釙成為閃爍鏡（Spinthariscope）。可觀察 α 射線碰上螢光體後發光的模樣。

使用釙的美國引擎火星塞，不過釙（^{210}Po）的半衰期僅有 138 天。

美國的底片除靜電刷。內部金屬板（上方圖片）有滲入釙。

釙是居禮夫婦兩人從瀝青鈾礦（pitchblende）中發現的放射性元素。釙的光敏作用（photosensitization）遠遠強過鈾，其命名以瑪麗．居禮的故鄉波蘭（Polonia，波蘭的拉丁語）為依據。居禮夫婦將釙擁有如此強烈的光敏和螢光作用的能力稱為「放射性」（輻射性），並把釋放物稱作「輻射」。

釙會釋放強烈的 α 射線，特別是其同位素釙 210 會釋放出鈾的一百億倍的 α 射線。二〇〇六年，前俄羅斯 KGB 特務亞歷山大．利特維年科（Alexander Litvinenko）在英國死於非命，之後從其體內發現大量的釙 210，證明這是利用釙進行的暗殺事件。

MEMO 閃爍鏡是初期研究輻射階段時，化學家克魯克斯為了觀察 α 射線而於 1903 年發明的器具。α 射線碰到螢光幕後可看到閃光（scintillation）。

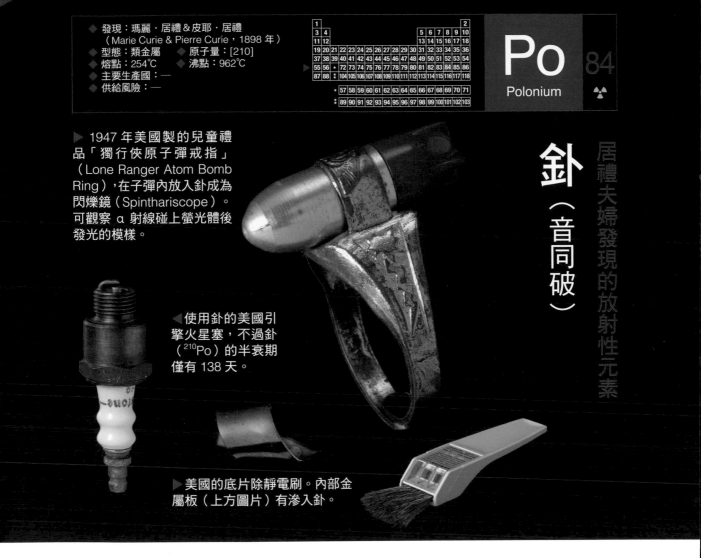

◆ 發現：塞格雷等（1940 年）
◆ 型態：鹵素
◆ 原子量：[210]
◆ 熔點：302℃
◆ 沸點：—
（※ 人工合成元素）

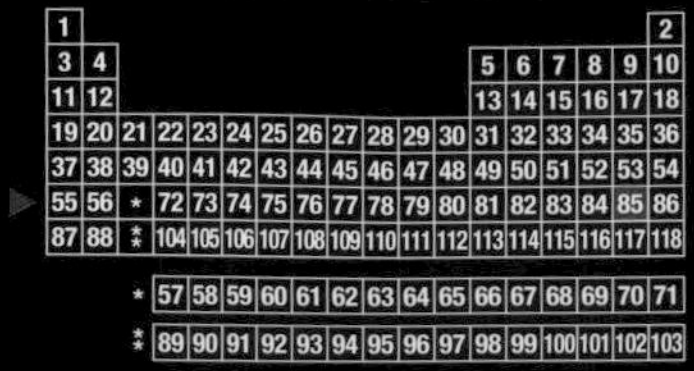

At
Astatine
85

砈（音同餓）

地球上的存量推估為二十八公克

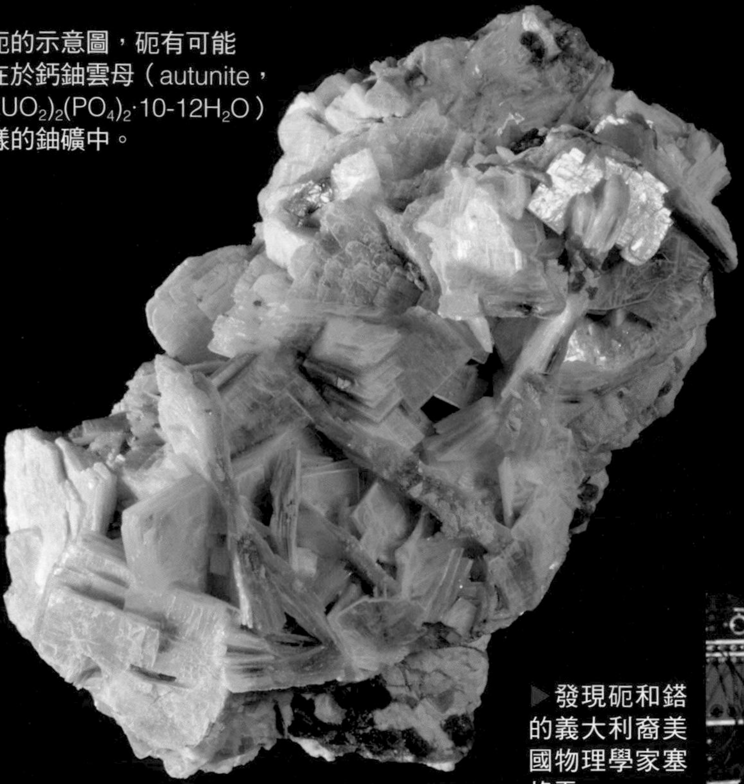

▶砈的示意圖，砈有可能存在於鈣鈾雲母（autunite，$Ca(UO_2)_2(PO_4)_2 \cdot 10\text{-}12H_2O$）這樣的鈾礦中。

▶發現砈和鎝的義大利裔美國物理學家塞格雷。

砈是一九四〇年，以加州大學的迴旋加速器製成的人工放射性元素。元素名來自於希臘語的「astatos」（不穩定）。砈沒有穩定同位素，壽命最長的砈210，其半衰期也只有八．一小時，就連實驗時也會因衰變，變化成其他元素。

砈在地殼中與鍅並列為含量最少的元素，推估僅有約二十八公克。由於壽命很短，砈的化學性質還有許多不明之處。不過，因半衰期短，加上會釋放強烈的 α 射線，而以治療癌症的輻射源而廣受期待。

MEMO 加州大學柏克萊分校的塞格雷、肯尼斯・麥肯西（Kenneth Ross MacKenzie）、戴爾・科爾森（Dale R. Corson）以 α 粒子（氦離子）撞擊鉍 209 合成出砈 211。

- 發現：弗里德里希・棟恩（Friedrich Ernst Dorn，1900 年）
- 型態：惰性氣體
- 原子量：[222]
- 熔點：-71℃
- 沸點：-62℃
- 主要生產國：—
- 供給風險：—

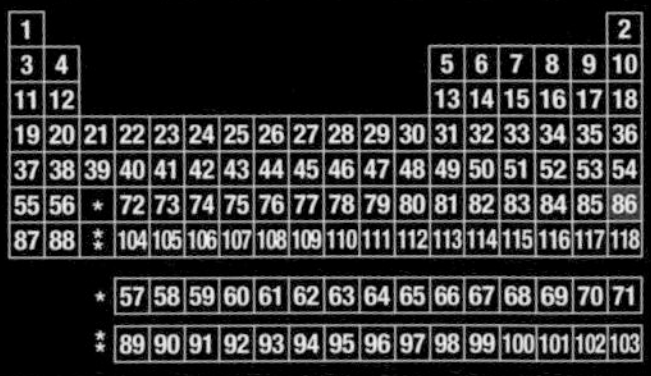

Rn 86
Radon

氡（音同冬）

由鐳產生的惰性氣體

▲花崗岩中含有以次要成分存在的獨居石，其中含放射性元素鈾和釷。一旦鈾和釷衰變就會產生鐳，而鐳衰變後就會產生氡。

▶海外有需求的氡氣偵測套件。美國甚至販賣電動式警報裝置等各類型品項。

氡是德國物理學家棟恩從鐳的化合物中發現的無色氣體。當時出現各種關於命名的主張，但到了一九二三年，終於以氡是來自於「Radium」（鐳）的氣體，而定名為「Radon」。氡在惰性氣體中最重，且沒有穩定同位素，只有放射性同位素。氡222的半衰期為三．八天。

提到日常中的氡，大概就是氡含量高的氡氣溫泉，不過其治風溼的醫學效果尚未獲得證明。日本與世界各地相比，室內的氡濃度低，但還是要留意，別讓從土壤或岩石類建材產生的氡氣充滿氣密性高的空間，並保持通風（氡衰變時會產生高能 α 微粒，增加肺癌可能）。

MEMO 棟恩發現氡後，緊接著由歐尼斯特・拉塞福（Ernest Rutherford）和弗雷德里克・索迪（Frederick Soddy）成功分離並研究其性質。命名來自於「鐳放射出的物質」（radium emanation）。

法國的皮耶・居禮（1859～1906 年）和波蘭出身的瑪麗・居禮（1867～1934 年）夫婦。兩人從鈾礦中發現釙和鐳，並獲得諾貝爾物理學獎。瑪麗・居禮其後又獲得諾貝爾化學獎。

對化學發展有所貢獻的科學家們

元素的發現史

十七世紀的歐洲，即便有波以耳透過實驗與觀察，建立起近代化學的基礎，但當時系統性的化學知識仍然不夠充分。例如，當時的人甚至認為一切物質都含有稱作燃素（Phlogiston）的物質，而所謂物質燃燒，就是釋放燃素的神祕過程。

進入十八世紀後，才由拉瓦節創建出真正意義上的近代化學。研究空氣的拉瓦節，發現化學反應基本法則的「質量守恆定律」，他注意到所謂燃燒，並非指失去燃素的現象，而是物質與氧結合後產生的化學反應。雖然拉瓦節死在法國大革命的斷頭臺上，但他提倡的「元素」概念，使化學展開飛躍性的發展。

十八世紀後半，除了發現空氣的主要組成要素氫、氮、氧外，礦業與冶金學的關係日益加深，並相繼發現存在於地殼中的豐富金屬元素。只不過，從化合物中分離出純物質元素的方法，卻不得不等到活躍於十九世紀初的戴維才有所進展。

戴維利用伏特於一八〇〇年發明的電池來電解化合物，成功分離出屬於鹼金屬的鈉和鉀。之後更進一步發現鈣、鎂、鋇、

法國化學家拉瓦節（1743～1794 年）。提倡質量守恆定律，闡明元素的概念。

發現氯以及鎢的瑞典化學家舍勒（1742～1786 年）。

提倡原子說的英國化學家道耳頓（1766～1844 年）。

合成出 10 種超鈾元素的美國化學家西博格（1912～1999 年）。

發現氬、氖等惰性氣體的英國化學家拉姆賽（1852～1916年）。

以光譜儀發現銫以及銣的德國化學家本生（1811～1899 年）。

電解鹼金屬和鹼土金屬的英國化學家戴維（1778～1829 年）。

硼，證明物質的化學反應和電力有關。

一八五九年，德國化學家本生和克希荷夫發明光譜儀，讓人們透過觀察焰色反應、光譜，相繼檢測出惰性氣體等從前難以發現的元素。另外，英國化學家道耳頓發表世界第一個化學符號，同時還加入原子的質量概念。更甚者，隨著俄羅斯科學家門得列夫提倡的週期表概念廣泛流傳，加快以系統性記述和預測為基準的元素研究。

十九世紀末，法國的居禮夫婦開始關注從鈾化合物中釋放出類似X射線的強烈光線。他們隨後發現，含釷的化合物也會輻射出同樣的光線，並將元素這種放射的性質命名為「放射性」；而有放射性的元素則為「放射性元素」。一八九八年，從鈾礦中發現釙和鐳的當時，人們並不清楚輻射對人體的影響，而長期接觸放射性物質的瑪麗．居禮因此受到輻射危害，六十八歲時死於白血病。

十九世紀為止，已發現大部分存在於大自然的近九十種元素。二十世紀以後，科學家開始合成無法在大自然發現的人工合成元素。

第7週期

（錒～氬）

◆ 發現：瑪格麗特・佩里（Marguerite Perey，1939 年）
◆ 型態：鹼金屬 ◆ 原子量：[223]
◆ 熔點：27℃ ◆ 沸點：—
◆ 主要蘊藏、生產國：—
◆ 供給風險：—

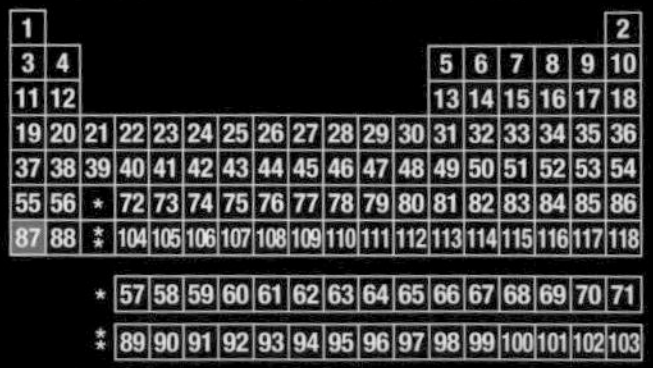

Fr 87 Francium

鍅（音同髮）

最後一個在自然界中發現的放射性元素

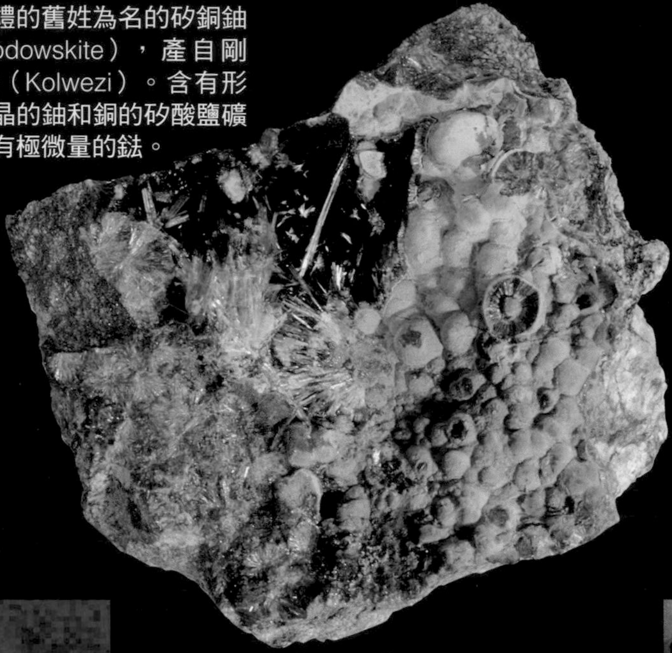

▶以瑪麗・居禮的舊姓為名的矽銅鈾礦（Cuprosklodowskite），產自剛果的科盧韋齊（Kolwezi）。含有形成綠色針狀結晶的鈾和銅的矽酸鹽礦物中，或許含有極微量的鍅。

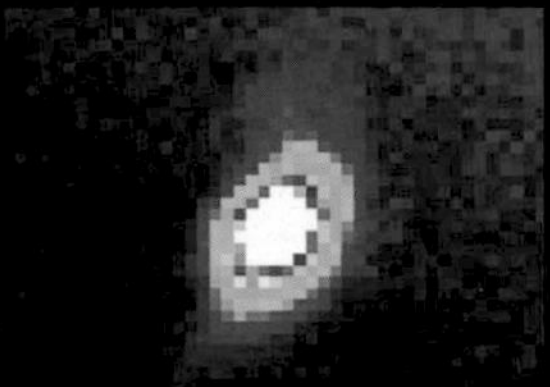

◀在加拿大的基本粒子與原子核物理學研究所，從鈾合成出鍅。數十萬個原子集合體被磁光阱（Magneto-optical trap）捕獲。

▶居禮研究所的物理學家——瑪格麗特・佩里。

Courtesy, Joint Quantum Institute-University of Maryland

在法國擔任瑪麗・居禮助手的瑪格麗特・佩里，一九三九年時從錒的衰變產物中發現屬於鹼金屬的鍅，並以其祖國法國為命名依據。鍅在地殼中的存量非常少，鈾礦中的含量也很稀少。鍅是最後一個在大自然中發現的放射性元素，其後發現的元素均由人工合成。

鍅雖然有超過三十種的同位素，但沒有穩定同位素，而且每一個半衰期都很短，其中最長的也只有約二十二分鐘，然後馬上就會變成鐳等其他元素。此外，目前還沒有商業實用性用途，而是在基本粒子物理學領域中，用於實驗方面。

MEMO 大自然中鈾 235（^{235}U）的衰變過程中會產生鍅 223（^{223}Fr）。不穩定元素意指原子核不夠穩定，因此會隨著時間經過，在衰變過程中轉變成其他元素。

- 發現：居禮夫婦（1898 年）
- 型態：鹼土金屬
- 原子量：[226]
- 熔點：700℃
- 沸點：1737℃
- 主要蘊藏・生產國：—
- 供給風險：—

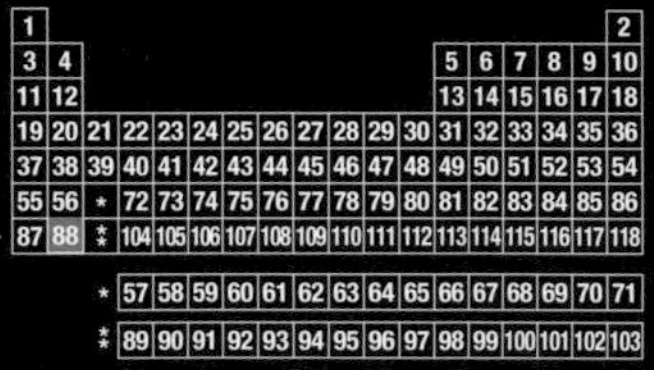

Ra 88
Radium

鐳（音同雷）
付出生命換來的發現

▲發現鐳 100 週年紀念郵票。

▲「閃爍鏡」以鐳作為α 射線來源。觀察輻射的用具。

▲以鐳作為夜光漆的懷錶，由於過去時鐘工廠出現多名罹癌的被害員工，目前已停止製造。

◀在輻射危險性尚未為人所知的1920年代，一款瓶中含鐳的健康產品製造上市，標榜「由鐳衰變而成的氡水」。

居禮夫婦發現釙後，在一八九八年接著發現新的放射性元素鐳。兩人留意到去除釙的鈾礦，竟然釋放出更強烈的輻射，因此合力弄清楚元素的真面目，終於發現這個光敏作用超過鈾兩百五十萬倍的元素——鐳。可惜瑪麗・居禮因長年暴露於輻射中，最後罹患白血病過世（她的學生、發現鍅的佩里也死於癌症）。

鐳過去曾用於放射性治療，但現在因為明白其危險性已不再使用，而改用鈷60等輻射源來治療癌症。

MEMO 關於元素名，由於鐳會釋放輻射，故以拉丁語的「放射」（radius）為命名來源。皮耶・居禮出身法國、瑪麗・居禮是出身波蘭的科學家。

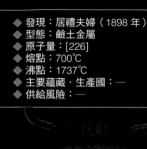

◆ 發現：安德烈－路易・德比埃爾內（André-Louis Debierne，1899 年）
◆ 型態：錒系元素 ◆ 原子量：[227]
◆ 熔點：1051℃ ◆ 沸點：3198℃
◆ 主要蘊藏・生產國：—
◆ 供給風險：—

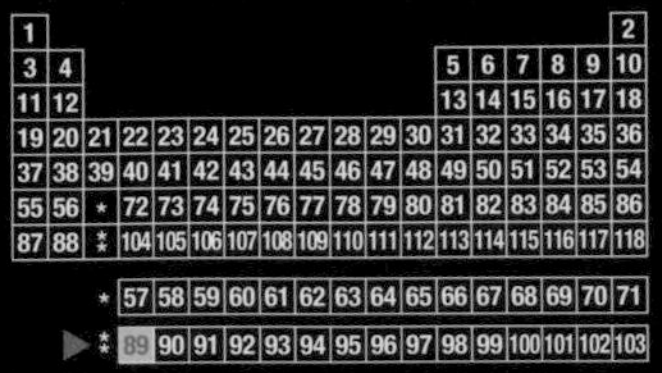

Ac 89
Actinium

錒（讀音ㄚ）

鈾礦中發現的放射性元素

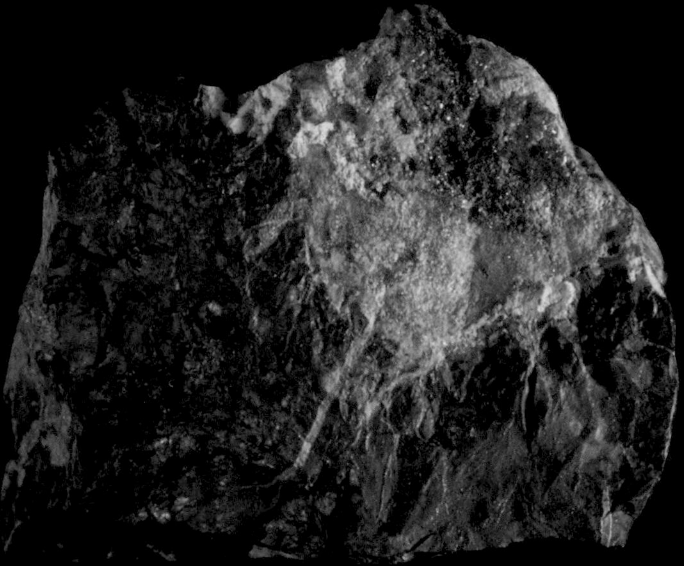

▲黑色樹脂狀的方鈾礦（uraninite）又稱作「瀝青鈾礦」（pitchblende）。礦物的化學式雖為二氧化鈾「UO_2」，但含有雜質如鐳、釷等放射性元素。黃色部分為鈾礦變質成的脂鉛鈾礦（gummite）。產自捷克的亞希莫夫（Jáchymov）。

▶法國化學家德比埃爾內。

錒是化學性質與鑭系元素相近的第一個錒系元素。因具有放射性，而以希臘語的「光線」（aktinos）為命名由來。一八九九年，亦即居禮夫婦發現鐳等元素的隔年，和居禮夫婦有深交的化學家德比埃爾內，從瀝青鈾礦的殘留物中發現錒。

錒在地殼中的含量很少，一公噸的瀝青鈾礦中，僅占約〇．一五毫克。此外，也是具有強烈放射性、會發出藍光的銀白色金屬。目前是透過在核子反應爐中，以中子撞擊鐳來得到錒。雖然主要為研究用途，但今後可期待成為治療癌症用的 α 射線源。

MEMO 錒的元素名來自於希臘語的「光線」。大自然中僅發現錒 227（^{227}Ac）和錒 228（^{228}Ac），其餘皆為人工合成。

- 發現：貝吉里斯（1828 年）
- 型態：錒系元素
- 原子量：232.03777
- 熔點：1750℃
- 沸點：4788℃
- 主要蘊藏國：澳洲、印度、挪威
- 供給風險：★★★

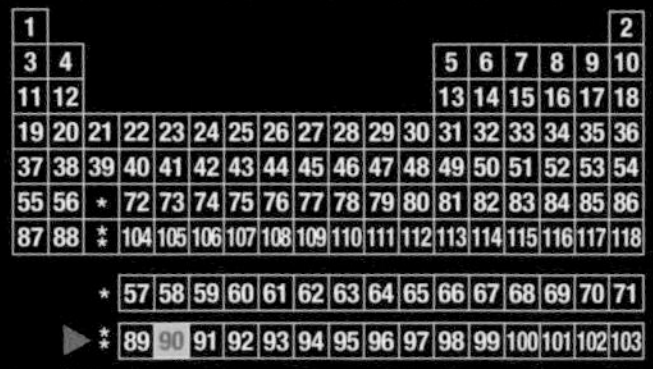

Th 90 Thorium

釷（音同土）

大量存在地殼中的放射性元素

▶結晶呈立方體的方釷石（ThO_2）。產自斯里蘭卡的拉特納普勒（Ratnapura）。

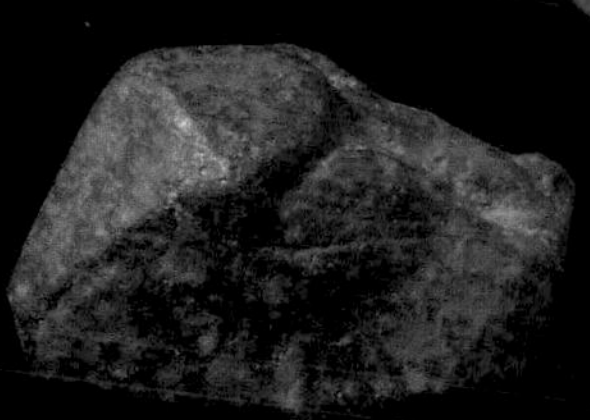

◀釷的主要礦物釷石（$(Th,U)SiO_4$）。產自緬甸的抹谷（Mogok）。

◀紅色部分約含 2%氧化釷的鎢電極，用於熔接。

▶瓦斯燈用燈蕊，為露營用品。因發光劑中混入化學性質穩定的氧化釷，故耐火性強，使瓦斯火焰散發強烈光芒。

釷是地殼中含量最豐富的錒系元素，而瑞典化學家貝吉里斯於一八二八年，從釷石中發現釷。元素名源自北歐神話中的雷神索爾（Thor）。由於發現釷的當下，「放射性」的概念尚未為人所知，自然也不曉得其危險性。在自然界發現的釷當中，最穩定的放射性同位素只有釷232，其半衰期長達約一百四十億年。

由於氧化釷的化學性質穩定、熔點又高，故應用於耐熱陶瓷、瓦斯燈燈蕊、坩堝用的材料等。不過，即便僅有些微含量還是有放射性，因此目前已很少使用。

MEMO 雖然人們早在 1828 年就發現釷，當時卻因其半衰期長，沒料到是放射性元素。1898 年，瑪麗．居禮與德國的格哈特．施密特（Gerhard Carl Schmidt）各自發現釷具有放射性。

◆ 發現：莉澤・麥特納＆奧托・哈恩（Lise Meitner & Otto Hahn，1918 年）
◆ 型態：錒系元素
◆ 原子量：231.03588
◆ 熔點：1572℃ ◆ 沸點：—
◆ 主要蘊藏・生產國：—
◆ 供給風險：—

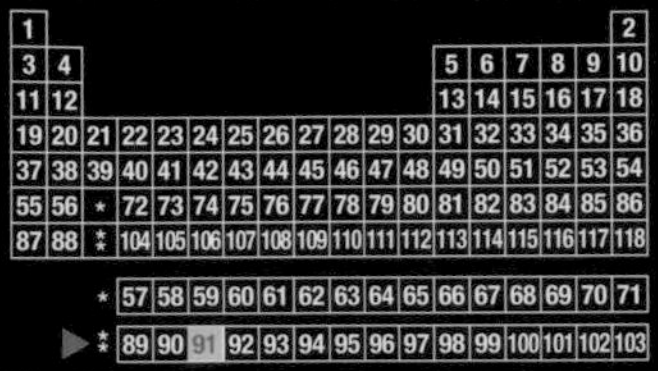

Pa 91
Protactinium

鏷（音同樸）

用途受限的放射性元素

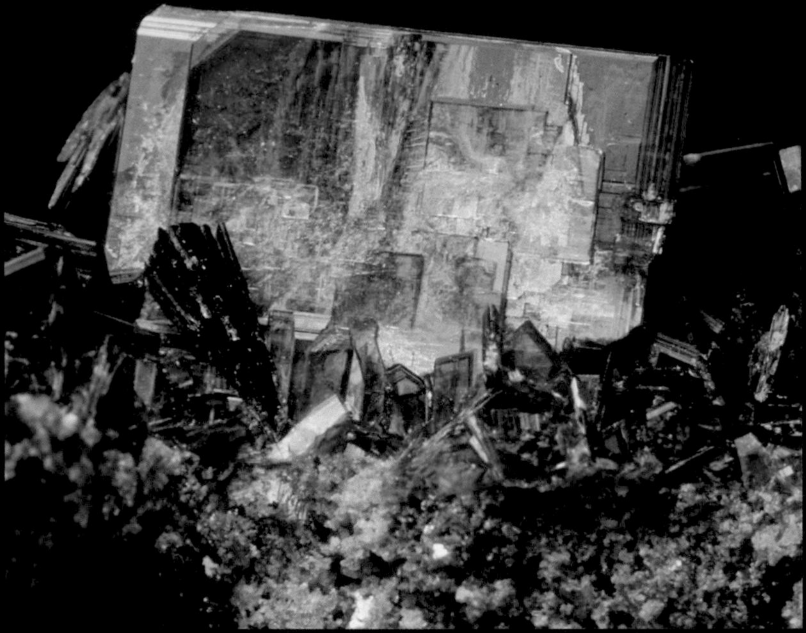

▲形成美麗板狀結晶的銅鈾雲母（torbernite，$Cu(UO_2)_2(PO_4)_2 \cdot 8\text{-}12(H_2O)$），當中可能含有極微量的鏷。產自剛果民主共和國。

▶奧地利出身的莉澤・麥特納（右）與德國的奧托・哈恩（左），從方鈾礦中發現鏷。

鏷為銀白色金屬，是在鈾礦中僅有些微含量的放射性元素。即便自然中的鏷含量稀少，卻能在核子反應爐內產出鈾時，隨著釷衰變得到鏷。

門得列夫早在一八七一年就預言鏷的存在，然後到了一九一八年，終於被莉澤・麥特納和奧托・哈恩發現。鏷的名稱「protoactinium」（按：此名稱於一九四九年縮短成protactinium）有「錒的前身」之意，因為鏷的同位素鏷231（半衰期為三萬兩千七百六十年），在α衰變後會變成錒227。雖然鏷僅限研究用途，但偶爾會利用其半衰期長的特性，用於測定海底沉積層的年代。

MEMO 1944年，哈恩獲得諾貝爾化學獎，但猶太裔的麥特納卻迫於納粹的壓力錯失獎項。不過，麥特納的功績成為後來第109號元素「䥑」的命名依據，因而永遠留名。

- 發現：馬丁．克拉普羅特（1789 年）
- 型態：錒系元素
- 原子量：238.02891
- 熔點：1135℃
- 沸點：4131℃
- 主要生產國：哈薩克、加拿大、澳洲
- 供給風險：★

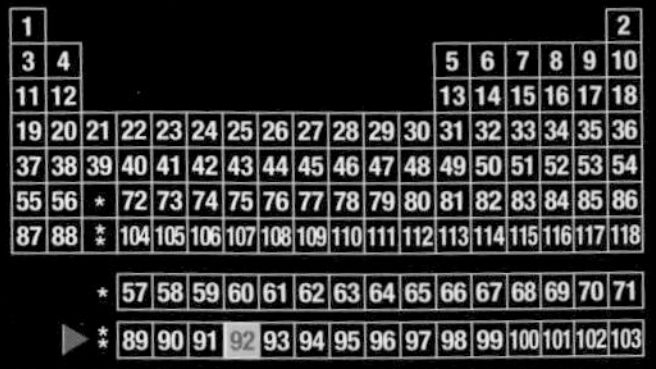

U 92 Uranium

鈾（音同柚）

用於核能發電與核彈的放射性元素

▶紫外線照射下會發出螢光的鈾玻璃（Uranium glass）。圖為小型玻璃絕緣體模型，著色劑中添加了極微量的鈾。

▲由如同煤煙狀結晶形成的人形石（Ningyoite，$(U,Ca,Ce)_2(PO_4)_2 \cdot 1\text{-}2(H_2O)$），是日本代表性的鈾礦。

▲用於核子反應爐的核燃料碳化鈾，使用天然鈾中含量約 0.7%的鈾 235。

▲一般認為使用了鈾礦作為輻射源的閃爍鏡。1950 年代左右，美國針對兒童推出的玩具套件。

一七八九年德國化學家克拉普羅特，從方鈾礦中發現金屬元素鈾，命名取自一七八一年發現的「天王星」（Uranus）。鈾除了地殼中的鈾礦，也有極微量存在於海水中。

鈾礦中微量的鈾235，當中子撞擊其原子核時，會引發核分裂，進而釋放能量。所謂核能發電，就是在核子反應爐中，持續性的控制核分裂反應來發電。另一方面，核彈則以濃縮鈾235進行核分裂鏈反應（nuclear fission chain reaction），並在一瞬間釋放出龐大的能量。一九四五年在廣島投下的就是鈾235型原子彈。

MEMO 克拉普羅特發現的其實是二氧化鈾，純淨的鈾則到了 1841 年才由法國的尤金－梅爾希奧．皮里哥（Eugène-Melchior Péligot）分離出來。另外，鈾的放射性則於 1896 年由亨利．貝克勒（Henri Becquerel）確認。

◆ 發現：埃德溫．麥克米倫＆菲力普．艾貝爾森
（Edwin Mattison McMillan & Philip Abelson，1940 年）
◆ 型態：錒系元素
◆ 原子量：[237]
◆ 沸點：644℃
◆ 沸點：4000℃

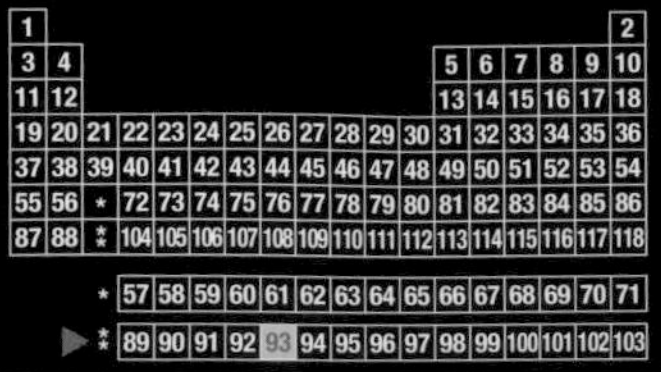

Np 93
Neptunium

錼（音同奈）

史上最初發現的超鈾元素

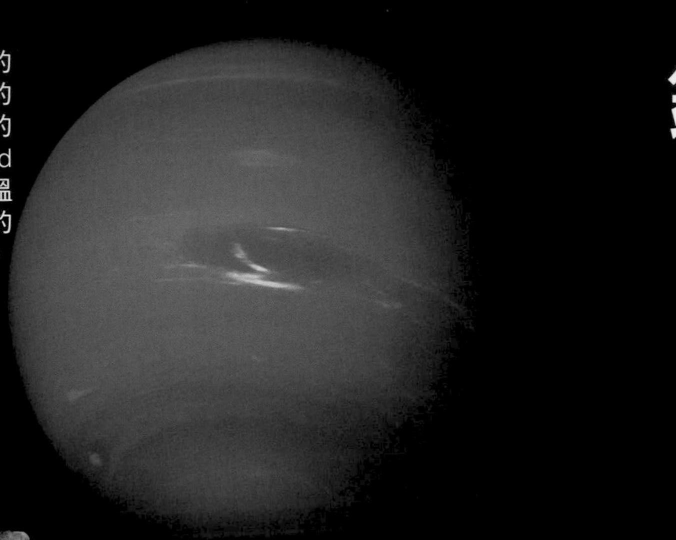

▶海王星（Neptune）的命名來自於羅馬神話中的海神，1846 年由德國的伽勒（Johann Gottfried Galle）發現，是表面溫度為攝氏零下 210 度的冰巨行星（ice giant）。

◀日本鳥取縣東鄉礦山神之倉坑產的鉀釩鈾礦（Carnotite，$K_2(UO_2)_2V_2O_8 \cdot 3H_2O$）。有時候這種鈾礦中的鈾 238 進行自發性核分裂後，會產生極微量的錼 239。

▶從鈾的核分裂產物中發現錼的埃德溫．麥克米倫。

一九四〇年，加州大學柏克萊分校的埃德溫．麥克米倫與菲力普．艾貝爾森，以中子撞擊鈾238而合成出放射性元素——銀白色金屬的錼。這時發現的錼239，其半衰期僅有二．四天，且衰變後會變成鈽。

一般認為天然鈾礦中的錼含量極其稀少，因此通常都來自核能發電使用完畢的核燃料。這種情況得到的錼237，半衰期就高達兩百一十四萬年。附帶一提，原子序比鈾還大的元素就稱作「超鈾元素」，全部都是人工合成元素。

MEMO 原子序在錼之前的鈾，其命名來自於「天王星」，而排在其後的「鈽」，則以下一個行星（天王星外圍的行星）「海王星」為命名由來。

- 發現：加州大學的研究團隊（1940 年）
- 型態：錒系元素
- 原子量：[239]
- 熔點：640℃
- 沸點：3228℃

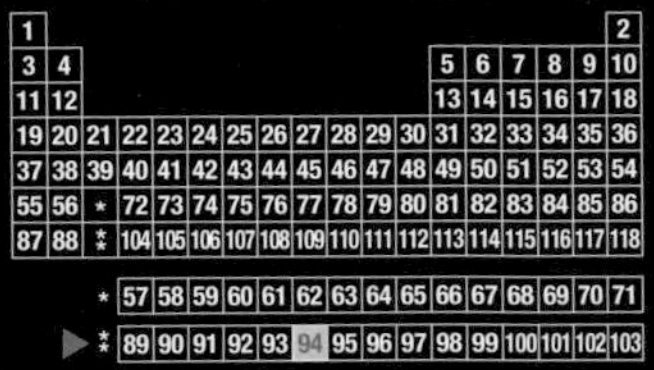

Pu 94 Plutonium

鈽（音同布）

運用於核能發電燃料與核武上

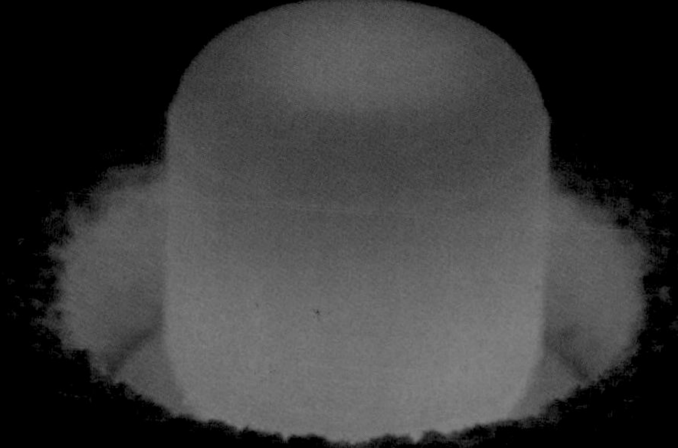

▲在研究所內因衰變熱發出紅光的塊狀鈽 238（^{238}Pu）。

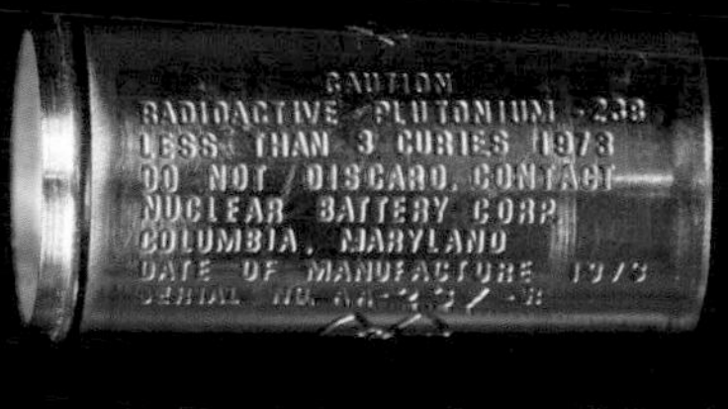

▲鋰電池成為主流前，心律調節器使用的是鈽 238。圖為其電池外殼。

◀裝載鈽電池的太空探測機航海家 1 號（Voyager 1）。鈽 238 的半衰期為 87 年（按：1977 年發射），因輸出的關係，據說會在 2025 年失去動力。

鈽為銀白色金屬，大自然中的含量極少，通常都是以核子反應爐製造出來的人工放射性元素，命名源自冥王星（Pluto）。一九四〇年加州大學柏克萊分校的格倫・西博格（Glenn Theodore Seaborg），以氘核（deuteron，亦即重氫〔氘〕的原子核）撞擊鈾238而發現鈽元素。

鈽238除了用於太空發展和醫療方面的核電池外，也能與具有強大爆發性能源的鈽239，一起成為核能發電的燃料。此外，因為比鈾更容易濃縮，近年製造的核武幾乎都由鈽製成。

MEMO 鈽的元素名由來與同時發現的錼一樣，是以在海王星外側圍繞的「冥王星」為命名依據。

◆發現：加州大學的研究團隊（1945 年）
◆型態：錒系元素　◆原子量：[243]
◆熔點：1176℃　◆沸點：2011℃

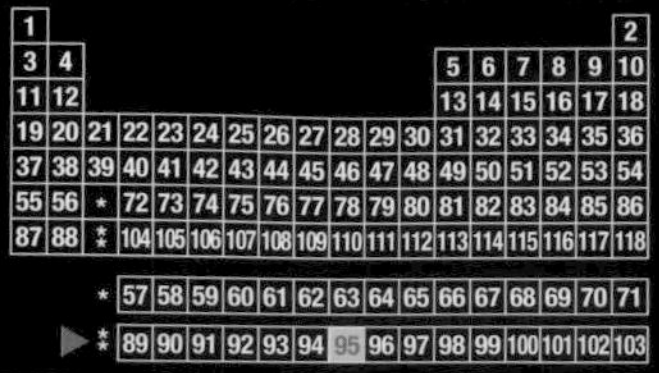

Am 95

Americium

鋂（音同梅）

產自鈽的元素

▲離子式偵煙感知器的內部，有輻射標誌的盒中含鋂。日本因修法使光電式偵煙感知器成為主流，而先前製造的離子型由製造商自行檢驗、回收。

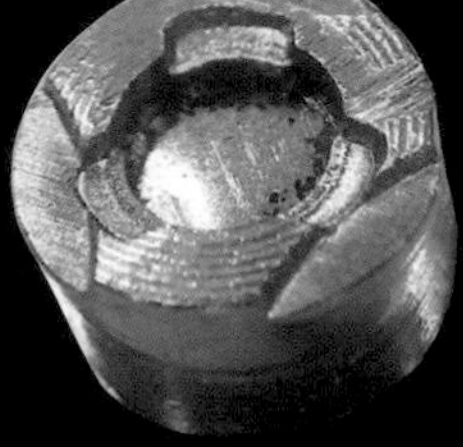

▶鋂的同位素鋂 241 的標本（半衰期為 432 年），用於離子式偵煙感知器。容易氧化，其表面覆有一層金箔。

美國化學家格倫・西博格等人的研究團隊，以中子撞擊鈽而發現人工合成元素「鋂」，並於一九四五年發表。鋂為銀白色金屬，元素名稱「Americium」仿效與其性質相近的銪，以國名美國（America）作為命名依據（按：銪〔Europium〕是以歐洲大陸〔Europe〕命名）。

鋂得自核電廠使用完畢的燃料棒生成的鈽，故能大量生產，價格相較之下便宜。在美國多用於大樓或住家用離子式偵煙感知器的感測元件。運作方式是以作為輻射源的鋂241放射出α射線，藉此檢測出離子化的煙並發出警報聲。

MEMO 週期表上，以美國國名為命名由來的鋂（Am）與正上方的銪（Eu）成對照。其他以國名為命名依據的元素，有鍅（Fr，87）、釙（Po，84）、鉨（Nh，113）。

◆ 發現：加州大學柏克萊分校的研究團隊（1944 年）
◆ 型態：錒系元素
◆ 原子量：[247]

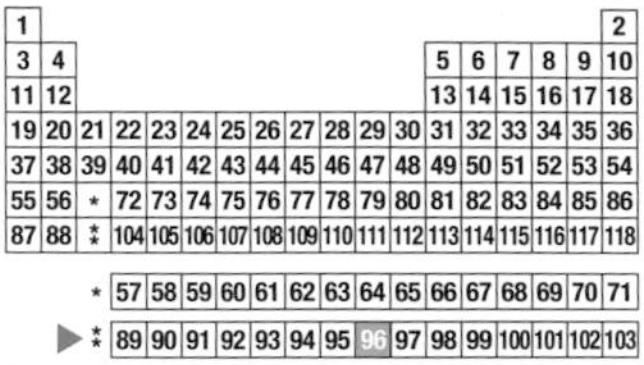

Cm 96
Curium

鋦（音同局）

▲鋦的元素名源自居禮夫婦。圖為 1967 年時，瑪麗・居禮的祖國波蘭於其誕辰 100 週年時鑄造的 10 茲羅提（按：波蘭官方貨幣名稱）硬幣。

一九四四年，加州大學柏克萊分校的研究團隊以氦離子（α粒子）撞擊鈽而合成出鋦。一九四五年十一月，第二次世界大戰結束後，西博格於兒童廣播節目中，首度發表鋦的存在。

◆ 發現：加州大學柏克萊分校的研究團隊（1949 年）
◆ 型態：錒系元素
◆ 原子量：[247]

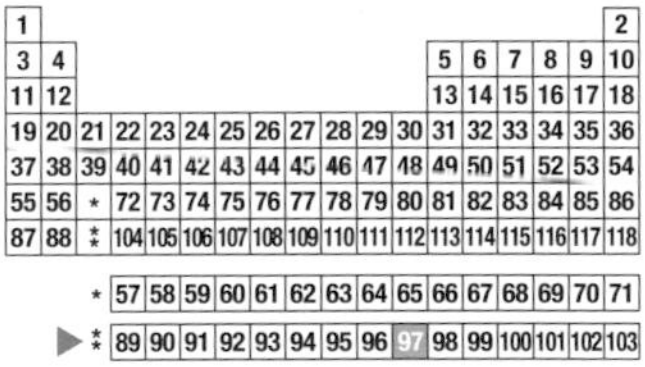

Bk 97
Berkelium

鉳（讀音ㄅㄟˇ）

▲加州大學柏克萊分校的校章。是史丹利・湯普遜（Stanley Thompson）、阿伯特・吉奧索（Albert Ghiorso）、西博格等人的研究團隊所屬學校。

一九四九年，加州大學柏克萊分校的研究團隊使用迴旋加速器，以氦離子（α粒子）撞擊鋂而合成出鉳，為具有強烈放射性的銀白色金屬元素。

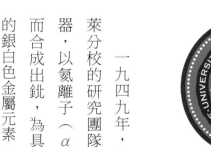

◆ 發現：加州大學柏克萊分校的研究團隊（1950 年）
◆ 型態：錒系元素
◆ 原子量：[252]

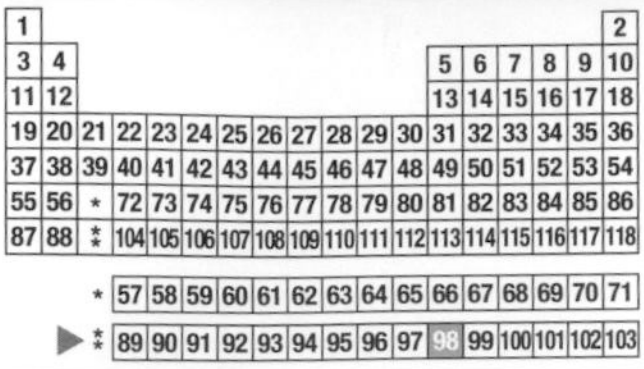

Cf 98

Californium

鉲（讀音ㄎㄚˇ）

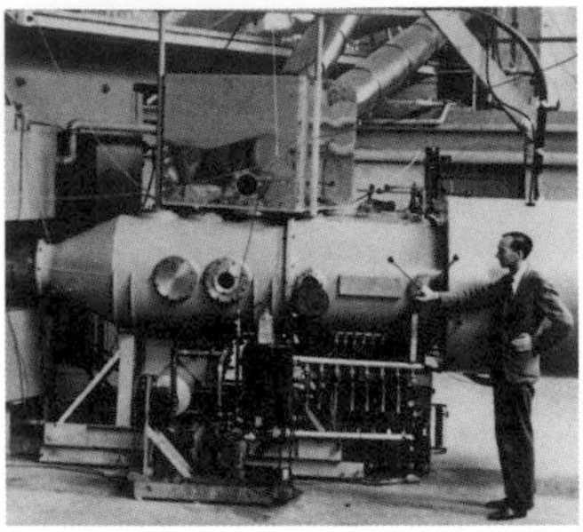

▲合成時使用的迴旋加速器。鉲的元素名來自於發現地大學和州名「加利福尼亞」（California）。

一九五〇年加州大學柏克萊分校的研究團隊，以氦離子（α 粒子）撞擊鋦而確認元素鉲。鉲會引起自發裂變，可作為檢查爆炸物等用途。

◆ 發現：西博格等人（1952 年）
◆ 型態：錒系元素
◆ 原子量：[252]

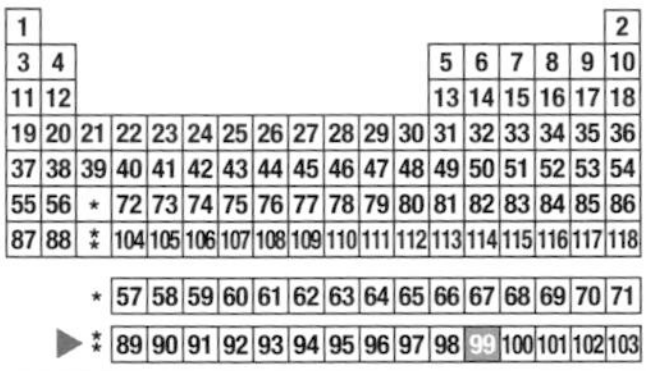

Es 99

Einsteinium

鑀（音同愛）

▲鑀的元素名取自物理學家愛因斯坦（Albert Einstein）。

一九五二年，從西太平洋馬紹爾群島進行的氫彈試爆灰燼中，與鐨（Fm）同時發現放射性元素鑀。據信鑀來自於多數中子碰撞鈾後，產生的鉲（Cf）衰變後的產物。

MEMO 愛因斯坦是對全世界倡導廢核的物理學家。但諷刺的是，在氫彈試爆中發現的元素，居然以他的名字來命名。

◆ 發現：西博格等人（1952 年）
◆ 型態：錒系元素
◆ 原子量：[257]
◆ 熔點：1527℃
◆ 沸點：—
（※ 人工合成元素）

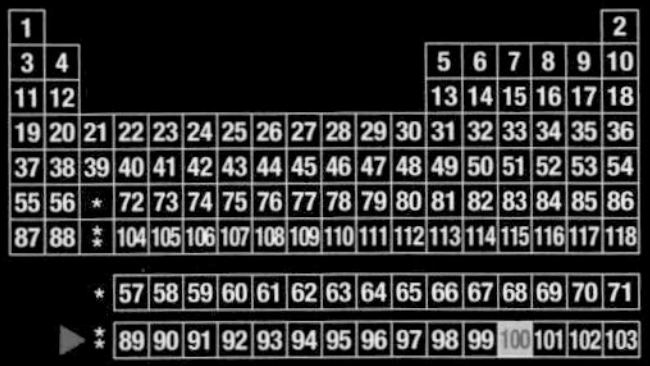

Fm 100
Fermium

鐨（音同廢）

另一個因氫彈試爆而合成的元素

▲ 1952 年的氫彈試爆（常春藤行動）使用液態氘為核融合燃料。由於是軍事機密，當初並沒有公開發現新元素的正確資訊。

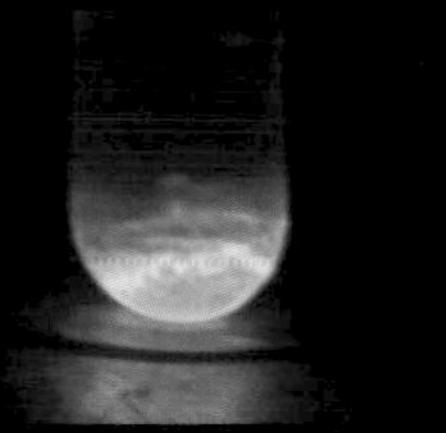

▶前一頁的鑀（^{253}Es）是由散發螢光的銀白色金屬煉製而成，但目前沒有以純物質形式存在的鐨金屬。

▶義大利出身的恩里科・費米。因他的傑出貢獻，鐨以他的名字命名。

鐨是一九五二年，美國在西太平洋馬紹爾群島進行氫彈試爆後，從輻射落塵（nuclear fallout）中與鑀（Es）一起發現的放射性元素。據信鐨來自於鑀衰變後的產物。

目前鐨都是在核設施中製造，而能煉製成純淨金屬的元素只到鑀為止，鐨以後的所有元素都無法製成純物質形式的金屬。

成為鐨命名依據的物理學家恩里科・費米（Enrico Fermi），一九四二年成為世界首度成功控制核分裂鏈反應的物理學家，並在原子彈開發計畫中擔任中心要角。

MEMO 費米因為以中子撞擊鈾而發現超鈾元素，於 1938 年獲得諾貝爾物理學獎。之後，與身為猶太人的夫人在美國這塊土地上離世。

◆ 發現：加州大學柏克萊分校的研究團隊（1955 年）
◆ 型態：錒系元素
◆ 原子量：[258]

1																	2
3	4											5	6	7	8	9	10
11	12											13	14	15	16	17	18
19	20	21	22	23	24	25	26	27	28	29	30	31	32	33	34	35	36
37	38	39	40	41	42	43	44	45	46	47	48	49	50	51	52	53	54
55	56	*	72	73	74	75	76	77	78	79	80	81	82	83	84	85	86
87	88	**	104	105	106	107	108	109	110	111	112	113	114	115	116	117	118

*	57	58	59	60	61	62	63	64	65	66	67	68	69	70	71
▶**	89	90	91	92	93	94	95	96	97	98	99	100	101	102	103

Md

101

Mendelevium

鍆（音同門）

▲ 1984 年，為紀念門得列夫誕辰 50 週年而鑄造的 1 盧布（按：俄羅斯官方貨幣名稱）硬幣。鍆的元素名就來自於這位俄羅斯化學家。

鍆是以氦離子（α 粒子）撞擊鑀（Es）產生的人工合成元素。一九五五年由加州大學柏克萊分校的吉奧索、西博格等人的研究團隊成功合成。

◆ 發現：加州大學柏克萊分校的研究團隊（1958 年）
◆ 型態：錒系元素
◆ 原子量：[259]

1																	2
3	4											5	6	7	8	9	10
11	12											13	14	15	16	17	18
19	20	21	22	23	24	25	26	27	28	29	30	31	32	33	34	35	36
37	38	39	40	41	42	43	44	45	46	47	48	49	50	51	52	53	54
55	56	*	72	73	74	75	76	77	78	79	80	81	82	83	84	85	86
87	88	**	104	105	106	107	108	109	110	111	112	113	114	115	116	117	118

*	57	58	59	60	61	62	63	64	65	66	67	68	69	70	71
▶**	89	90	91	92	93	94	95	96	97	98	99	100	101	102	103

No

102

Nobelium

鍩（音同諾）

▲鍩的元素名採用瑞典的提案，以發明矽藻土炸藥的瑞典化學家阿佛烈·諾貝爾（Alfred Nobel）命名。

鍩是以碳離子撞擊鍋合成的人工合成元素。雖然瑞典的諾貝爾物理學研究所團隊曾提出相關發表，卻沒進行重測確認，到了一九五八年，由吉奧索等人的研究團隊成功合成出來。

◆ 發現：加州大學柏克萊分校的研究團隊（1961 年）
◆ 型態：錒系元素
◆ 原子量：[262]

1																	2
3	4											5	6	7	8	9	10
11	12											13	14	15	16	17	18
19	20	21	22	23	24	25	26	27	28	29	30	31	32	33	34	35	36
37	38	39	40	41	42	43	44	45	46	47	48	49	50	51	52	53	54
55	56	*	72	73	74	75	76	77	78	79	80	81	82	83	84	85	86
87	88	**	104	105	106	107	108	109	110	111	112	113	114	115	116	117	118
		*	57	58	59	60	61	62	63	64	65	66	67	68	69	70	71
	▶	**	89	90	91	92	93	94	95	96	97	98	99	100	101	102	103

Lr
103
Lawrencium

鐒（音同老）

▲鐒的元素名，來自於開發迴旋加速器的物理學家歐內斯特·勞倫斯（Ernest Lawrence）。

鐒為最後一個錒系元素。

一九六一年，由加州大學柏克萊分校研究團隊的吉奧索等人，使用重離子直線加速器（RILAC），以硼離子撞擊鉲（Cf），合成出鐒元素。

原子彈與元素

美國在一九四〇年之前發現了鈾235的核分裂反應，並於一九四二年起，依照曼哈頓計畫（Manhattan Project）開發原子彈。一九四五年七月十六日，於新墨西哥州阿拉莫戈多沙漠（Alamogordo）進行世界首次的核試爆（下圖），同年八月六日與八月九日，分別於日本廣島、長崎投下原子彈。在廣島投下的是鈾235型原子彈；在長崎投下的則是鈽239型原子彈。

◆ 發現：杜布納聯合原子核研究所、加州大學的各研究團隊（1964 年）
◆ 型態：超重元素
◆ 原子量：[267]

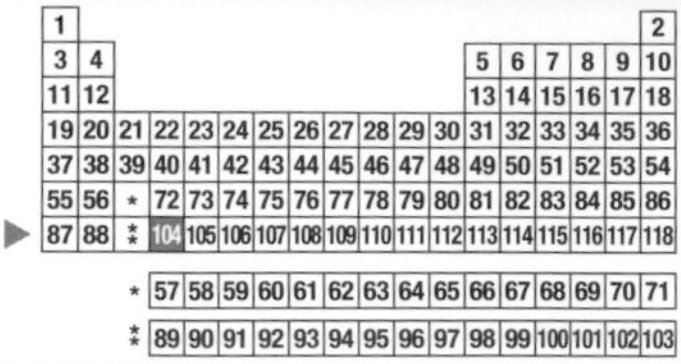

Rf 104
Rutherfordium

鑪（音同盧）

▲紐西蘭出身的英國物理學家拉塞福，是以發現原子核等功績留名的原子核物理學之父。

一九六四年，格奧爾基·佛雷洛夫（Georgy Flyorov）等人於杜布納聯合原子核研究所首度觀測到鑪，結果由加州大學柏克萊分校的吉奧索團隊成功合成。與錒系元素相異，化學性質類似鋯石或鉿（Hf）。

◆ 發現：杜布納聯合原子核研究所、加州大學的各研究團隊（1970 年）
◆ 型態：超重元素
◆ 原子量：[268]

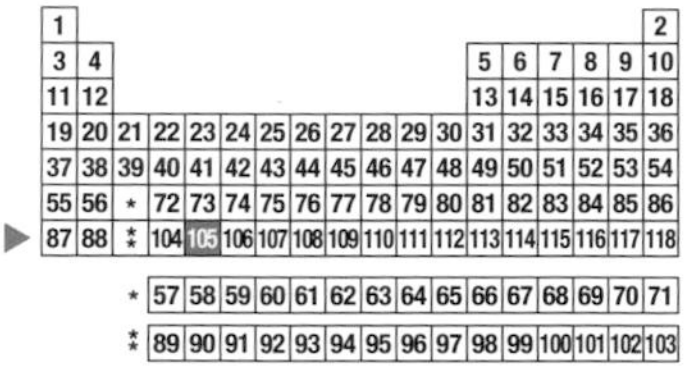

Db 105
Dubnium

𨧀（音同杜）

▲ 1980 年代，杜布納聯合原子核研究所的迴旋加速器。𨧀的元素名源自杜布納（Dubna，俄羅斯的小鎮，也是𨧀最早被合成出來的地方）。

𨧀為一九七〇年，由前蘇聯杜布納聯合原子核研究所發現並發表的放射性元素。同年，加州大學柏克萊分校的吉奧索團隊也成功合成出𨧀。原子序一百零四至一百零九號的元素名直到一九九七年才定案。

◆ 發現：杜布納聯合原子核研究所、加州大學的各研究團隊（1974 年）
◆ 型態：超重元素
◆ 原子量：[271]

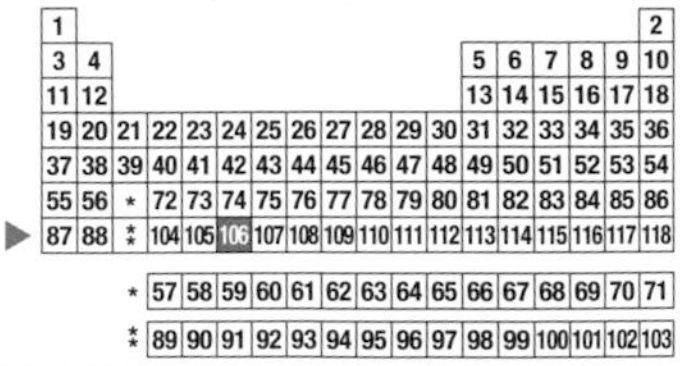

Sg 106

Seaborgium

𨭎（音同喜）

▲𨭎的元素名取自西博格，他是首度在世，便以其名字命名元素的人。

一九七四年，加州大學柏克萊分校的西博格研究團隊以氧離子撞擊鉲（Cf）合成出𨭎。前蘇聯的尤里・奧加涅相（Yuri Oganessian）雖然也在同時期發現，國際純化學和應用化學聯合會（IUPAC）最後卻採用美方的發表。

◆ 發現：亥姆霍茲重離子研究中心的團隊（1981 年）
◆ 型態：超重元素
◆ 原子量：[272]

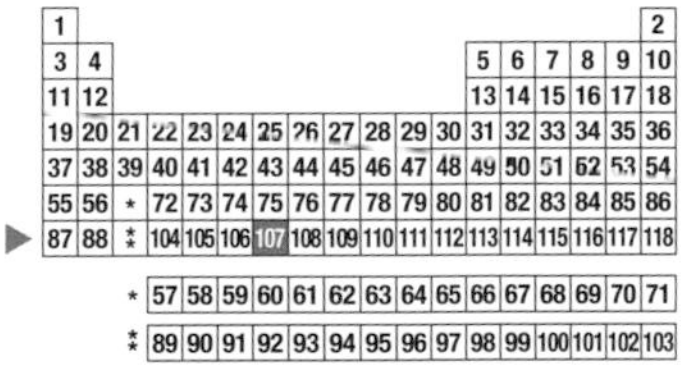

Bh 107

Bohrium

𨨏（音同坡）

▲𨨏的元素名，取自奠定量子力學基礎的物理學家尼爾斯・波耳（Niels Bohr）。

一九八一年，德國亥姆霍茲重離子研究中心（GSI）的彼得・安布魯斯特（Peter Armbruster）和明岑貝格（Gottfried Münzenberg）研究團隊，以鉻離子撞擊鉍（Bi）合成出𨨏，其化學、物理性質目前不明。

MEMO 許多加州大學柏克萊分校的研究者，都跟美國開發核試爆有所關聯。此處也是首度合成出錼（93）～𨭎（106）等元素的地方

◆ 發現：亥姆霍茲重離子研究中心的團隊（1984 年）
◆ 型態：超重元素
◆ 原子量：[277]

Hs 108

Hassium

鏍（讀音ㄏㄟ）

▲重離子研究中心的安布魯斯特。鏍的元素名來自於其研究所的所在地——黑森的拉丁語「Hassia」。

一九八四年，德國亥姆霍茲重離子研究中心的安布魯斯特和明岑貝格的研究團隊，以鐵離子撞擊鉛合成放射性元素鏍。鏍的化學性質很像鋨（Os）。

◆ 發現：亥姆霍茲重離子研究中心的團隊（1982 年）
◆ 型態：超重元素
◆ 原子量：[276]

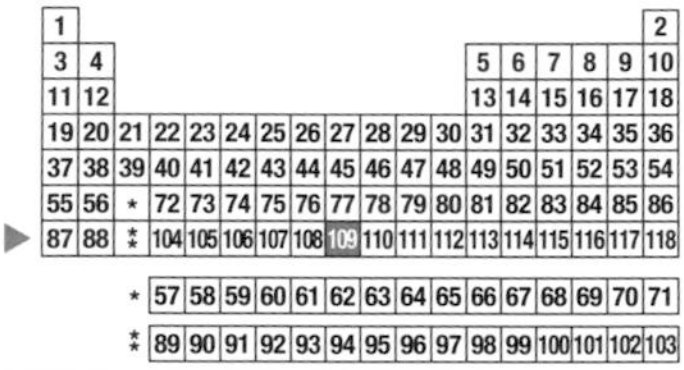

Mt 109

Meitnerium

䥑（音同賣）

▲䥑的元素名取自發現鏷（Pa）、闡釋鈾如何進行核分裂的莉澤·麥特納。

一九八二年，德國亥姆霍茲重離子研究中心的安布魯斯特和明岑貝格等人的研究團隊，以鐵離子撞擊鉍（Bi）合成放射性元素䥑。

1																		2
3	4												5	6	7	8	9	10
11	12												13	14	15	16	17	18
19	20	21	22	23	24	25	26	27	28	29	30	31	32	33	34	35	36	
37	38	39	40	41	42	43	44	45	46	47	48	49	50	51	52	53	54	
55	56	*	72	73	74	75	76	77	78	79	80	81	82	83	84	85	86	
87	88	‡	104	105	106	107	108	109	**110**	111	112	113	114	115	116	117	118	

| * | 57 | 58 | 59 | 60 | 61 | 62 | 63 | 64 | 65 | 66 | 67 | 68 | 69 | 70 | 71 |
| ‡ | 89 | 90 | 91 | 92 | 93 | 94 | 95 | 96 | 97 | 98 | 99 | 100 | 101 | 102 | 103 |

◆ 發現：亥姆霍茲重離子研究中心的團隊（1994 年）
◆ 型態：超重元素
◆ 原子量：[281]

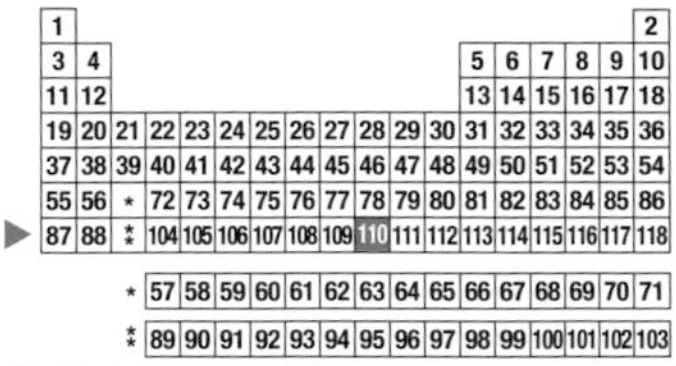

Ds 110

Darmstadtium

鐽（讀音ㄉㄚˊ）

▲位於德國黑森州達姆施塔特（Darmstadt）的亥姆霍茲重離子研究中心，鐽的元素名即來自於這個研究所所在的城市。

一九九四年，德國亥姆霍茲重離子研究中心的西古德・霍夫曼（Sigurd Hofmann）等人的研究團隊，以用重離子直線加速器加速的鎳離子，撞擊鉛（Pb）而合成出鐽。當時產生的鐽 269 的半衰期僅約〇・〇〇〇一七秒。

◆ 發現：亥姆霍茲重離子研究中心的團隊（1994 年）
◆ 型態：超重元素
◆ 原子量：[280]

1																		2
3	4												5	6	7	8	9	10
11	12												13	14	15	16	17	18
19	20	21	22	23	24	25	26	27	28	29	30	31	32	33	34	35	36	
37	38	39	40	41	42	43	44	45	46	47	48	49	50	51	52	53	54	
55	56	*	72	73	74	75	76	77	78	79	80	81	82	83	84	85	86	
87	88	‡	104	105	106	107	108	109	110	**111**	112	113	114	115	116	117	118	

| * | 57 | 58 | 59 | 60 | 61 | 62 | 63 | 64 | 65 | 66 | 67 | 68 | 69 | 70 | 71 |
| ‡ | 89 | 90 | 91 | 92 | 93 | 94 | 95 | 96 | 97 | 98 | 99 | 100 | 101 | 102 | 103 |

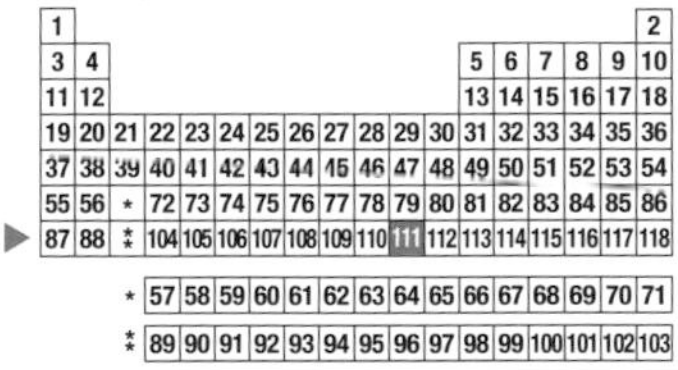

Rg 111

Roentgenium

錀（音同倫）

▲錀的元素名取自合成錀之前約 100 年，於 1895 年發現 X 射線的物理學家威廉・倫琴（Wilhelm Röntgen）。

一九九四年，德國亥姆霍茲重離子研究中心西古德・霍夫曼率領的國際研究團隊，以重離子直線加速器加速的鎳離子撞擊鉍（Bi），合成放射性元素錀。

MEMO 亥姆霍茲重離子研究中心是位於德國達姆施塔特的研究設施，以直線加速器 UNILAC 首次合成出𨨏（107）～鎶（112）

◆ 發現：亥姆霍茲重離子研究中心的團隊（1996 年）
◆ 型態：超重元素
◆ 原子量：[285]

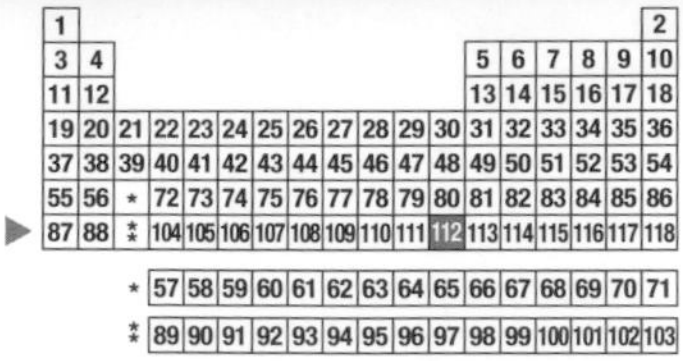

Cn 112
Copernicium

鎶（音同歌）

一九九六年，德國亥姆霍茲重離子研究中心的霍夫曼研究團隊，以鋅（Zn）離子撞擊鉛而合成鎶，並由俄羅斯的杜布納聯合原子核研究所，以及日本理化學研究所重測成功後，於二〇一〇年發表元素的正式名稱。

▲ 16 世紀提出日心說的波蘭天文學家尼古拉·哥白尼（Nicolaus Copernicus）。他對行星體系的想法也被應用於原子模型上。

◆ 發現：理化學研究所的研究團隊（2004 年）
◆ 型態：超重元素
◆ 原子量：[284]

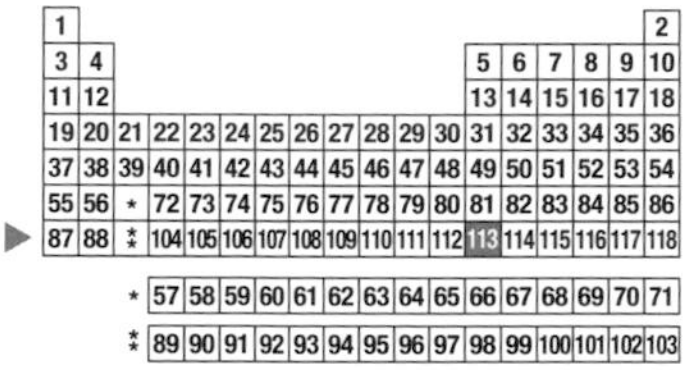

Nh 113
Nihonium

鉨（音同你）

二〇〇四年，位於日本埼玉縣和光市的理化學研究所，以鋅離子撞擊鉍（Bi）而合成人工合成元素鉨。二〇〇六年，元素名受到認定，這是首度在日本以及亞洲被命名、認證的元素。

▲於理化學研究所仁科加速器研究中心擔任團隊指導的森田浩介博士。鉨的元素名取自「日本」。

- 發現：杜布納聯合原子核研究所的團隊（1998 年）
- 型態：超重元素
- 原子量：[289]

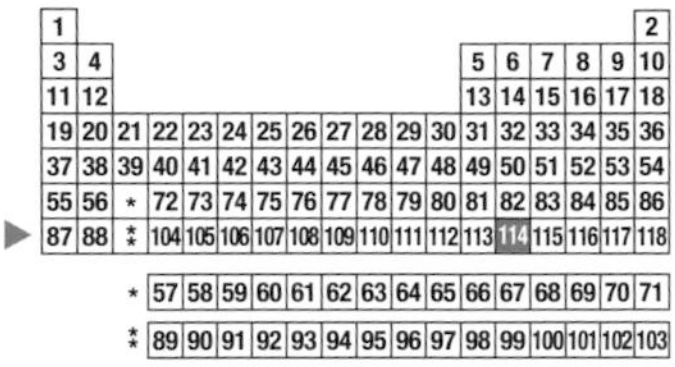

Fl 114

Flerovium

鈇（音同膚）

▲創立杜布納聯合原子核研究所的佛雷洛夫，鈇的元素名取自於他的名字。

一九九八年，俄羅斯的杜布納聯合原子核研究所與美國勞倫斯利佛摩國家實驗室（LLNL）共同合作，以鈣離子衝撞鈽（Pu）成功合成人工合成元素鈇。二〇一二年其元素名被認證。

- 發現：美俄的共同研究團隊（2004 年）
- 型態：超重元素
- 原子量：[288]

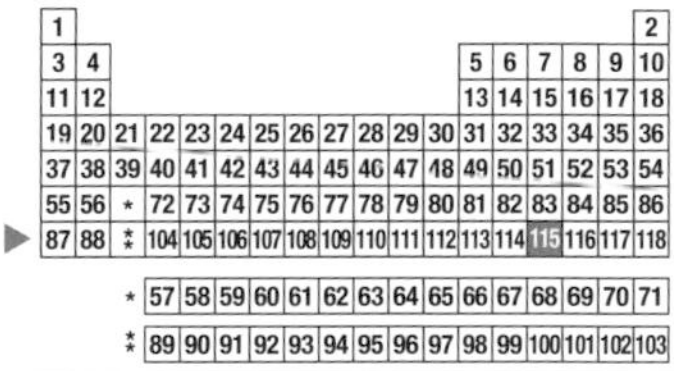

Mc 115

Moscovium

鏌（音同末）

▲莫斯科州（Moscow）的州徽。鏌的元素名取自杜布納聯合原子核研究所所在地的莫斯科州。

二〇〇三年，在俄羅斯的杜布納聯合原子核研究所的俄美共同研究團隊，以鈣離子衝撞鎇（Am）合成人工合成元素鏌，並於次年公開發表。二〇一六年認證元素名。

MEMO 俄羅斯的杜布納聯合原子核研究所是位於莫斯科州的研究設施，首度合成出鑪（104）～𨭎（106）、鈇（114）～鿫（118）等元素。

◆ 發現：美俄的共同研究團隊（2000 年）
◆ 型態：超重元素
◆ 原子量：[293]

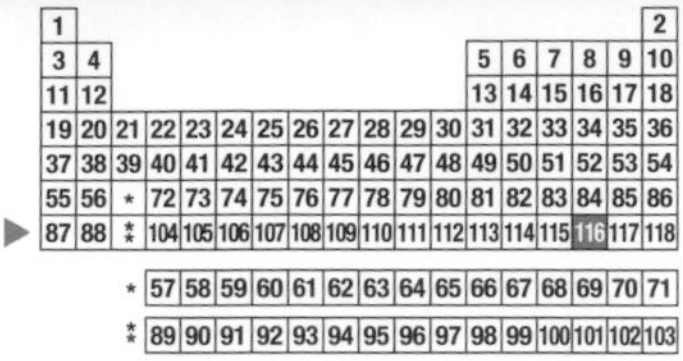

Lv 116
Livermorium

鉝（音同立）

▲勞倫斯利佛摩國家實驗室。鉝的元素名，就取自共同研究團隊之一，這座實驗室名稱中的「Livermore」。

二〇〇〇年，俄羅斯的杜布納聯合原子核研究所與美國勞倫斯利佛摩國家實驗室的共同研究團隊，以鈣離子衝撞鋦（Cm）合成人工合成元素鉝。二〇一二年認證命名。

◆ 發現：美俄的共同研究團隊（2010 年）
◆ 型態：超重元素
◆ 原子量：[293]

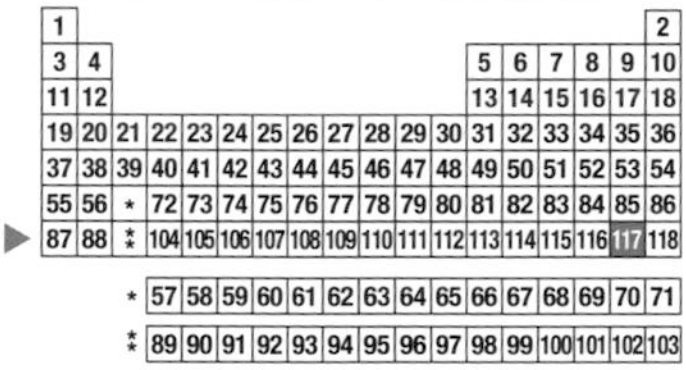

Ts 117
Tennessine

鿬（音同田）

▲田納西州（Tennessee）州徽。鿬以此地命名，是因為加入研究團隊、以橡樹嶺國家實驗室（ORNL）為首的許多研究機關，都位於田納西州。

鿬為二〇〇九年，在俄羅斯的杜布納聯合原子核研究所，以鈣離子撞擊鉳（Bk）合成的人工合成元素。次年公開發表，並由美俄共同研究團隊取得命名權。元素名於二〇一六年認證。

- 發現：美俄的共同研究團隊（2006 年）
- 型態：超重元素
- 原子量：[294]

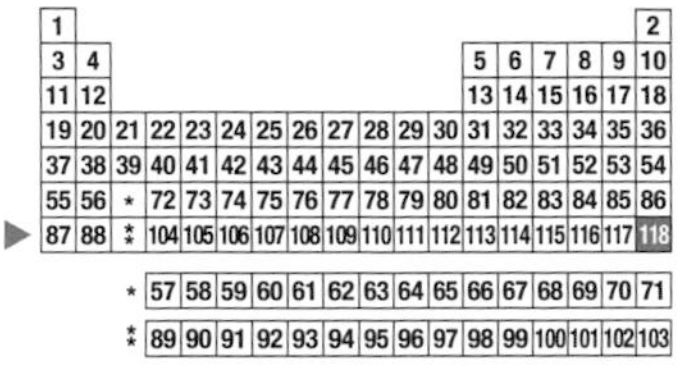

Og
Oganesson
118

氭（音同傲）

▲物理學家尤里．奧加涅相。氭的元素名就來自於這位在杜布納參與研究新元素的科學家。

二〇〇六年，俄羅斯杜布納聯合原子核研究所與美國勞倫斯利佛摩國家實驗室的研究團隊，以鈣離子撞擊鉲（Cf）合成人工合成元素氭。元素名於二〇一六年受到認定。

尚未獲得公認元素的命名法

發現新元素後，會由國際純化學和應用化學聯合會授予發現者命名權。而尚未公開認證的元素，就以其原子序的拉丁語和希臘語組合為暫定名。例如原子序一百一十九號元素稱作「Ununennium」（Uue）、一百二十六號元素為「Unbihexium」（Ubh）。

數字	表記	縮寫
0	nil	n
1	un	u
2	bi	b
3	tri	t
4	quad	q
5	pent	p
6	hex	h
7	sept	s
8	oct	o
9	enn	e

※使用IUPAC元素系統命名法的元素名末尾會加上「ium」，意指「元素」。

MEMO 新元素命名大都以很傳統的神話、天體、礦物、地名、科學家為依據。特別的是，以在世人物命名的元素，目前僅有西博格和尤里．奧加涅相。

圖為合成出鉨（Nh）的理化學研究所——仁科加速器研究中心的重離子直線加速器「RILAC」，是用於加速離子束撞擊目標原子的設備。（圖片提供：理化學研究所。）

Column

探求新元素

二十一世紀的鍊金術

化學的英語「Chemistry」，來自於原本表示鍊金術的「alchemy」。古代的鍊金術師以將卑金屬（base metal，金、銀等貴金屬以外的金屬）變成金為目標。眾所皆知，當時的鍊金術雖然煉製不出金，卻推展了對物質的性質研究，奠定當今的化學基礎。

現在拜粒子加速器所賜，得以進行核轉變（nuclear transmutation），使「鍊金術」不再是天方夜譚，例如，若以粒子加速器撞擊汞和鈹就能產生金。可惜與黃金價格相較下，這種製造方式的成本過於龐大，目前為止沒有實用性。

不過，在合成比金稀少的人工合成元素上，這場「發現競爭」十分激烈。而理化學研究所發現的鉨（Nh），就是這場競爭下為日本帶來的一個好消息。

原子序一百一十三號的新元素「鉨」，在二〇一六年十一月確認命名。然而，這條成功命名的道路十分漫長。

一九八四年起，科學家開始合成鑪（Rf）以後的「超重元

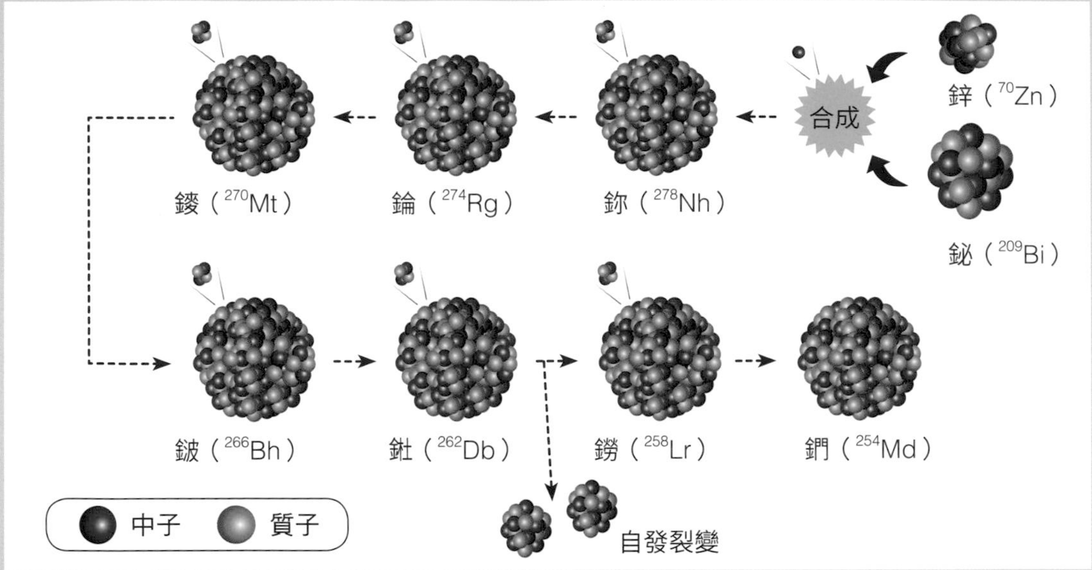

為了證明新元素存在，就必須確認新元素衰變後會變成已知元素。鉨（Nh）在第三次合成中，被證明會到達原子序 101 的鍆（Md）。

素」。藉由粒子加速器來加速離子束撞擊目標原子，引發核融合，進而合成出新元素。不過，由於原子序越大，持正電荷的質子會互相排斥，故必須極快速的撞擊原子核。後來引進重離子直線加速器「RILAC」改善離子束的強度，終於在二〇〇四年，加速原子序三十號的鋅原子核，撞擊原子序八十三號的鉍，確定合成出一百一十三號元素。

直到二〇一二年為止，成功合成的「鉨」共三個，其實這也是歷經四百兆次反覆撞擊實驗才有的成果。「鉨」的半衰期約千分之二秒，最初是在測定偵檢器（detector）內的 α 衰變次數時，確認元素的存在。由於三個鉨當中，最初的兩個衰變後自發裂變成鉳（Db），故當時對其存在尚有疑問。畢竟鉳（Db）若非在一定機率下自發裂變，不然就應該在 α 衰變後變成鐒（Lr，甚至鍆（Md））。最後在二〇一二年，確認合成的第三個元素變成鍆（Md）後，由日本的理化學研究所獲得命名權，第一個和日本有關的元素終於誕生。

不過週期表並非止於第七週期，原子序一百一十九號以後的合成實驗正持續進行。研究者的目標之一，便是第一百二十六號「Unbihexium」。質子數或中子數為一百二十六時，在量子力學上視為容易穩定的數（Magic Number，魔數），故這個元素相較之下，可能有持續數分鐘以上、較長的半衰期。

※語言以縮寫表示（希＝希臘語／拉＝拉丁語／德＝德語／法＝法語）。
※此表僅列出主要由來。與元素名稱相異的元素記號由來，請參照各別所屬頁面。

發現年	元素名	原子序	由來
1861	鉈	81	「綠芽」（希・thallos）
1863	銦	49	「靛藍色」（拉・indicum）
1868	氦	2	太陽（希・Helios）
1875	鎵	31	高盧（地名／拉・Gallia）
1878	鐿	70	伊特比（地名・Ytterby）
1879	鈧	21	斯堪地那維亞（地名・Scandinavia）
1879	釤	62	鈮釔礦（礦物・samarskite）
1879	鈥	67	斯德哥爾摩（地名／拉・Holmia）
1879	銩	69	「最北之地」（拉・ultima Thule）
1880	釓	64	矽鈹釔礦（礦物・gadolinite）
1885	鐠	59	「綠色雙胞胎」（希・prason＋希・didymos）
1885	釹	60	「新雙胞胎」（拉・neos＋希・didymos）
1886	氟	9	螢石（礦物・fluorite）
1886	鍺	32	日耳曼尼亞（地名／拉・Germania）
1886	鏑	66	「難親近」（希・dysprositos）
1894	氬	18	「懶人」（希・a＋ergon）
1896	銪	63	歐洲（地名・Europe）
1898	氖	10	「新」（希・neos）
1898	氪	36	「隱藏之物」（希・kryptos）
1898	氙	54	「外來者」（希・xenos）
1898	釙	84	波蘭（國名・Poland）
1898	鐳	88	「放射」（拉・radius）
1899	錒	89	「光線」（希・aktinos）
1900	氡	86	「鐳放射出的物質」
1905	鎦	71	盧泰西亞（地名／拉・Lutetia）
1918	鏷	91	「錒的前身」
1923	鉿	72	哥本哈根（地名／拉・Hafnia）
1925	錸	75	萊茵河（拉・Rhenus）
1936	鎝	43	「人工」（希・technetos）
1939	鍅	87	法國（國名・France）
1940	砈	85	「不穩定」（希・astatos）
1940	錼	93	海王星（Neptune）
1940	鈽	94	冥王星（Pluto）
1944	鋦	96	居禮夫婦（人名）
1945	鉕	61	普羅米修斯（希臘神話・Prometheus）
1945	鋂	95	美國（國名・America）
1949	鉳	97	柏克萊（地名・Berkeley）
1950	鉲	98	加州（州名・California）
1952	鑀	99	愛因斯坦（人名）
1952	鐨	100	恩里科・費米（人名）
1955	鍆	101	門得列夫（人名）
1958	鍩	102	阿佛烈・諾貝爾（人名）
1961	鐒	103	歐內斯特・勞倫斯（人名）
1964	鑪	104	歐尼斯特・拉塞福（人名）
1970	𨧀	105	杜布納（地名・Dubna）
1974	𨭎	106	格倫・西博格（人名）
1981	𨨏	107	尼爾斯・波耳（人名）
1982	䥑	109	莉澤・麥特納（人名）
1984	𨭆	108	黑森（地名／拉・Hassia）
1994	鐽	110	達姆施塔特（地名・Darmstadt）
1994	錀	111	威廉・倫琴（人名）
1996	鎶	112	尼古拉・哥白尼（人名）
1998	鈇	114	格奧爾基・佛雷洛夫（人名）
2000	鉝	116	利佛摩（地名・Livermore）
2004	鉨	113	日本（國名）
2004	鏌	115	莫斯科（州名・Moscow）
2006	鿫	118	尤里・奧加涅相（人名）
2010	鿬	117	田納西（州名・Tennessee）

元素名稱由來一覽表（按發現順序）

發現年	元素名	原子序	由來	發現年	元素名	原子序	由來
—	碳	6	「木炭」（拉・carbo）	1794	釔	39	伊特比（地名・Ytterby）
—	硫	16	「硫磺」（拉・sulpur）	1797	鉻	24	「顏色」（希・chroma）
—	鐵	26	「強大」（希・ieros）	1798	鈹	4	綠柱石（礦物・beryl）
—	銅	29	賽普勒斯 （地名／拉・Cuprum）	1801	釩	23	凡娜迪斯 （北歐神話・Vanadis）
—	銀	47	「銀」（古英語・sioltur）	1801	鈮	41	尼俄伯 （希臘神話・Niobe）
—	錫	50	「錫」（古英語・tin）	1802	鉭	73	坦塔洛斯 （希臘神話・Tantalos）
—	銻	51	「反・修士」 （法・antimoine）等各說	1803	銠	45	「玫瑰色」 （希・rhodon）
—	金	79	「光輝・黃色」 （歐洲古語・ghel）	1803	鈀	46	小行星智神星（Pallas）
—	汞	80	墨丘利 （羅馬神話・Mercurius）	1803	鈰	58	小行星穀神星（Ceres）
—	鉛	82	「鉛」（古英語・lead）	1803	鋨	76	「臭味」（希・osme）
—	鉍	83	「白色塊狀物」（德）等各說	1803	銥	77	伊麗絲（希臘神話・Iris）
11世紀	鋅	30	「鋸齒狀物」（德・zinke）	1807	鈉	11	泡鹼（礦物・natron）
13世紀	砷	33	「黃色」（希・arsenikon）	1807	鉀	19	「植物之灰」 （阿拉伯語・alkali）
1669	磷	15	「運光之物」 （希・phos＋phoros）	1808	硼	5	硼砂 （阿拉伯語・buraq）等
1735	鈷	27	「精靈可伯特」（德・kobold）	1808	鈣	20	「石灰」（拉・calx）
1748	鉑	78	「小小的銀」 （西班牙語・platina）	1808	鋇	56	「沉重」（希・barys）
1751	鎳	28	「惡魔之銅」 （德・kupfernickel）	1811	碘	53	「紫色」 （希・ioeides）
1755	鎂	12	馬格尼西亞 （地名・Magnesia）	1817	鋰	3	「石頭」（希・lithos）
1766	氫	1	「產生水的物質」 （希・hydro＋genes）	1817	硒	34	月亮（希・Selene）
1772	氮	7	「產生硝石的東西」 （希・nitre＋genes）	1817	鎘	48	氧化鋅（希・cadmia）
1772~4	氧	8	「產生酸的東西」 （希・oxys＋genes）	1824	矽	14	「燧石」 （拉・silex／silicis）
1774	氯	17	「黃綠色」（希・chloros）	1825	鋁	13	明礬 （礦物／拉・alumen）
1774	錳	25	黑鎂（礦物）等	1825	溴	35	「惡臭」（希・bromos）
1778	鉬	42	輝鉬礦（礦物・molybdenite）	1828	釷	90	索爾（北歐神話・Thor）
1782	碲	52	「大地」（拉・tellus）	1839	鑭	57	「隱藏」 （希・lanthanein）
1783	鎢	74	「重石」 （瑞典語・tung＋sten）	1843	鋱	65	伊特比（地名・Ytterby）
1789	鋯	40	鋯石（礦物・zircon）	1843	鉺	68	伊特比（地名・Ytterby）
1789	鈾	92	天王星（Uranus）	1844	釕	44	羅塞尼亞 （地名／拉・Ruthenia）
1790	鍶	38	菱鍶礦（礦物・strontianite）	1860	銫	55	「天空藍」 （拉・caesius）
1791	鈦	22	泰坦（希臘神話・Titan）	1861	銣	37	「紅色」 （拉・rubidus）

參考文獻

- 「一家一張週期表」（第 7 版），日本文部科學省
- 《理科年表 平成 29 年》，國立天文臺編，丸善，2016 年
- 《元素大百科事典》，渡邊正監譯，朝倉書店，2014 年
- 《礦物事典》（*ミネラルの事典*），朝倉書店，2003 年
- 《元素發現的歷史 1 ～ 3》（*Discovery of the Elements*），維克斯等，大沼正則監譯，朝倉書店，1988 ～ 1990 年
- 《看得到的化學：你一輩子都會用到的化學元素知識》（*The Elements: A Visual Exploration of Every Known Atom in the Universe*），西奧多・葛雷（Theodore Gray），大是文化，2010 年
- 《郵票上的化學世界》（*切手が伝える化学の世界*），齊藤正巳，彩流社，2013 年
- 《元素的 111 個新知識 第 2 版增補版》（*元素 111 の新知識 第 2 版増補版*），櫻井弘，講談社，2013 年
- 《鎢絲舅舅：少年奧立佛・薩克斯的化學愛戀》（*Uncle Tungsten : memories of a chemical boyhood*），奧立佛・薩克斯（Oliver Sacks），時報出版，2003 年
- 《元素圖鑑》（*よくわかる元素図鑑*），左卷健男、田中陵二，聯經出版，2013 年
- 《地理統計要覽 2015 年版》，二宮健二編，二宮書店
- 《日本的礦物》（*日本の鉱物［増補改訂フィールドベスト図鑑］*），松原聰，學習研究社，2009 年
- 《了解元素一切的圖鑑》（*元素のすべてがわかる図鑑*），若林文高監修，Natsume 社，2015 年
- 牛頓雜誌「完全圖解週期表」（*完全図解 周期表 第 2 版*），Newton Press，2010 年
- 牛頓雜誌「視覺化學」（*ビジュアル化学 第 3 版*），Newton Press，2016 年
- 牛頓雜誌「未來尖端技術不可或缺的稀有金屬與稀土元素」（*これからの最先端技術に欠かせないレアメタル レアアース*），Newton Press，2011 年
- Ronald Louis Bonewitz, *Rocks & Minerals*. Dorling Kindersley, 2008.
- 「理化學研究所 仁科加速器研究中心 113 號元素特設網頁」
  http://www.nishina.riken.jp/113/index.html

◆ 連同上記，資料內的數值均參照下列網頁：
- Commission on Isotopic Abundances and Atomic Weights
  http://www.ciaaw.org/atomic-weights.htm
- Royal Society of Chemistry
  http://www.rsc.org/periodic-table

照片提供

朝日新聞社	048-049
amanaimages圖庫	©Science Photo Library/amanaimages: 023a, 031bl/bc, 033c, 039ar/l, 041br, 042, 043c, 044a, 045l, 047a/bl, 053l, 056, 057tl, 058, 061l, 064, 069al/ac/b, 087bl, 088br, 092, 096a, 097ar/ac, 101bl, 104bl/br, 115, 116, 120br, 121al, 129, 130, 138bl, 143br, 144al, 147cl/bl, 148a, 154b, 155b, 160br, 161br, 162a, 165bl, 166br, 167a, 168a, 173a/b, 174a/b, 175b, 176a/b,177b, 179b, 180a ©Visuals Unlimited/amanaimages: 033b, 040a, 045ar, 072a, 073a, 088a, 091a, 100a, 103a, 114bl, 120a, 127, 138a, 139a, 145bl, 146, 149a/bl, 153bc, 161cr, 164a, 167bl ©ScienceSource/amanaimages: 043bl, 053ac, 063l, 079cb, 086br, 090r, 096bc, 102r, 106, 111ar, 152bl
Aflo圖庫	©Alamy/Aflo:77cl, 124／©plainpicture/Aflo: 132
理化學研究所	理化學研究所仁科加速器研究中心：178b, 182
德州A&M大學	Yuri Oganessian/Texas A&M University: 181a
馬里蘭大學	Joint Quantum Institute/University of Maryland: 160bl
其他照片	©NASA, Hui Yang University of Illinois: 002, 003 ／ NASA/WMAP ScienceTEam: 021 ／ ©NASA; ESA; G. Illingworth, D. Magee, and P. Oesch,University of California, Santa Cruz; R. Bouwens, Leiden University;and the HUDF09 Team): 030 ／ ©NASA: 031c ／ ©SOHO, the EITConsortium, and the MDI TEam: 032 ／ ©X-ray: NASA/CXC/NCSU/M.Burkey et al.; optical: DSS: 034 ／ ©ESA/Herschel/PACS/MESS KeyProgramme Supernova Remnant Team; NASA, ESA and Allison Loll/Jeff Hester (Arizona State University): 063 ／ ©NASA/Goddard SpaceFlight Center: 093 ／ ©M. Karovska (Harvard-Smithsonian CfA) etal., FOC, ESA, NASA: 102l ／ Wikimedia Commons: 114al, 156, 157, 170a/b, 171, 172b, 175a／©NASA/MSFC/David Higginbotham: 147ar ／ ©NASA: 147al, 167br, 166a ／ © GSI: 177a／©Gettyimages: 109bl, 143, 162b／學研資料室：080 ※記號（a＝上、b＝下、c＝中央、r＝右、l＝左）

國家圖書館出版品預行編目（CIP）資料

看得到的化學——美麗的元素：最美的第一堂化學課，
讓你反覆翻閱、讚嘆欣賞的化學元素圖鑑。／
大嶋建一監修；高佩琳譯.
-- 初版. -- 臺北市：大是文化，2019.01
192面；19x26公分. -- （EASY；071）
譯自：学研の図鑑 新版 美しい元素
ISBN 978-957-9164-75-7（平裝）

1.元素　2.元素週期表

348.21　　107020172

EASY 071

看得到的化學——美麗的元素

最美的第一堂化學課，讓你反覆翻閱、讚嘆欣賞的化學元素圖鑑。

監　　修／大嶋建一
譯　　者／高佩琳
責任編輯／馬祥芬
校對編輯／劉宗德
美術編輯／張皓婷
副總編輯／顏惠君
總 編 輯／吳依瑋
發 行 人／徐仲秋
會　　計／林妙燕
版權經理／郝麗珍
行銷企劃／徐千晴
業務助理／王德渝
業務專員／馬絜盈
業務經理／林裕安
總 經 理／陳絜吾

出 版 者／大是文化有限公司
臺北市 100 衡陽路7號8樓
編輯部電話：（02）23757911
購書相關諮詢請洽：（02）23757911 分機122
24小時讀者服務傳真：（02）23756999
讀者服務E-mail：haom@ms28.hinet.net
郵政劃撥帳號／19983366　戶名：大是文化有限公司

法律顧問／永然聯合法律事務所
香港發行／里人文化事業有限公司 "Anyone Cultural Enterprise Ltd"
地址：香港新界荃灣橫龍街78號 正好工業大廈22樓A室
22/F Block A, Jing Ho Industrial Building, 78 Wang Lung Street,Tsuen Wan, N.T., H.K.
電話：（852）24192288　傳真：（852）24191887
封面內頁設計／林雯瑛
印　　刷／緯峰印刷股份有限公司

ISBN 978-957-9164-75-7　定價／460 元（缺頁或裝訂錯誤的書，請寄回更換）
2019年1月 初版
2019年8月12日 初版二刷
Shinban Utsukushii Genso

Printed in Taiwan